视频教学
全新升级

U0747308

学电脑
从入门到精通

Windows 11+Office 2021

赵源源 编著

人民邮电出版社

北 京

图书在版编目（CIP）数据

学电脑从入门到精通 ：Windows 11+Office 2021 /
赵源源编著. -- 北京 ：人民邮电出版社，2022.7
ISBN 978-7-115-58843-2

Ⅰ．①学… Ⅱ．①赵… Ⅲ．①Windows操作系统②办
公自动化－应用软件 Ⅳ．①TP316.7②TP317.1

中国版本图书馆CIP数据核字(2022)第043037号

内 容 提 要

本书以实战教学的方式为读者系统地介绍电脑的相关知识和应用技巧。

全书共 15 章，第 1 章主要介绍电脑的入门知识；第 2～7 章主要介绍 Windows 11 的使用方法，包括开启 Windows 11 的多彩世界、打造个性化的电脑操作环境、管理电脑文件和文件夹、轻松学会打字、电脑网络的连接及管理电脑中的软件等内容；第 8～10 章主要介绍利用电脑娱乐的方法，包括多媒体娱乐、使用电脑上网及在网上与他人互动等内容；第 11～13 章主要介绍利用电脑办公的方法，包括使用 Word 2021 制作文档、使用 Excel 2021 制作报表及使用 PowerPoint 2021 制作演示文稿等内容；第 14～15 章主要介绍电脑的高效使用方法，包括使用电脑高效办公及电脑的优化与维护等内容。

本书附赠与教学内容同步的视频教程及实战的配套素材和结果文件，以及大量相关学习内容的视频教程与扩展学习电子书等。

本书不仅适合电脑的初、中级用户学习使用，还可以作为各类院校相关专业和电脑培训班的教材或辅导书。

◆ 编　著　赵源源
　　责任编辑　李永涛
　　责任印制　胡　南

◆ 人民邮电出版社出版发行　　北京市丰台区成寿寺路 11 号
　　邮编　100164　　电子邮件　315@ptpress.com.cn
　　网址　https://www.ptpress.com.cn
　　北京天宇星印刷厂印刷

◆ 开本：787×1092　1/16
　　印张：18.5　　　　　　　　2022 年 7 月第 1 版
　　字数：474 千字　　　　　　2024 年 9 月北京第 6 次印刷

定价：79.90 元

读者服务热线：(010)81055410　印装质量热线：(010)81055316
反盗版热线：(010)81055315
广告经营许可证：京东市监广登字 20170147 号

在信息技术飞速发展的今天，电脑已经走入人们的工作、学习和日常生活，而电脑的操作水平也成为衡量一个人综合素质的重要标准之一。为满足广大读者的学习需求，我们针对当前电脑应用的特点，组织多位相关领域专家、国家重点学科教授及电脑培训教师，精心编写了"从入门到精通"丛书。

写作特色

无论读者是否接触过电脑，都能从本书中获益，掌握电脑的使用方法。

▸ 面向实际，精选案例

全书内容以实战案例为主线，在此基础上适当扩展知识点，以实现学以致用。

▸ 图文并茂，轻松学习

本书突出重点、难点。所有实战的操作，均配有对应的插图，以便读者在学习过程中直观、清晰地看到操作的过程和效果，从而提高学习效率。

▸ 单双栏混排，超大容量

本书采用单双栏混排的形式，大大扩充了信息容量，在有限的篇幅中为读者介绍了更多的知识和实战案例。

▸ 高手支招，举一反三

本书在"高手私房菜"栏目中介绍了各种高级操作技巧，为知识点的扩展应用提供了思路。

▸ 视频教程，互动教学

在视频教程中，我们利用工作、生活中的真实案例，帮助读者体验实际应用环境，从而全面理解知识点的运用方法。

配套资源

▸ 全程同步视频教程

本书配套的同步视频教程详细地讲解了每个实战案例的操作过程及关键步骤，能够帮助读者轻松地掌握书中的理论知识和操作技巧。

▸ 超值学习资源

本书附赠大量相关学习内容的视频教程、扩展学习电子书，以及本书所有案例的配套素材和结果文件等，以方便读者学习。

▸ 学习资源下载方法

读者可以使用微信扫描封底二维码，关注"职场研究社"公众号，发送"58843"后，将获得学习资源下载链接和提取码。将下载链接复制到浏览器中并访问下载页面，即可通过提取码下载本书的学习资源。

创作团队

本书由龙马高新教育策划，赵源源编著。在本书的编写过程中，我们竭尽所能地将更好的内容呈现给读者，但书中难免有疏漏和不妥之处，敬请广大读者不吝指正。读者在学习过程中有任何疑问或建议，可发送电子邮件至 liyongtao@ptpress.com.cn。

编著者

2022 年 6 月

赠送资源

赠送资源

第 **1** 章

电脑基础快速入门

学习目标

电脑初学者要想掌握电脑应用知识，首先就要认识电脑的分类并掌握电脑的硬件、软件组成，学会正确地开启、重启和关闭电脑以及使用鼠标和键盘等。

学习效果

1.1 电脑的分类

电脑的种类越来越多，市面上常见的有台式机、笔记本电脑、平板电脑、智能手机等。另外，可穿戴电脑、智能家居和VR设备也一跃成为当下的热门产品。本节将介绍不同种类的电脑及其特点。

1.1.1 台式机

台式机也称桌面计算机，是最为常见的电脑之一，其特点是体积大、较笨重，一般需要放置在电脑桌或专门的工作台上，主要适用于比较稳定的场所，如公司和家庭。

目前，台式机主要分为分体机和一体机。分体机是出现最早的机型，其显示器和主机分离，占据空间大、通风条件好，与一体机相比，用户范围更广。下图展示的就是一款分体机。

点，具有连线少、体积小、设计时尚的特点，吸引了无数用户的眼球，如下图所示。

一体机将主机、显示器等集成到了一起，与分体机相比，它结合了台式机和笔记本的优

1.1.2 笔记本电脑

笔记本电脑（NoteBook Computer，简称NoteBook），又称笔记型电脑、手提电脑或膝上电脑（Laptop Computer，简称Laptop），是一种方便携带的小型个人电脑。笔记本电脑与台式机有着类似的结构，包括显示器、键盘、CPU、内存和硬盘等。笔记本电脑主要的优点有体积小、重量轻、携带方便，便携性是笔记本电脑相对于台式机最大的优势。右图展示的就是一款笔记本电脑。

笔记本电脑与台式机的比较如下。

①便携性比较

与笨重的台式机相比，笔记本电脑小巧便携。

②性能比较

相较于同等价格水平的台式机，笔记本电脑的运行速度通常会稍慢一点，处理能力也比台式机稍逊一筹。

③价格比较

对于同等性能的笔记本电脑和台式机来说，笔记本电脑由于对各种组件的搭配要求更高，其价格也相应较高。但是，随着工艺和技术的进步，笔记本电脑和台式机之间的价格差距正在缩小。

1.1.3 平板电脑

平板电脑是个人电脑家族新增加的一名成员，其外观和笔记本电脑相似，是一种小型的、携带方便的个人电脑。集移动商务、移动通信和移动娱乐为一体是平板电脑最重要的特点，其具有与笔记本电脑一样的体积小而重量轻的特点，可以随时在不同场所使用，移动灵活性较好。

平板电脑的代表是iPad，它的出现在全世界掀起了使用平板电脑的热潮。如今，平板电脑的种类、样式、功能逐渐增多，可谓百花齐放，如有支持打电话的、带全键盘的、支持电磁笔触控的。另外，根据应用领域划分，平板电脑可分为商务型、学生型、工业型等。右图展示的就是一款平板电脑。

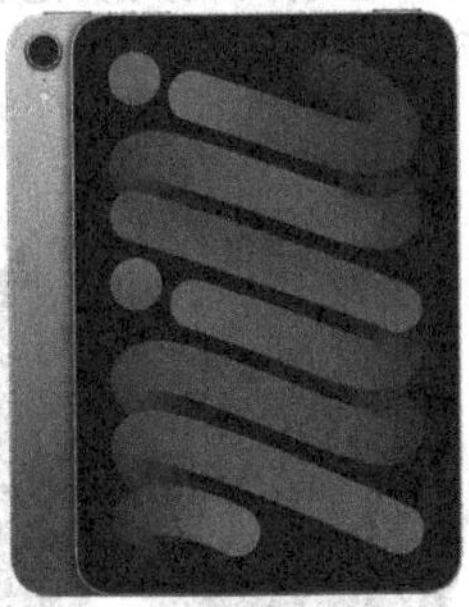

1.1.4 智能手机

智能手机已基本替代了传统的、功能单一的手持电话，它像个人电脑一样，拥有独立的操作系统、运行空间和存储空间。除了通话功能外，它还具备PDA（Personal Digital Assistant，掌上电脑）的功能。

与平板电脑相比，智能手机以通信为核心，尺寸小、便携性强，可以放入口袋中随身携带。从某种意义上说，智能手机是使用人群最多的个人电脑。下图展示的就是一款智能手机。

1.1.5 可穿戴电脑、智能家居和VR设备

从表面上看，可穿戴电脑、智能家居和VR设备与电脑有些风马牛不相及的感觉，但它们却同属于电脑的范畴，如电脑一样智能。下面就简单介绍可穿戴电脑、智能家居和VR设备。

1. 可穿戴电脑

可穿戴电脑指可实现某些功能的微型电子设备。它由轻巧的部件构成，便携性更强，具有可供用户佩戴的形态，具备独立的计算能力以及专有的应用程序和功能，可以完美地将电脑和眼镜、手表、项链等结合，给用户提供全新的人机交互方式和使用体验等。

随着PC互联网向移动互联网过渡，相信可穿戴电脑会以更多的产品形态和更好的用户体验被人们接受，逐渐实现大众化。下图展示的是一款智能手表。

2. 智能家居

智能家居相对于可穿戴电脑，为用户提供了一个无缝的环境，以住宅为平台，利用综合布线技术、网络通信技术、安全防范技术、自动控制技术、音视频技术等以及与家居生活有关的设施集成，构建高效的住宅设施与家庭日程事务的管理系统，以加强家居生活的安全性、便利性、舒适性和艺术性，并实现居住环境的环保节能。

传统的家电、家具、房屋建筑等的智能化成为智能家居的发展方向，尤其是物联网的快速发展和"互联网+"的提出，使更多的家电和家具成为连接物联网的终端和载体。如今，我们明显地发现，我国的智能电视市场已基本完成市场布局，传统电视逐渐被替代和淘汰，在市场上已基本无迹可寻。

智能家居的出现给用户带来了各种便利，如电灯可以根据光线、用户位置或用户需求，自动打开或关闭，自动调整光线强度和颜色；电视可以感知用户的观看状态，据此判断是否关闭等；手机可以控制插座等。下图所示为一款智能扫拖地机器人，用户可以通过手机远程控制它扫地和拖地。

3. VR设备

VR（Virtual Reality，虚拟现实）技术，是创建和体验虚拟环境的计算机仿真系统。用户可以通过VR设备，增强听觉、视觉、触觉、嗅觉等感知。VR技术满足了人们的工作和娱乐需求，是一种新的交互方式。

VR技术给用户带来了逼真的沉浸式体验，将用户从自家沙发带进了"现场"。戴上VR眼镜，配合手机或电脑，即可拥有沉浸式的虚拟现实体验，如下图所示。

1.2 电脑的组成

电脑已经完全融入了我们的日常，成为我们生活、工作和学习的一部分。本节主要从电脑的硬件和软件两方面入手，介绍电脑的组成。

1.2.1 硬件

通常情况下，一台电脑的硬件主要包括主机、显示器、键盘、鼠标、音箱等，如下图所示。用户还可根据需要配置话筒、摄像头、打印机、扫描仪、调制解调器等。

1. 主机

主机是电脑的重要组成部分，由多个部件组成，包括CPU（中央处理器）、主板、内存、硬盘、电源、显卡等。主机外部主要包含电源按钮、重启按钮及其他电脑硬件的连接端口等，如下图所示。

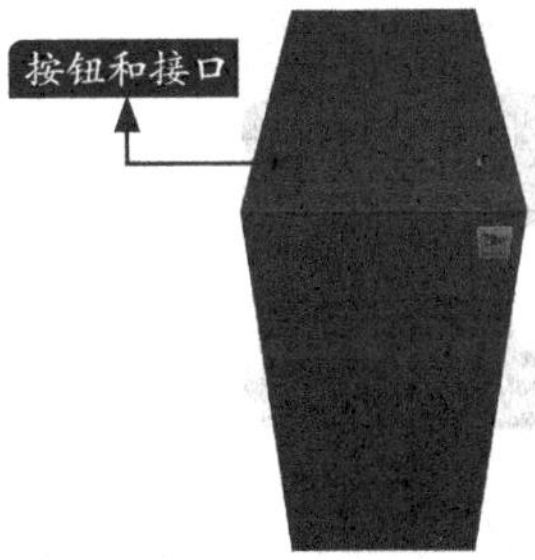

2. 显示器

显示器是电脑重要的输出设备。电脑操作的各种状态和结果、编辑的文本、程序、图形等都显示在显示器上。目前，大多数显示器都是液晶显示器，如下图所示。

显示器上的电源按钮用于控制显示器的开关。除该按钮外，不同型号与品牌的显示器还可能有其他按钮，如用于调节亮度的按钮、用于调节对比度的按钮及自动调节亮度与对比度的按钮。当然，不同的显示器的按钮也有差异，下页图展示的是一款显示器的按钮功能。

电源按钮
自动调整按钮
确认选择按钮
向下／上按钮
菜单按钮

或低音箱体内自带的功率放大器对音频信号进行放大处理后放出声音。

3. 键盘

键盘是电脑基本的输入设备，如下图所示。用户通过键盘向电脑输入各种命令、程序和数据。按照结构，键盘可分为机械式键盘和电容式键盘；按照外形，键盘可分为标准键盘和人体工学键盘；按照接口，键盘可分为USB接口键盘、无线键盘等。

4. 鼠标

鼠标用于改变指针在屏幕上的位置。在应用软件支持的情况下，鼠标可以快速、方便地完成某些特定的操作。鼠标的组件包括鼠标右键、鼠标左键、鼠标滑轮、鼠标线和鼠标插头。按照插头的类型，鼠标可分为USB接口的鼠标和无线鼠标等，下图所示为无线鼠标。

5. 音箱

音箱是一种可以将音频信号转换为声音的设备，如下图所示。其原理是，音箱主机箱体

6. 其他硬件

除了以上几种硬件，麦克风、摄像头、U盘、路由器等都是常用的硬件设备。

（1）麦克风

麦克风也称话筒，是将声音转换为电信号的设备，如下图所示。

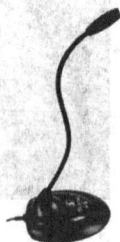

（2）摄像头

摄像头又称电脑相机、电脑眼等，是一种视频输入设备，被广泛运用于视频会议、远程医疗、实时监控等领域，如下图所示。我们可以通过摄像头在网上进行有影像的交谈和沟通。

（3）U盘

U盘是一种使用USB接口与电脑连接的微型高容量移动存储设备，如下页图所示，无须物理驱动器就可以实现即插即用。U盘的优点包括小巧便携、存储容量大、价格低、性能可靠。

（4）路由器

路由器是用于连接多个逻辑上分开的网络的设备，可以用来建立局域网，也可以用来实现家庭中多台电脑同时上网，还可以用来将有

线网络转换为无线网络，如下图所示。

1.2.2 软件

电脑要正常运行，就无法离开软件，软件又称程序。电脑的软件可以分为应用软件、系统软件和驱动软件。通过不同的软件，电脑可以完成许多不同的工作，从而具有非凡的灵活性和通用性。

1. 最常用的软件——应用软件

所谓应用软件，又称应用程序，是指除了系统软件以外的所有软件，是用户利用电脑及系统软件为解决各种实际问题编制的。

目前，常见的应用软件有文字处理类软件、文字输入类软件、沟通交流类软件、网络应用类软件、安全防护类软件和影音图像类软件等。其中，应用最为广泛的应用软件是文字处理类软件，它能实现对文本的编辑、排版和打印，如Microsoft（微软）公司的Office办公软件。

2. 人机对话的桥梁——系统软件

系统软件是管理电脑硬件与软件资源的软件，同时也是电脑系统的内核与基石。目前，系统软件主要有Windows 7、Windows 10和Windows 11等。

（1）Windows 7

Windows 7继承了Windows XP的实用和Windows Vista的华丽，同时进行了一次升级，如右上图所示。该系统软件旨在让人们的日常电脑操作更加简单和快捷，为人们提供高效易行的工作环境。虽然Windows 7发布于2009年，至今已但有十几年，是仍有不少用户使用它。

（2）Windows 10

Windows 10是微软研发的跨平台及跨设备应用的系统软件，覆盖个人电脑、平板电脑、手机、XBOX和服务器端等，如下图所示。微软公司将于2025年10月14日终止对Windows 10的支持，届时用户将无法再获取该系统软件的更新。

（3）Windows 11

Windows 11是微软研发的新一代操作系统，如下图所示，可用于个人电脑、平板电脑等。与Windows 10相比，其提供了众多新功能，为用户带来了全新的操作体验。

程序"，全称为"设备驱动程序"，是一种可以使电脑和设备通信的特殊软件，相当于硬件的接口，如下图所示。操作系统只有通过驱动软件才能控制硬件。

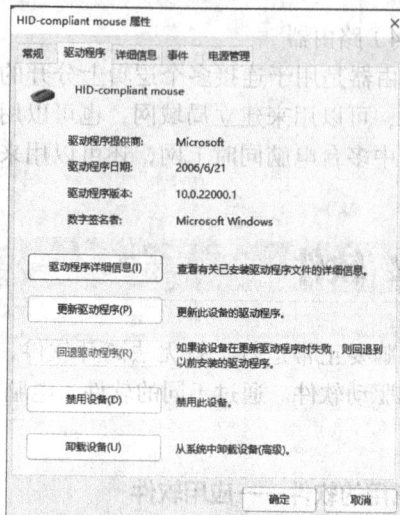

3. 不得不用的软件——驱动软件

驱动软件（Device Driver），也叫"驱动

1.3 实战——开启、重启和关闭电脑

开启、重启和关闭电脑是使用电脑最基本的操作。

1.3.1 正确开启电脑的方法

开启电脑的方法很简单。电脑连通电源后，按下主机上的电源按钮即可开启电脑。当然，别忘了打开显示器。当按下显示器的电源按钮时，按钮旁边的电源指示灯会亮起。通常，显示器的电源按钮在显示器的下方。正确开启电脑的操作步骤如下。

步骤 01 按下显示器的电源按钮，打开显示器，如下图所示。

电源按钮

小提示

任何品牌的显示器，其电源按钮的标志都为 ⏻。

步骤 02 按下主机上的电源按钮，打开主机，如下图所示。

电源按钮

步骤 03 电脑启动并自检后，会进入系统加载界面，如下图所示。

步骤 04 加载完成后，系统会成功进入桌面，如下图所示。

1.3.2 重启电脑

重启电脑有两种比较常用的方法。

方法1：单击桌面下方的【开始】按钮 ■，打开【开始】菜单，并单击【电源】按钮 ⏻，在弹出的选项菜单中单击【重启】选项，即可重启电脑，如下图所示。如果有程序正在运行，则会弹出警告对话框，用户可根据需要选择操作。

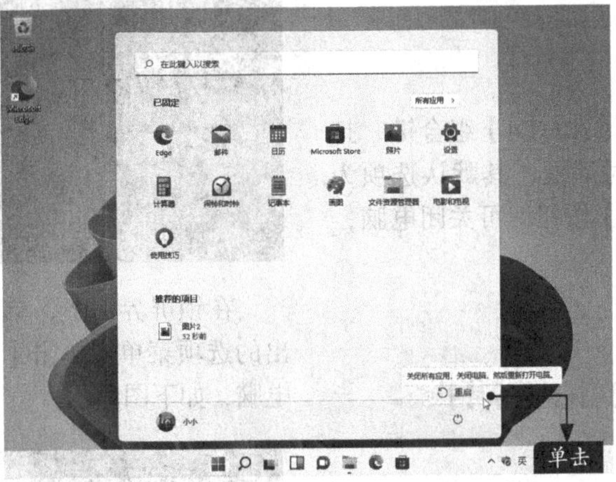

方法2：按下主机上的重启按钮，即可重新启动电脑，如下图所示。

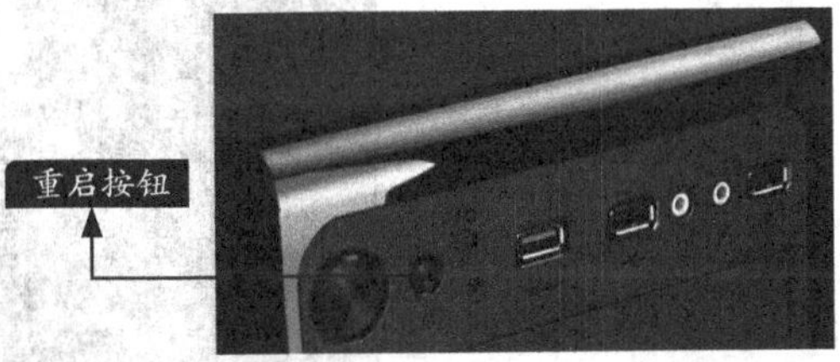

1.3.3 正确关闭电脑的方法

在使用Windows 11时，当系统执行了关机命令后，某些电源设置可以自动切断电源，关闭电脑。如果使用的是只退出操作系统而不关闭电脑的电源设置，用户还需要手动按下电源按钮以切断电源，实现关机操作。不过这种情况目前已不多见。正确关闭电脑有以下4种方法。

1. 使用【开始】菜单

打开【开始】菜单，单击【电源】按钮⏻，在弹出的选项菜单中单击【关机】选项，即可关闭电脑，如下图所示。

2. 使用快捷键

在桌面环境中，按【Alt+F4】组合键，打开【关闭 Windows】对话框，其默认选项为【关机】，单击【确定】按钮即可关闭电脑，如下图所示。

3. 右键快捷菜单

右击【开始】按钮■，或按【Windows+X】组合键，在打开的菜单中单击【关机或注销】→【关机】，如右上图所示。

4. 其他方法

在特殊情况下，如电脑无响应，可以按【Ctrl+Alt+Delete】组合键，进入下图所示的界面，单击【电源】按钮，在弹出的选项菜单中单击【关机】选项，即可关闭电脑。

在锁屏界面下，单击【电源】按钮，在弹出的选项菜单中单击【关机】选项，即可关闭电脑，如下图所示。

1.4 实战——使用鼠标

鼠标用于改变指针在屏幕上的位置，鼠标可以快速、方便地完成某些特定的功能。

1.4.1 鼠标的正确握法

正确持握鼠标，能够使用户在长时间的工作和学习中不会很快感到疲劳。正确的鼠标握法是，手腕自然放在桌面上，大拇指和无名指轻轻夹住鼠标的两侧，食指和中指分别对准鼠标的左键和右键，手掌心不要紧贴在鼠标上，这样便于移动鼠标，如下图所示。

1.4.2 鼠标的基本操作

通常，鼠标包含3个按键，每个按键都有一定的功能，具体如下。

● 左键：用于选择，当用户需要选择某个程序、文件及命令时，可以单击该按键。

● 中键：又称"滑轮"，主要用于上下浏览，当阅读较长的文件、网页时，滑动滑轮，就可以向下或向上浏览内容。

● 右键：用于打开快捷菜单，选定目标后，单击鼠标右键，可以打开对应的快捷菜单。

了解了鼠标各按键的基本功能后，下面介绍鼠标的基本操作，包括指向、单击、双击、拖曳和右击等。

（1）指向指移动鼠标，将指针移动到操作对象上。右上图所示为指向【回收站】桌面图标。

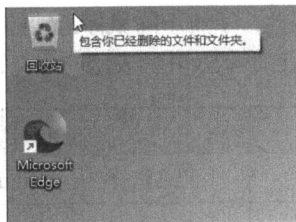

（2）单击指快速按下并释放鼠标左键。单击一般用于选定一个操作对象。下图所示为单击【回收站】桌面图标。

（3）双击指连续两次快速按下并释放鼠标左键。双击一般用于打开窗口或启动软件等。下图所示为双击【回收站】桌面图标后打开的【回收站】窗口。

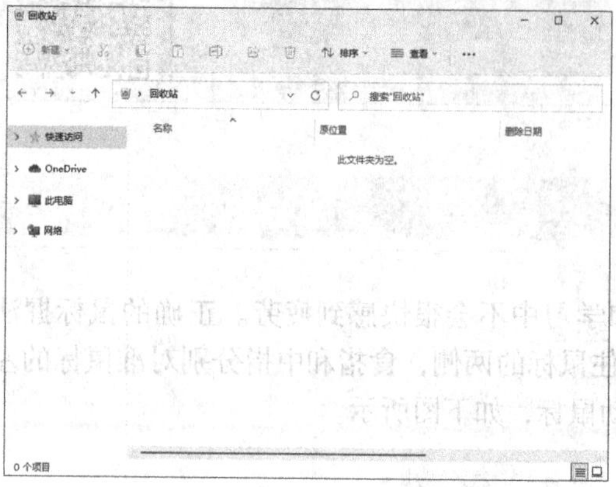

（4）拖曳指按下鼠标左键，移动鼠标指针到指定位置，再释放按键的操作。拖曳一般用于选择多个操作对象、复制或移动对象等。右上图所示为拖曳选择多个对象的操作。

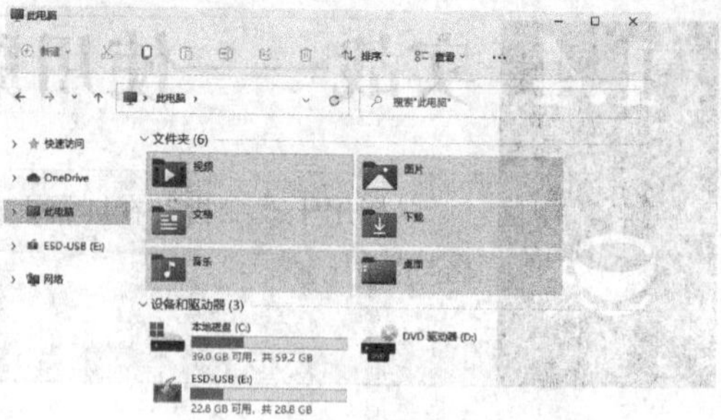

（5）右击指快速按下并释放鼠标右键。右击一般用于打开一个与操作相关的快捷菜单。下图所示为右击【视频】图标打开快捷菜单的操作。

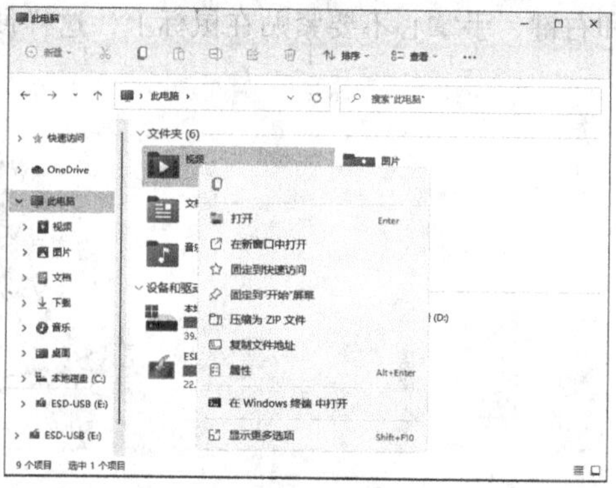

1.4.3 不同鼠标指针的含义

在使用鼠标操作电脑的时候，鼠标指针会因操作的不同或系统工作形态的不同，呈现出不同的形状。因此，了解不同鼠标指针的含义，可以帮助用户方便快捷地操作电脑。下面介绍几种常见的鼠标指针形状及其所表示的含义，如下表所示。

指针形状	表示的含义	用途
⌖	正常选择	Windows的基本指针，用于选择菜单、命令或选项等
⌖	后台运行	表示系统打开的程序正在加载
O	忙碌状态	表示系统打开的程序或操作未响应，需要用户等待
＋	精准选择	用于精准调整对象
I	文本选择	用于在文字编辑区内指示编辑位置
⊘	禁用状态	表示当前状态及操作不可用
↕和↔	垂直或水平调整	鼠标指针移动到窗口边框线时，会变为双向箭头，拖曳可上下或左右移动边框改变窗口大小
⤡和⤢	沿对角线调整	鼠标指针移动到窗口的4个角落时，会变为斜向双向箭头，拖曳可沿水平或垂直方向放大或缩小窗口
✣	移动对象	用于移动选定的对象
☝	链接选择	表示当前位置有超文本链接，单击即可进入

1.5 实战——使用键盘

键盘是用于向电脑内部输入数据和控制电脑的工具，是电脑的重要组成部分。尽管现在鼠标已经代替了键盘的一部分工作，但是像输入文字和数据这样的工作还是要靠键盘来完成。

1.5.1 键盘的基本分区

键盘分为5个区：上面一行是功能键区和状态指示区，下面是主键盘区、编辑键区和辅助键区。

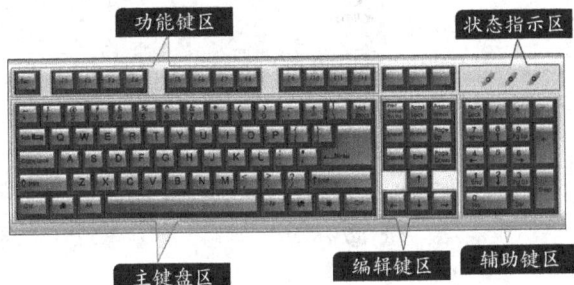

1. 功能键区

功能键区位于键盘的上方，由【Esc】键、【F1】键~【F12】键及其他3个功能键组成。这些键在不同的环境中有不同的作用。

2. 主键盘区

主键盘区位于键盘的左下部，是键盘上最大的区域。它既是键盘的主体部分，又是用户经常使用的部分。在主键盘区，除了数字和字母键外，还有若干辅助键。

3. 编辑键区

编辑键区位于键盘的中间偏右，包括上、下、左、右4个方向键和几个控制键。

4. 辅助键区

辅助键区位于键盘的右下部，是用于录入数据的快捷键，其按键功能都可以用其他区中的按键实现。

5. 状态指示区

键盘上除了按键以外，还有3个指示灯，它们位于键盘的右上角，从左到右依次为Num Lock指示灯、Caps Lock指示灯、Scroll Lock指示灯。它们与键盘上的【Num Lock】键、【Caps Lock】键及【Scroll Lock】键一一对应。

1.5.2 键盘的基本操作

键盘的基本操作包括按下和按住两种。

（1）按下指按下并快速松开按键，如同使用遥控器一样。下图所示为按下【Windows】键，弹出的【开始】菜单。

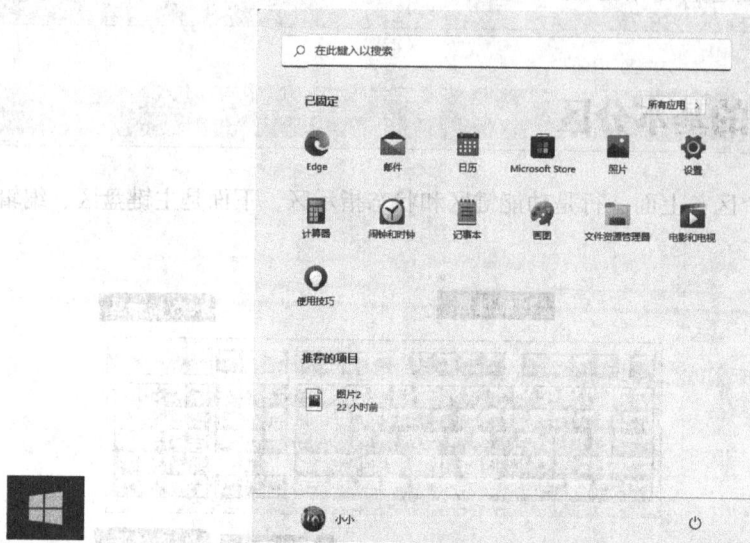

（2）按住指按下按键不放，主要用于操作两个或两个以上的按键组合，称为组合键。按住【Windows】键不放，再按下【L】键，即可锁定桌面，如下图所示。

 高手私房菜

技巧1：怎样用左手操作鼠标

如果用户习惯用左手操作鼠标，就需要对系统进行简单的设置，以满足用户个性化的需求。设置的具体步骤如下。

步骤 01 右击【开始】按钮 ■■，在弹出的快捷菜单中，单击【设置】选项，如下图所示。

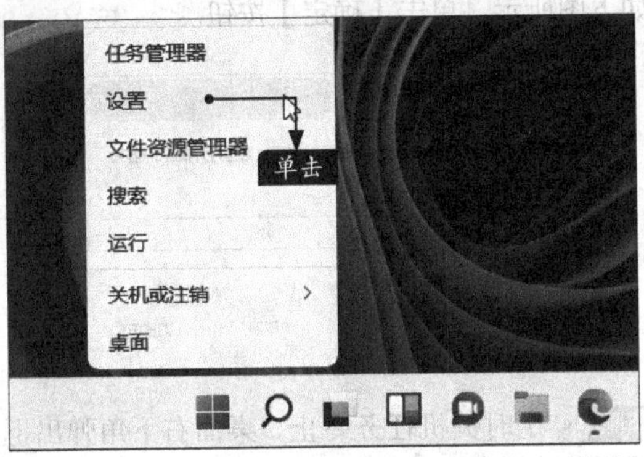

步骤 02 打开【设置】面板，单击【蓝牙和其他设备】→【鼠标】选项，如下图所示。

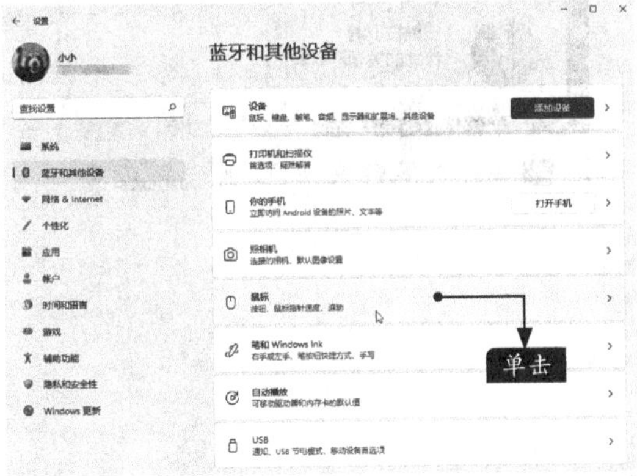

步骤 03 进入【鼠标】界面，单击【相关设置】下的【其他鼠标设置】选项，如右上图所示。

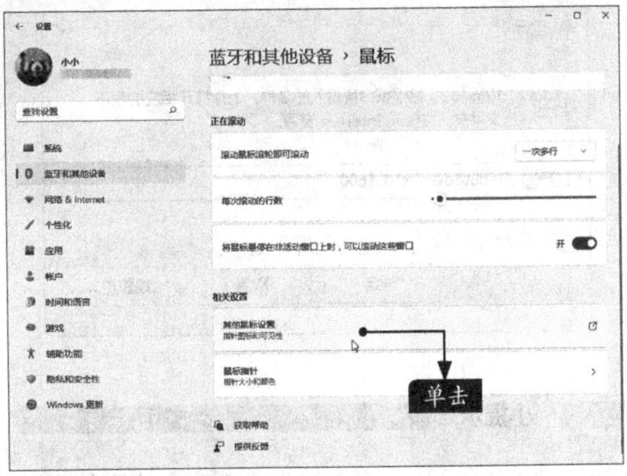

步骤 04 弹出【鼠标 属性】对话框，单击【鼠标键】选项卡，然后勾选【切换主要和次要的按钮】复选框，单击【确定】按钮即可完成设置，如下图所示。

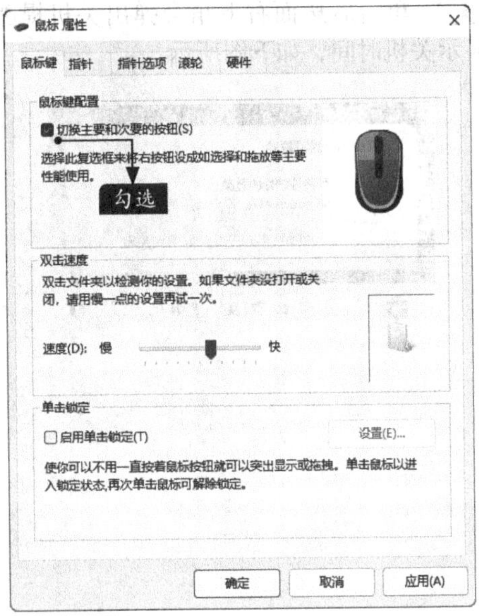

技巧2：定时关闭电脑

在使用电脑时，如果突然有事要离开，而电脑中正在进行重要的操作，如正在下载或上传文件，不能立即关闭，但又不想长时间开机，此时可以使用定时关闭电脑功能。例如，要在1个小时后关闭电脑，可以执行以下操作。

步骤 01 按【Windows+R】组合键，弹出【运行】对话框，在【打开】文本框中输入"shutdown -s -t 3600"，如下页图所示，单击【确定】按钮。

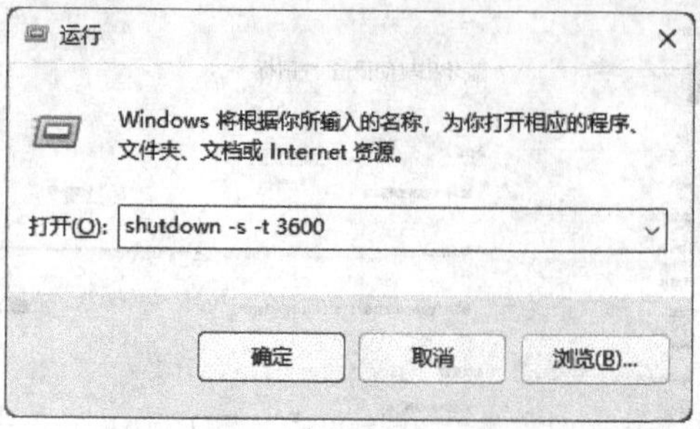

小提示

"shutdown —s —t 3600"表示60分钟后自动关机，其中"3600"的单位是秒，也就是60分钟；如果希望设置为30分钟后自动关机，则将"3600"改为"1800"，在文本框中输入"shutdown —s —t 1800"即可。

步骤 02 单击后桌面右下角会弹出关机提醒，并显示关机时间，如下图所示。

步骤 03 如果要撤销关机命令，可以再次打开【运行】对话框，输入"shutdown -a"命令，如下图所示，单击【确定】按钮。

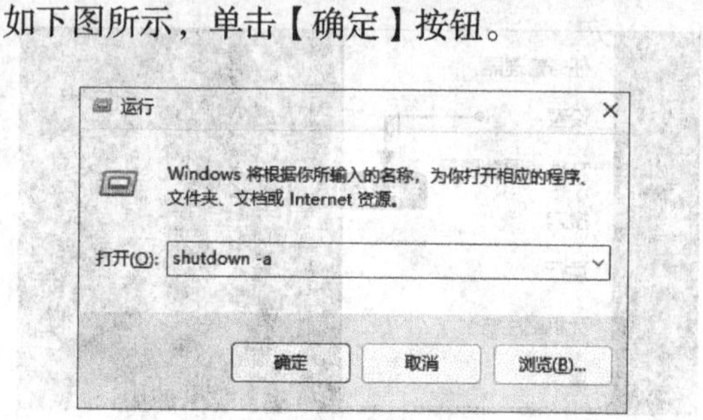

步骤 04 定时关机任务终止，桌面右下角弹出下图所示的提醒，通知"注销被取消"。

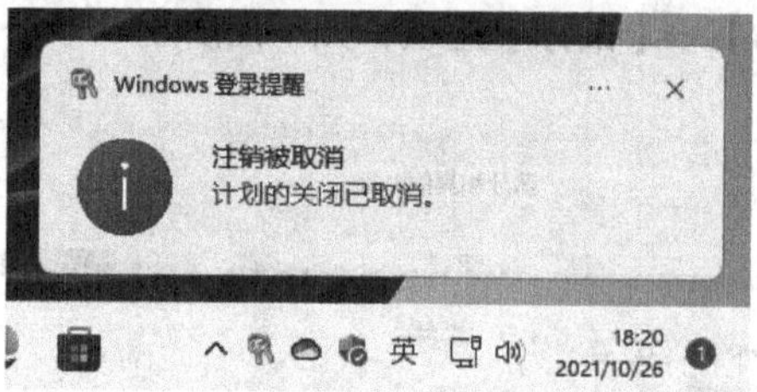

第2章

开启Windows 11的多彩世界

Windows 11的初学者，首先需要掌握系统的基本操作。本章将主要介绍Windows 11的基本知识，包括Windows 11的桌面、窗口、"开始"菜单、小组件及通知中心等的基本操作。

2.1 认识Windows 11的桌面

进入Windows 11后，用户首先看到的是桌面，接下来就介绍Windows 11的桌面。

2.1.1 桌面的组成

桌面的组成元素主要包括桌面背景、桌面图标和任务栏等，如下图所示。

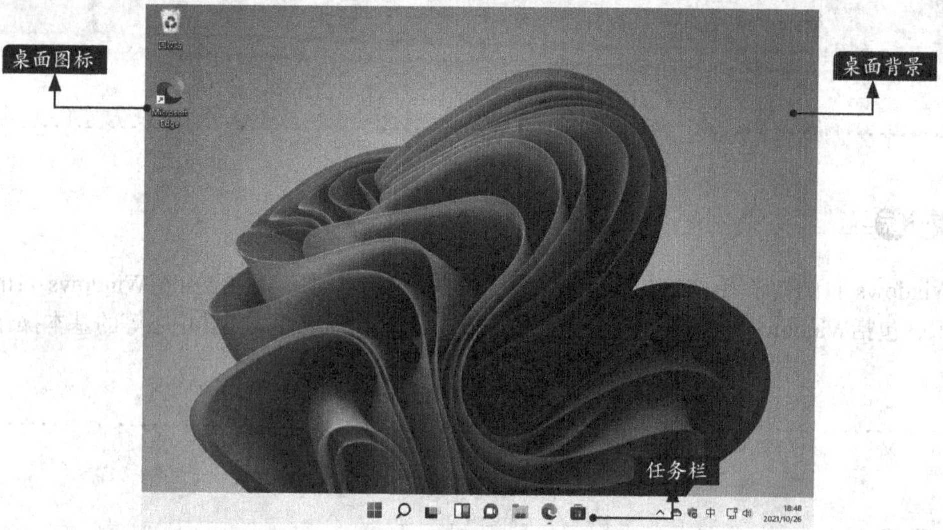

1.桌面背景

桌面背景可以是个人收集的图片、Windows 提供的图片、纯色图片或带有颜色框架的图片，也可以以幻灯片形式显示图片。

Windows 11自带很多漂亮的背景图片，用户可以从中选择自己喜欢的图片作为桌面背景。除此之外，用户还可以把自己收集的图片设置为桌面背景。

2.桌面图标

Windows 11中，所有的文件、文件夹和软件等都由相应的图标表示。桌面图标一般由文字和图片组成，文字说明图标的名称或功能，图片是它的标识符。新安装的系统的桌面中只有【回收站】和【Microsoft Edge】图标。

用户双击桌面图标，可以快速地打开相应

的文件、文件夹或者软件，如双击桌面上的【回收站】图标，即可打开【回收站】窗口，如下图所示。

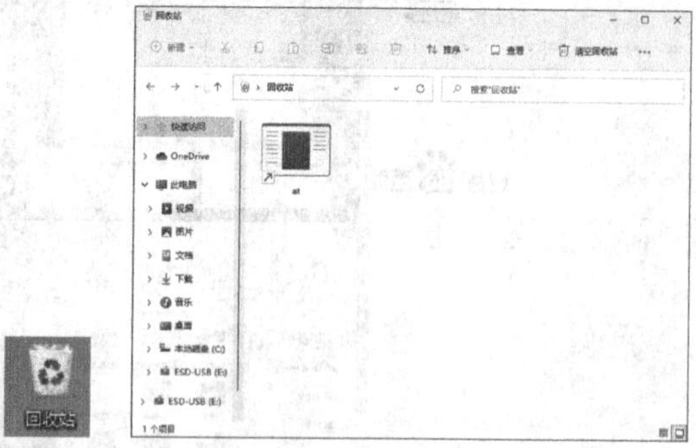

3.任务栏

【任务栏】是位于桌面最底部的长条区域，显示系统正在运行的程序、当前时间等，主要由【开始】按钮、快速启动区域、系统图标显示区和【显示桌面】按钮组成。和以前的操作系统相比，Windows 11中的任务栏设计得更加人性化、使用更加方便、功能更强大，如下图所示。快速启动区域包含了搜索、任务视图、小组件、聊天、文件资源管理器、Microsoft Edge和Microsoft Store的启动图标，用户按【Alt +Tab】组合键可以在不同的窗口之间进行切换。

（1）通知区域

默认情况下，通知区域位于任务栏的右侧。它包含一些程序图标，这些图标展示相关程序的状态和通知，如下图所示。

用户可以更改出现在通知区域中的图标和通知，对于某些特殊图标（称为"系统图标"），还可以选择是否显示它们。

用户可以通过拖曳来更改图标在通知区域中的顺序及隐藏图标的顺序。

（2）【开始】按钮

单击桌面左下角的【开始】按钮■或按下【Windows】键，即可打开【开始】菜单，如下图所示，其顶部为搜索框。中间区域包括【已固定】和【推荐的项目】两个区域，其中【已固定】区域为固定的程序图标，单击图标即可启动相应程序；【推荐的项目】为Windows 11根据用户的使用习惯，将某些项目罗列在其中，方便用户快速访问。【开始】菜单底部包含了"账户设置"和【电源】按钮，用于设置用户账户和进行关机操作。

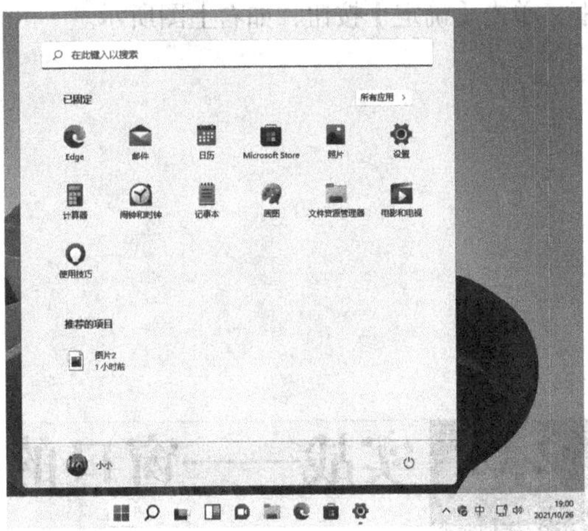

2.1.2 找回传统桌面的系统图标

刚装好Windows 11时，桌面上只有【回收站】和【Microsoft Edge】图标，用户可以添加【此电脑】【用户的文件】【控制面板】和【网络】图标，具体操作步骤如下。

步骤 01 在桌面空白处右击，在弹出的快捷菜单中单击【个性化】选项，如下图所示。

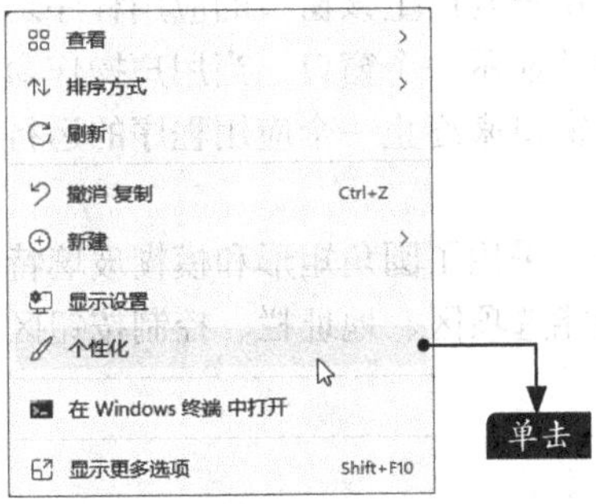

步骤 02 在弹出的【设置】面板中，单击【个性化】→【主题】选项，如下图所示。

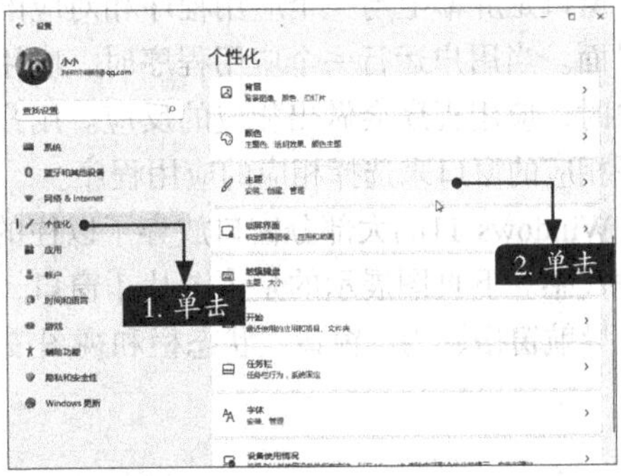

步骤 03 进入【主题】界面，单击【相关设置】下的【桌面图标设置】选项，如下图所示。

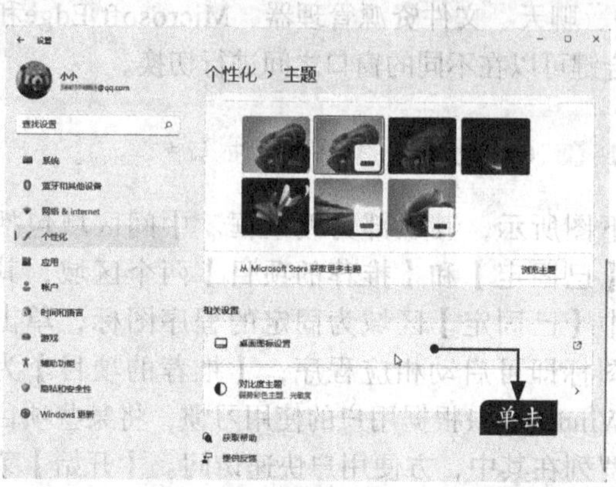

步骤 04 弹出【桌面图标设置】窗口，在【桌面图标】选项组中勾选要显示的桌面图标的复选框，单击【确定】按钮，如右上图所示。

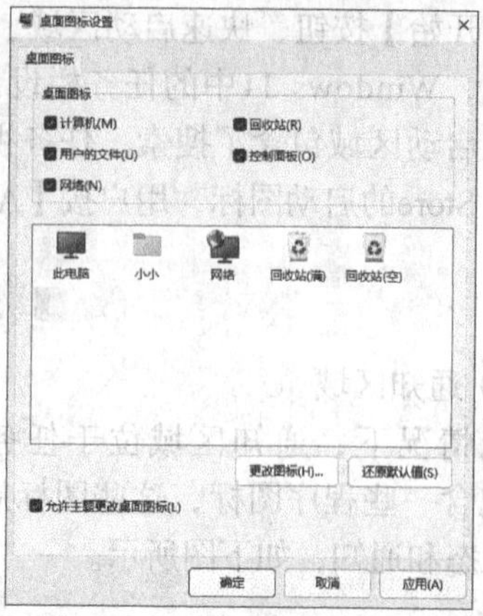

步骤 05 勾选的图标即可在桌面显示，如下图所示。

2.2 实战——窗口的基本操作

在Windows 11中，窗口是用户界面中最重要的组成部分，对窗口进行的操作是最基本的操作。

2.2.1 Windows 11的窗口组成

窗口是屏幕上与一个应用程序相对应的矩形区域，是用户与产生该窗口的应用程序之间的可视界面。当用户运行一个应用程序时，应用程序就会创建并显示一个窗口；当用户操作窗口中的对象时，应用程序会做出相应的反应。用户通过关闭一个窗口来终止一个应用程序的运行，通过选择相应的窗口来选择相应的应用程序。

Windows 11的大部分窗口放弃了以往的直角矩形方案，采用了圆角矩形和模糊玻璃特效，更具现代感。下页图展示的是【图片】窗口，由标题栏、功能选项区、地址栏、控制按钮区、搜索框、导航窗格、内容窗口、状态栏和视图按钮等部分组成。

1.标题栏

标题栏位于窗口的最上方，标题栏左侧为当前窗口的名称和程序图标，右侧分别为【最小化】按钮 −、【最大化/还原】按钮 □、【关闭】按钮 ×，单击相应的按钮可以执行相应的操作。

2.功能选项区

功能选项区位于标题栏下方，包含了常用的功能按钮，依次为新建、剪切、复制、粘贴、重命名、共享、删除、排序、查看和查看更多，共10个按钮。

（1）【新建】按钮 ⊕ 新建﹀

单击【新建】按钮，在弹出的快捷菜单中可以新建文件夹、新建快捷方式和新建文件操作，其中新建文件的种类与电脑中已安装的应用程序有关。如安装了Office，则可新建Word、Excel、PowerPoint等文件，如下图所示。

（2）【剪切】按钮 ✄

选中文件或文件夹，单击【剪切】按钮 ✄，可执行剪切操作。

（3）【复制】按钮 ▢

选中文件或文件夹，单击【复制】按钮 ▢，可执行复制操作。

（4）【粘贴】按钮 ▣

执行了剪切或复制操作后，在目标文件夹下，【粘贴】按钮 ▣ 为可单击状态，单击该按钮，即可将所选的文件或文件夹粘贴到当前文件夹。

（5）【重命名】按钮 ▤

单击【重命名】按钮 ▤，所选文件或文件夹的名称进入编辑状态，用户可对其进行命名，如下图所示。

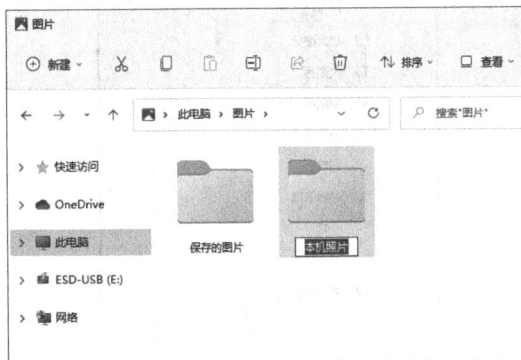

（6）【共享】按钮 ▨

单击【共享】按钮 ▨，则弹出下页图所示界面，用户可以将所选文件发送给联系人。

（7）【删除】按钮🗑

单击【删除】按钮🗑，可将所选的文件或文件夹删除。

（8）【排序】按钮

单击【排序】按钮，弹出下拉列表，用户可以对当前窗口中的文件或文件夹进行排序，如下图所示。

（9）【查看】按钮 查看▾

单击【查看】按钮 查看▾，弹出下拉列表，用户可以设置查看图标大小、列表显示方式等，如下图所示。

（10）【查看更多】按钮 …

单击【查看更多】按钮 …，用户可进行撤销、固定到快速访问、全部选择、全部取消等操作，如右上图所示。

3. 地址栏

地址栏位于功能选项区的下方，主要展示了从根目录到现在所在目录的路径，单击地址栏即可看到具体的路径，如下图展示了【H盘】下【办公】文件夹中的内容。

用户单击路径中的【文档（H:）】右侧的▸按钮，即弹出下拉列表，在列表中可以选择要打开的文件或文件夹，如下图所示。

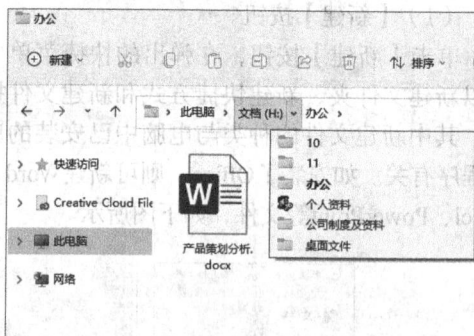

用户可以通过地址栏返回某个位置，如单击【文档（H:）】，则可以立即返回H盘。

另外，用户也可以在地址栏中直接输入路径，按【Enter】键，可以快速到达要访问的位置。

4. 控制按钮区

控制按钮区位于地址栏的左侧，主要用于

返回、前进、上移到前一个位置。单击 按钮，打开下拉列表单，可以查看最近访问的位置信息，单击下拉列表中的位置信息，可以快速到达该位置，如下图所示。

5. 搜索框

搜索框位于地址栏的右侧，在搜索框中输入关键词，可以快速查找当前位置中相关的文件、文件夹。

6. 导航窗格

导航窗格位于控制按钮区下方，显示了电脑中包含的具体位置，如快速访问、OneDrive、此电脑、网络等，用户可以通过导航窗格快速定位到相应的位置。另外，用户也可以通过导航窗格中的【展开】按钮和【收缩】按钮，显示或隐藏详细的子目录。

7. 内容窗口

内容窗口位于导航窗格右侧，是显示当前位置的内容区域，也叫工作区域。

8. 状态栏

状态栏位于导航窗格下方，显示当前位置中的项目数量，也会根据用户选择的内容，显示所选文件或文件夹的数量、容量等信息。

9. 视图按钮

视图按钮位于状态栏右侧，包含了【在窗口中显示每一项的相关信息】和【使用大缩略图显示项】两个按钮，用户可以单击它们选择视图方式。

2.2.2 打开和关闭窗口

打开和关闭窗口是最基本的操作，本小节主要介绍其操作方法。

1. 打开窗口

在Windows 11中，双击程序图标，即可打开窗口。利用【开始】菜单、桌面快捷方式、任务栏中的快速启动区都可以打开窗口。

另外，也可以右击程序图标，在弹出的快捷菜单中，单击【打开】选项，这样也可打开窗口，如下图所示。

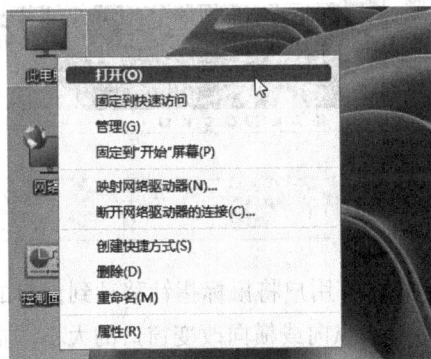

2. 关闭窗口

窗口使用完后，用户可以将其关闭。常见的关闭窗口的方法有以下几种。

（1）使用关闭按钮

单击窗口右上角的【关闭】按钮 ，即可关闭当前窗口，如下图所示。

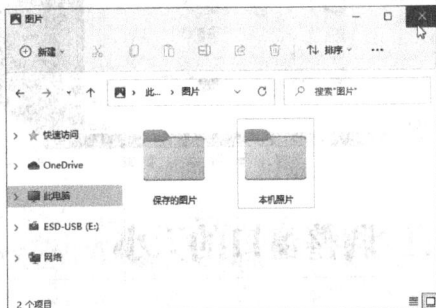

（2）窗口左上角的程序图标

单击窗口左上角的程序图标，在弹出的快

捷菜单中选择【关闭】选项，即可关闭当前窗口，如下图所示。

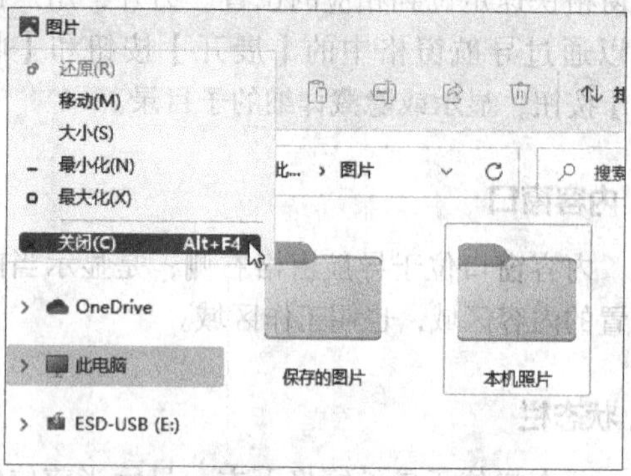

（3）使用标题栏

右击标题栏，在弹出的快捷菜单中单击【关闭】选项，即可关闭当前窗口，如右上图所示。

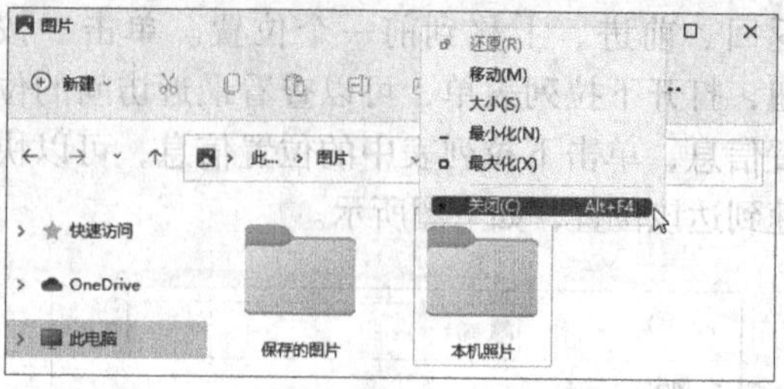

（4）使用任务栏

在任务栏上右击需要关闭的程序图标，在弹出的快捷菜单中单击【关闭所有窗口】选项，可关闭该程序的所有窗口，如下图所示。

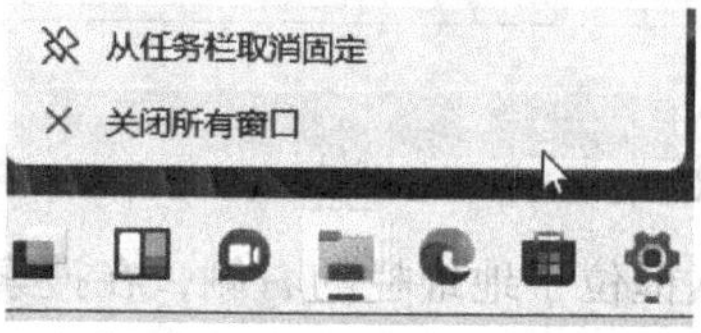

（5）使用快捷键

在当前窗口中按【Alt+F4】组合键，即可关闭窗口。

2.2.3 移动窗口

当窗口没有处于最大化或最小化状态时，将鼠标指针放在需要移动的窗口的标题栏上，鼠标指针此时是 ▷ 形状，按住鼠标左键不放，拖曳窗口到需要的位置，松开鼠标左键，即可移动窗口，如下图所示。

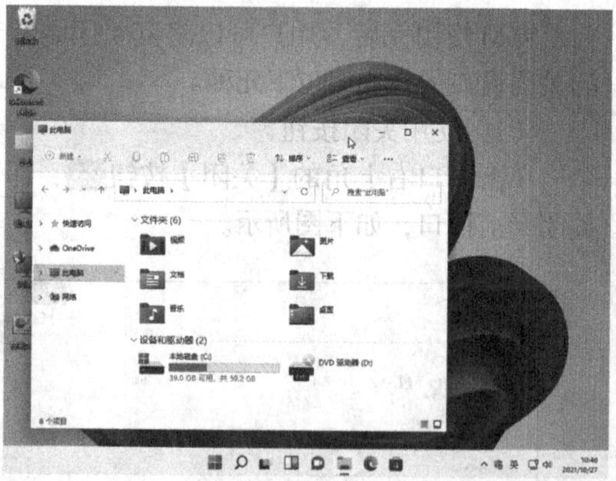

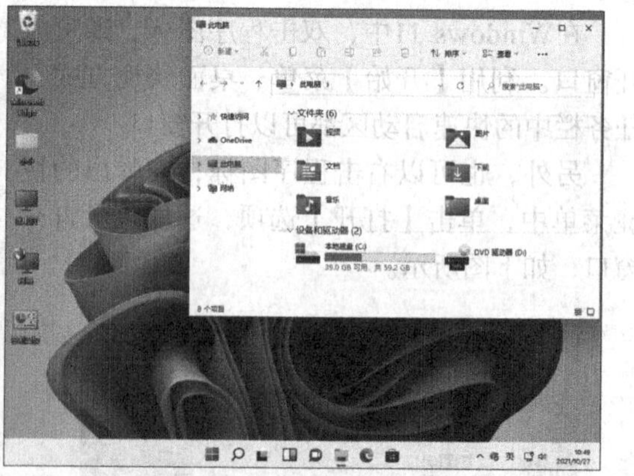

2.2.4 调整窗口的大小

默认情况下，打开的窗口大小和上次关闭时的大小一样。用户将鼠标指针移动到窗口的边缘，鼠标指针变为 ↕ 或 ↔ 形状时，可上下或左右拖曳边框以纵向或横向改变窗口的大小。指针移动到窗口的4个角变为↖或↗形状时，拖曳指针，可沿水平或垂直方向放大或缩小窗口，如下图所示。

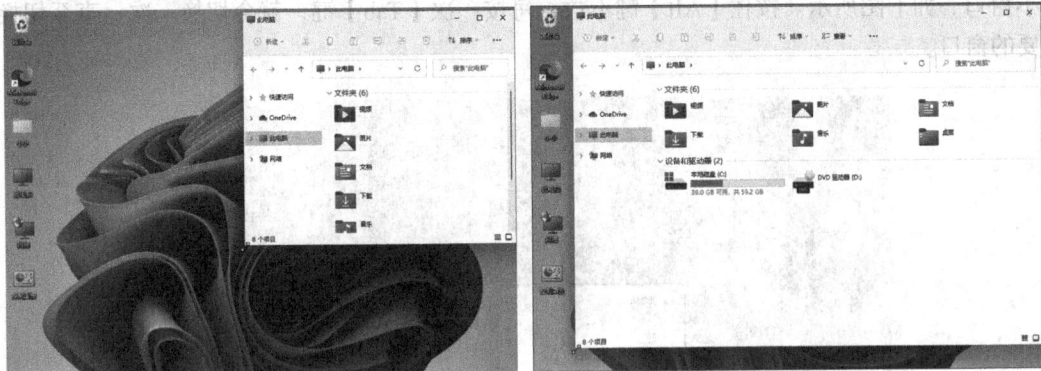

另外，单击窗口右上角的【最小化】按钮－，可以使当前窗口最小化；单击【最大化】按钮□，可以使当前窗口最大化；在窗口最大化时，单击【向下还原】按钮❐，可还原到窗口最大化之前的大小。

小提示

在当前窗口中双击窗口的标题栏，可使当前窗口最大化，再次双击窗口的标题栏，可以向下还原窗口。

2.2.5 切换当前窗口

如果同时打开了多个窗口，用户有时需要在各个窗口之间进行切换。

1. 使用鼠标切换

如果打开了多个窗口，单击需要切换的窗口的任意位置，该窗口即可出现在所有窗口的最前面。

另外，将鼠标指针停留在任务栏的某个程序图标上，该程序图标上方会显示该程序的预览小窗口，如下图所示，在预览小窗口中移动鼠标指针，桌面上也会同时显示该程序的对应窗口，如果需要切换窗口，单击该预览小窗口即可。

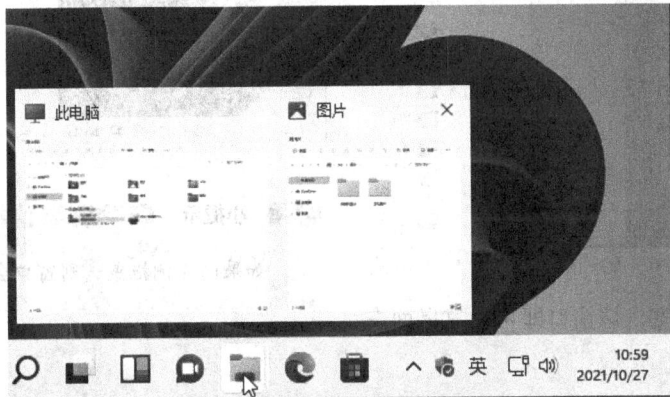

2.【Alt+Tab】组合键

在Windows 11中，按【Alt+Tab】组合键切换窗口时，桌面中间会出现当前打开的各程序的预览小窗口，如下图所示。按住【Alt】键不放，每按一次【Tab】键，就会切换一次，直至切换到需要的窗口。

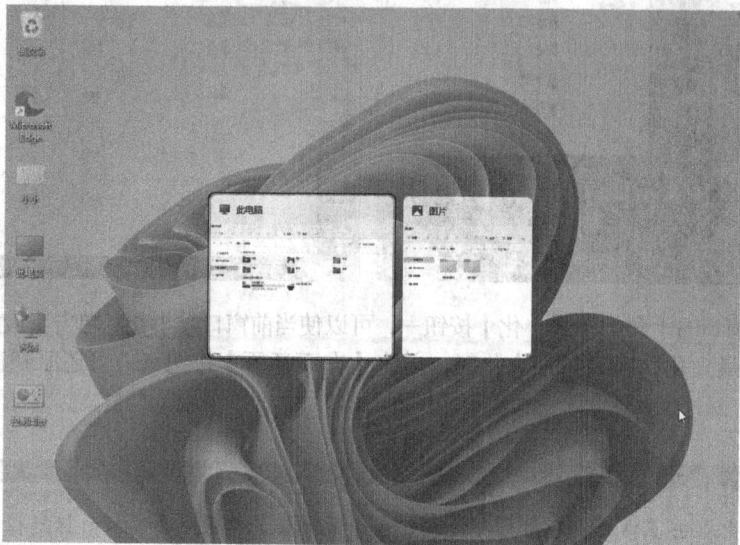

2.2.6 窗口贴靠布局显示

在Windows 11中，如果需要同时处理多个窗口，可以让其以贴靠布局显示，这样就不需要进行切换，具体操作方法如下。

1. 单窗口的贴靠排列

步骤 01 选中要移动的窗口，按住鼠标左键不放，将其拖曳至桌面最右侧，如下图所示。

> **小提示**
>
> 如果向左侧拖曳，则窗口会贴靠桌面左侧。

步骤 02 松开鼠标左键，该窗口即可贴靠桌面右侧，如右图所示。

2. 双窗口的并排排列

步骤 01 选择一个窗口，按住【Windows】键不放，然后按【→】键，如下图所示。

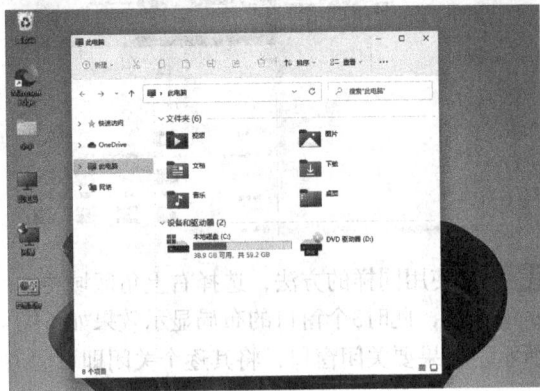

步骤 02 当前窗口自动贴靠桌面右侧，左侧则弹出预览小窗口，用户可以选择要并排排列的窗口，如下图所示。

步骤 03 双击选择左侧要显示的窗口，两个窗口即可并排排列，如下图所示。

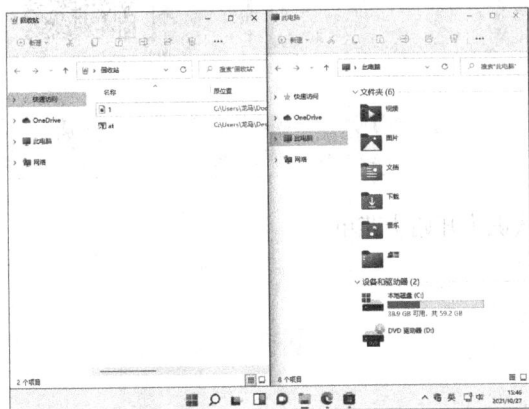

步骤 04 将鼠标指针移至两个窗口的接缝处，指针即变为↔形状，拖曳可左右移动接缝，以调整两个窗口的宽度，如下图所示。

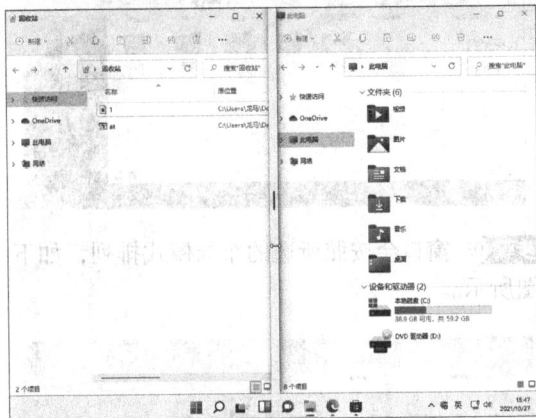

3. 多窗口的并排排列

步骤 01 打开一个窗口，按【Windows+Z】组合键，当前窗口右上角即会显示贴靠布局选项，包含了6种布局模式。不同的布局模式将桌面划分为不同的区域，并按照区域大小提供了6种不同的排列方式，如左右、左和右上右下及形如田字格的排列等，如下图所示。

> **小提示**
>
> 将鼠标指针移至【最大化】按钮□上方，也可以显示贴靠布局选项。

步骤 02 根据要排列的窗口数量，选择一种贴靠布局模式及当前窗口所处的位置，如下页图所示。

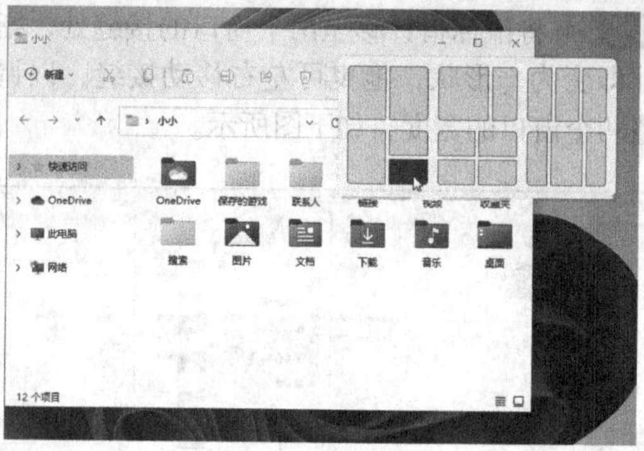

步骤 03 窗口会按照所选的布局模式排列，如下图所示。

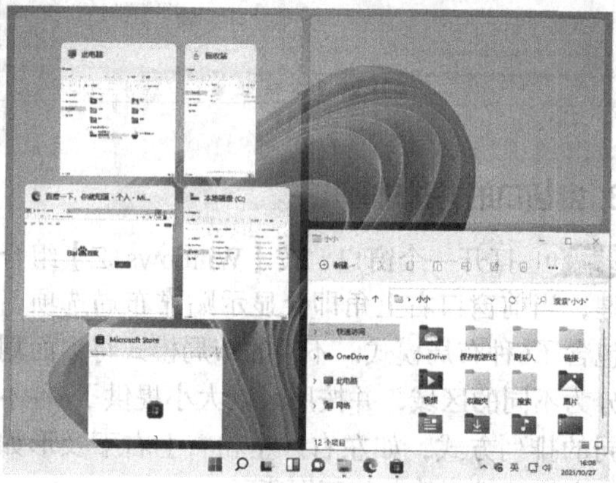

步骤 04 在包含预览小窗口的悬浮框中，选择该区域要显示的窗口，即可快速显示，如右上图所示。

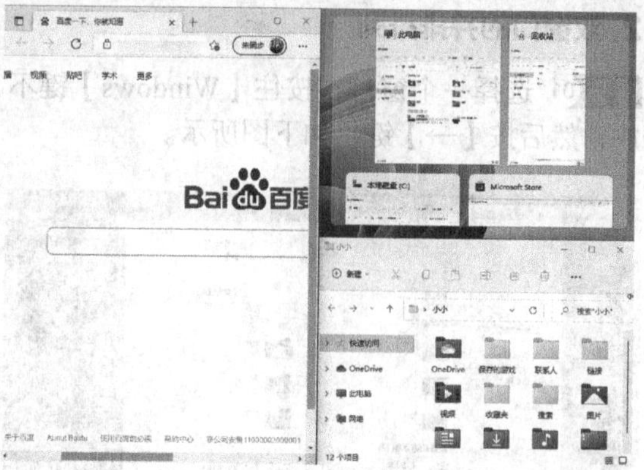

步骤 05 使用同样的方法，选择右上角区域要显示的窗口，此时3个窗口的布局显示效果如下图所示。如果要关闭窗口，将其逐个关闭即可。

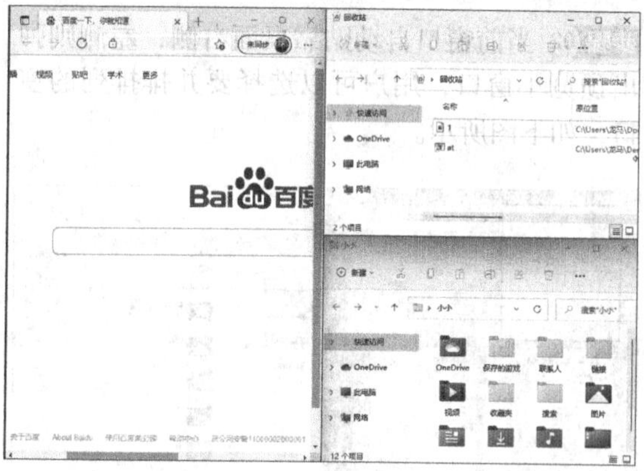

2.3 实战——【开始】菜单的基本操作

与Windows 10相比，在Windows 11中，【开始】菜单发生了重大变革，居中显示在任务栏中，这样可以让用户更容易找到所需的内容。本节将主要介绍【开始】菜单的基本操作。

2.3.1 认识【开始】菜单

在学习【开始】菜单的基本操作之前，我们先认识【开始】菜单。

1. 打开【开始】菜单

使用下面两种方法都可以打开【开始】菜单。

（1）单击任务栏上的【开始】按钮▓。

（2）按【Windows】键▓。

2.【开始】菜单的组成

单击任务栏上的【开始】按钮 ，打开【开始】菜单，可以看到其包含搜索框、【已固定】项目、【所有应用】按钮、【推荐的项目】、账户设置和【电源】按钮，如下图所示。

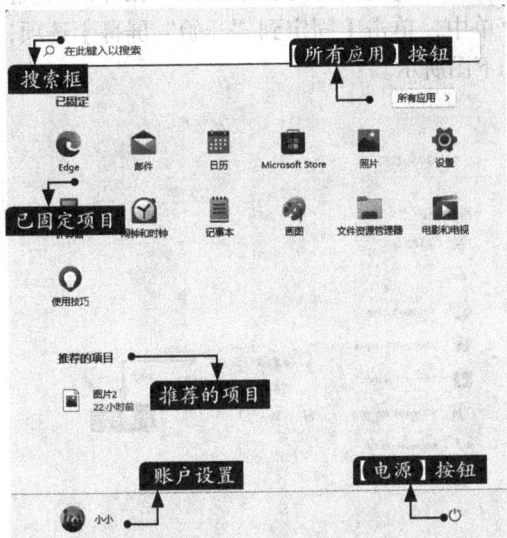

（1）搜索框

单击搜索框可以跳转到【搜索】界面，用户可以在其中搜索应用、文档、网页、设置、视频、文件夹、音乐等，如下图所示。

（2）【已固定】项目

【已固定】项目区域显示了常用的应用，用户还可以根据需求，在其中取消固定应用或添加固定应用。

（3）【所有应用】按钮

单击【所有应用】按钮，可以打开程序列表，如下图所示。

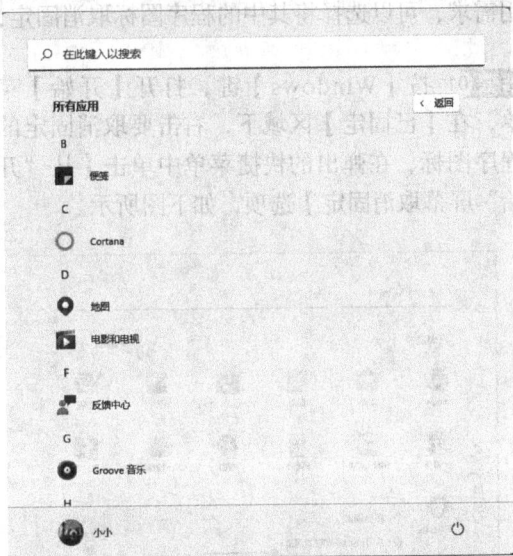

（4）【推荐的项目】

Windows 11基于云的支持，根据用户使用程序、文档等的习惯，【推荐的项目】会显示各种程序、最近浏览的文档，方便用户快速访问。

（5）账户设置

当电脑使用了账户后，账户设置按钮会显示为账户头像，单击该按钮，会弹出如下图所示的菜单，用户可以执行更改账户设置、锁定屏幕及注销的操作。

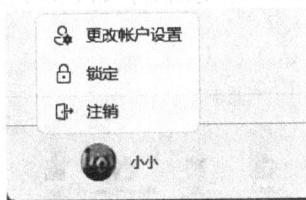

（6）【电源】按钮

【电源】按钮主要用来关闭或重启操作系统，包括【关机】和【重启】选项，如下图所示。

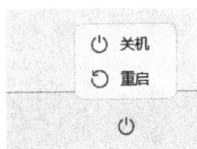

2.3.2 在【开始】菜单中取消或固定程序

在【开始】菜单中的【已固定】区域下，Windows 11默认包含了13个程序图标，用户根据使用需求，可以选择将其中的程序图标取消固定，也可以固定新的程序图标，具体操作步骤如下。

步骤01 按【Windows】键，打开【开始】菜单，在【已固定】区域下，右击要取消固定的程序图标，在弹出的快捷菜单中单击【从"开始"屏幕取消固定】选项，如下图所示。

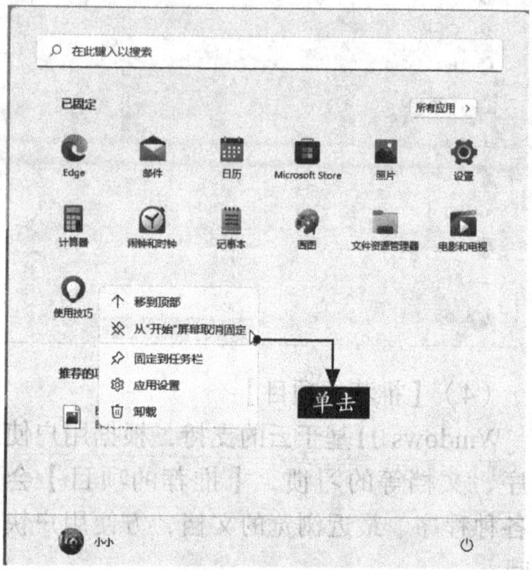

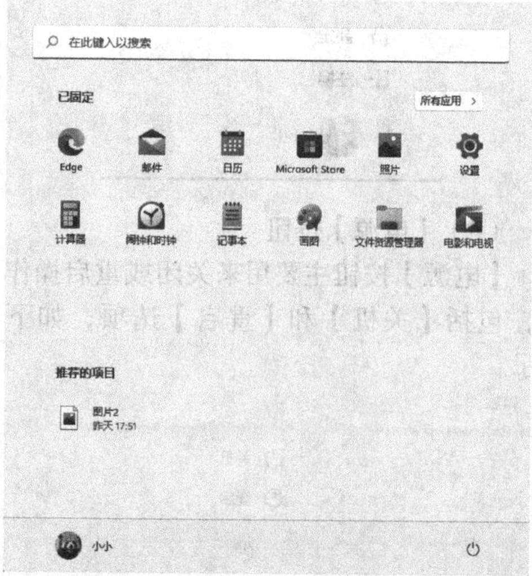

步骤02 单击【所有应用】按钮，可以打开应用列表，右击要固定的程序图标，在弹出的快捷菜单中，单击【固定到"开始"屏幕】选项，如下图所示。

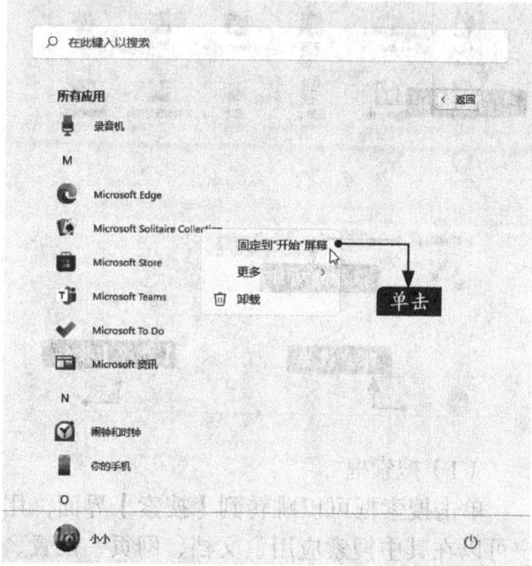

小提示

单击【移到顶部】选项，可将所选应用固定到首位。

步骤03 返回【开始】菜单，即可看到添加的程序图标，如下图所示。

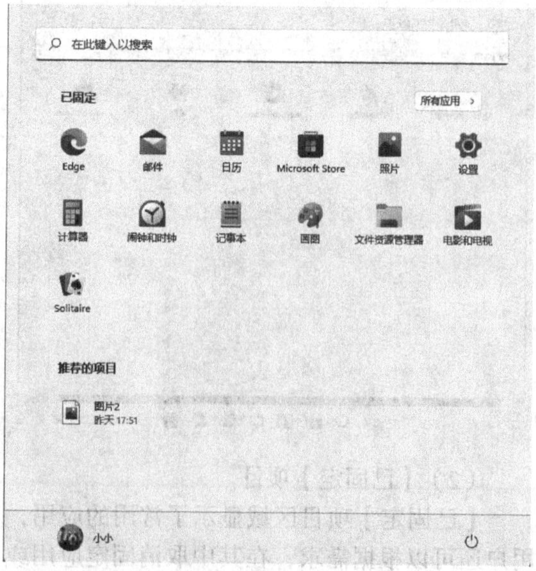

选择后即可取消固定，如下图所示。

2.4 实战——小组件的基本操作

小组件曾被微软应用于Windows Vista和Windows 7中，名为"桌面小工具"，用户可以添加天气、邮箱及新闻等小组件，不过该功能在Windows 8和Windows 10中被取消了。

随着Android和iOS的广泛应用，微软又重新设计了小组件功能，使其成为Windows 11的一部分，它可以设置提醒事项、搜索、查看天气、查看邮件等，比软件更为直接和方便。本节将介绍小组件的基本操作。

2.4.1 打开并查看小组件

打开并查看小组件的具体操作步骤如下。

步骤 01 单击任务栏中的【小组件】图标 □ 或按【Windows+W】组合键，即可打开小组件面板。电脑如果未登录Microsoft账户，就会提示"登录以使用小组件"，单击【登录】按钮，如下图所示。

步骤 02 弹出【Microsoft 登录】对话框，输入账户，并单击【下一步】按钮，如下图所示。

小提示

如果没有Microsoft账户，则单击【创建一个】选项新建账户，具体操作步骤参见第3章的内容。

步骤 03 输入密码，单击【登录】按钮，如下图所示。

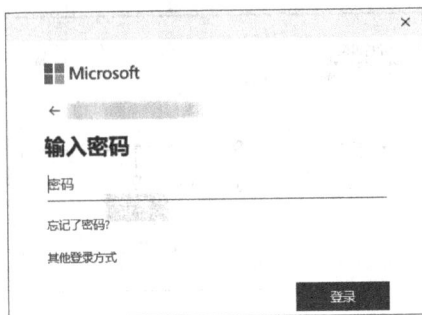

步骤 04 登录后即可显示小组件面板，如下图所示。

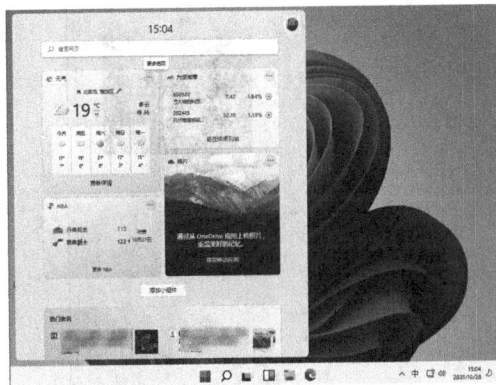

2.4.2 添加或删除小组件

在小组件面板中，用户可以根据需要添加或删除小组件，具体操作步骤如下。

步骤 01 按【Windows+W】组合键，打开小组件面板，单击面板中的【添加小组件】按钮，如下图所示。

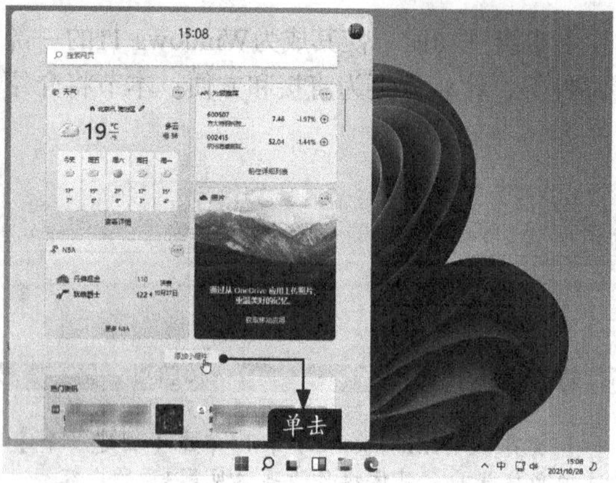

步骤 02 弹出【小组件设置】对话框，在【添加小组件】区域下，单击要添加的小组件右侧的【添加】按钮➕，如下图所示。

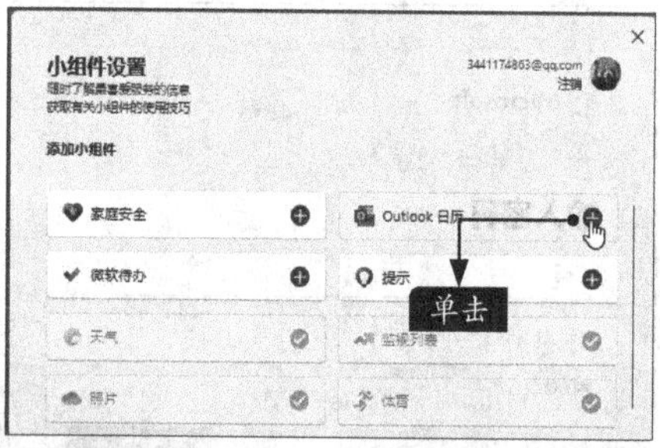

步骤 03 单击后即可将该小组件添加到小组件面板中，如下图所示。

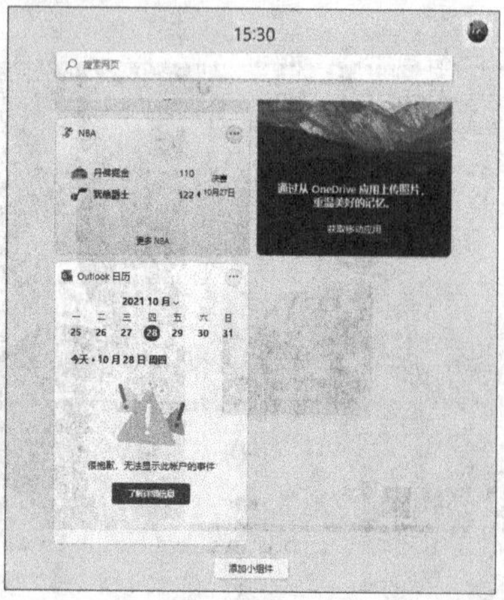

步骤 04 如果要删除某个小组件，则可以单击小组件右上角的【更多选项】按钮，在弹出的菜单中单击【删除小组件】选项，如下图所示。

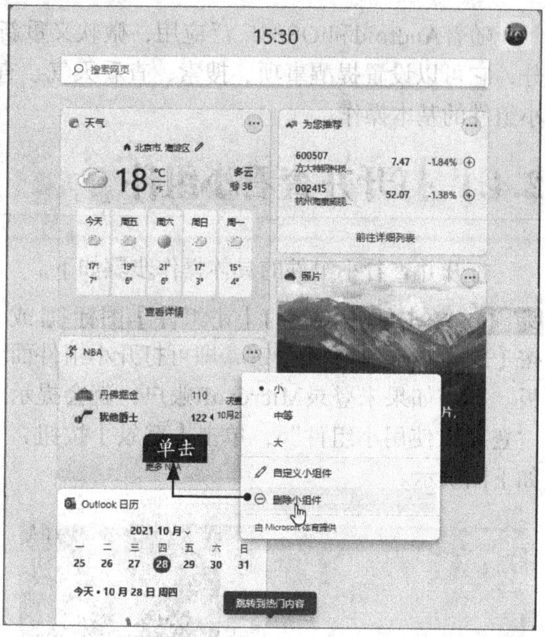

步骤 05 单击后即可将该小组件从小组件面板中删除，如下图所示。

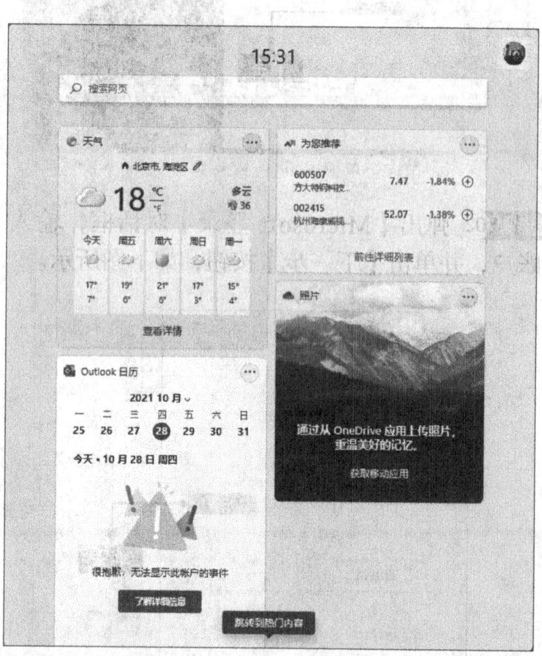

2.4.3 调整小组件的显示顺序和大小

用户可以根据使用需求，将主要关注的小组件排在前面，将非主要关注的小组件排在后面，也可以调整小组件的大小，具体操作步骤如下。

步骤 01 按【Windows+W】组合键，打开小组件面板，将鼠标指针悬停在小组件上，此时指针变为 🖐，如下图所示。

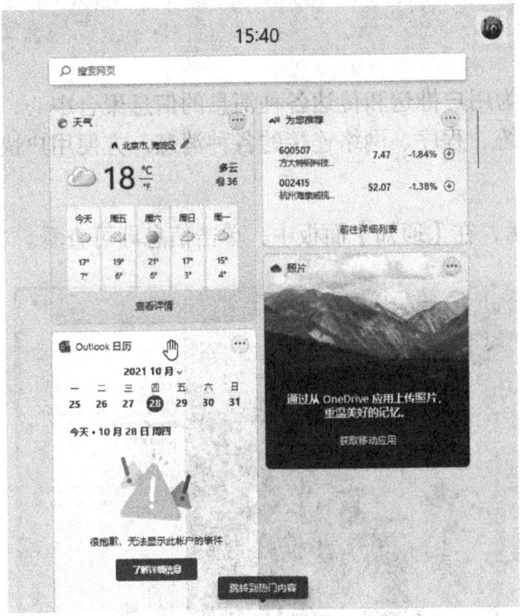

步骤 02 向目标位置拖曳小组件，如下图所示。

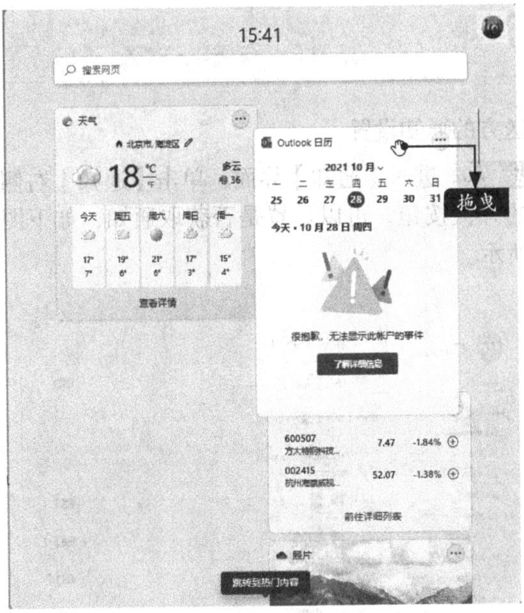

步骤 03 使用同样方法，调整其他小组件的位置，如下图所示。

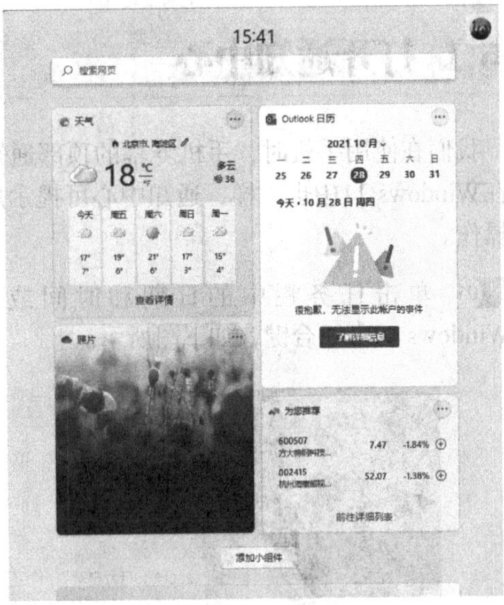

步骤 04 在排列时，如果因为小组件大小不合适而无法整齐排列，可单击小组件右上角的【更多选项】按钮 •••，在弹出的菜单中可以设置其大小，如下图所示。

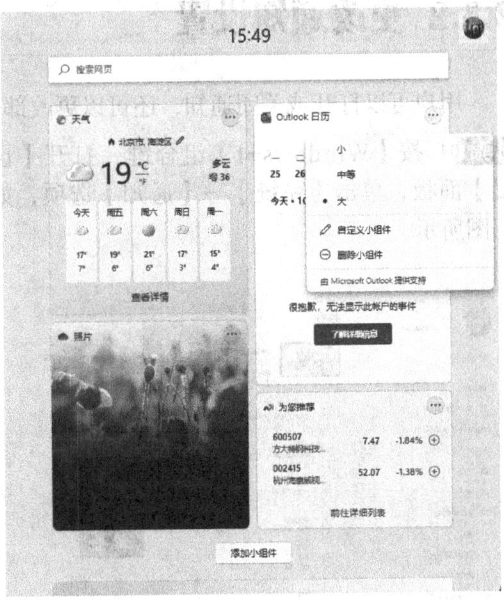

2.5 实战——通知中心的基本操作

通知中心可以显示更新内容、电子邮件和日历等通知信息。随着 Windows 11的版本更新，通知中心的作用也在不断被强化。本节介绍通知中心的基本操作。

2.5.1 打开通知中心

我们在使用手机时，手机屏幕的顶部通知栏是为用户推送和传达各种消息的信息聚合中心，而在Windows 11中也一样，通知中心可提示用户系统、程序、网络连接的各种消息，方便用户快速操作。

步骤01 单击任务栏中的日期和时间或按【Windows+N】组合键，如下图所示。

步骤02 打开Windows 11的通知中心，如右图所示，在【通知】面板中，单击信息即可查看。

2.5.2 更改通知设置

用户可以打开或关闭通知，还可以更改部分发送方的通知设置。

步骤01 按【Windows+I】组合键，打开【设置】面板，单击【系统】→【通知】选项，如下图所示。

步骤02 进入【通知】界面，单击【通知】右侧的开关按钮，可以设置是否获取通知，如下图所示。

步骤 03 在【来自应用和其他发送者的通知】区域下，可以打开或关闭部分通知发送方的通知，如下图所示。

步骤 04 单击不同选项的开关按钮，可设置是否显示通知横幅、是否播放声音等，如下图所示。

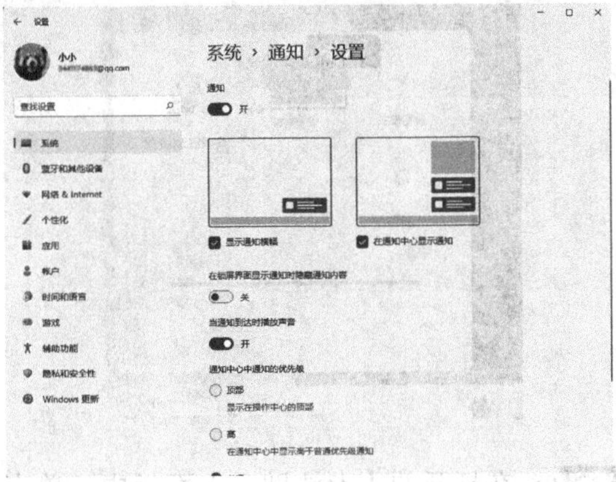

2.5.3 使用"专注助手"保持专注，拒绝打扰

Windows 11的"专注助手"功能，可以帮助用户避免工作中可能出现的干扰，使用户集中注意力处理工作。

步骤 01 按【Windows+A】组合键，打开【快速设置】面板，单击【专注助手】图标，如下图所示。

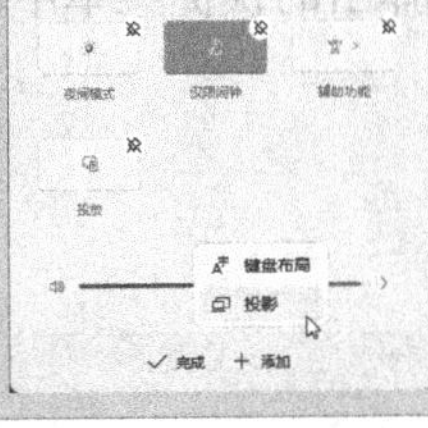

步骤 02 打开"专注助手"，并显示"仅优先通知"。此时系统仅显示优先级列表中的通知，日期和时间右侧显示【专注助手】图标♪，如下图所示。

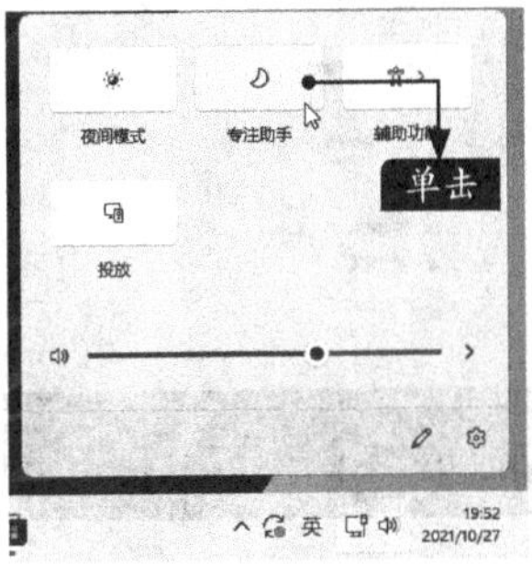

小提示

在【快速设置】面板中，用户可以快速对其中包含的设置项进行设置；单击【编辑快速设置】按钮✐，可以编辑面板中的设置项，如下图所示；单击【所有设置】按钮✿，可以进入【设置】面板。

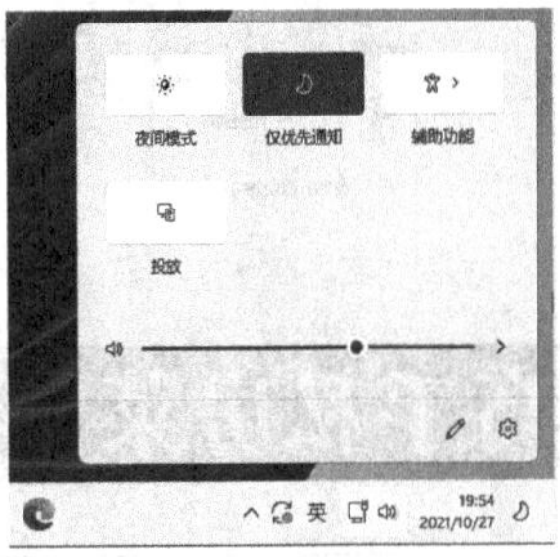

步骤 03 再次单击【专注助手】图标，即切换至"仅限闹钟"的方案，此时系统将隐藏除闹钟外的所有通知，如下图所示。如果需要关闭"专注助手"，再次单击该图标即可。

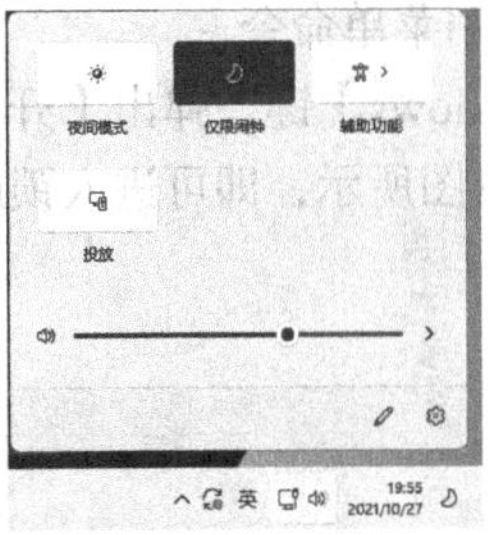

步骤 04 如果要对"专注助手"进行设置，可以右击"专注助手"图标，在弹出的快捷菜单中单击【转到"设置"】命令，如下图所示。

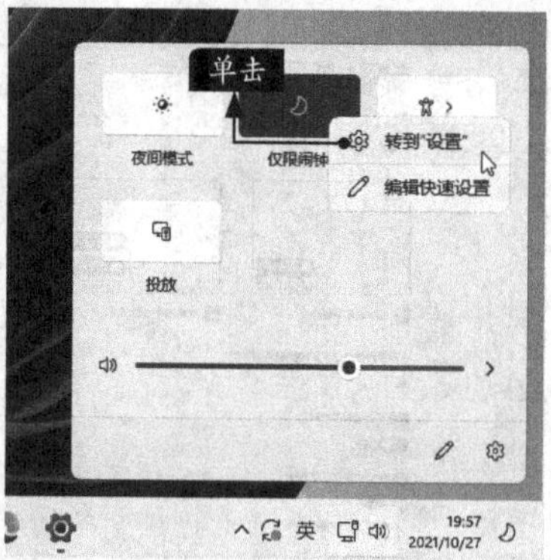

步骤 05 在打开的【专注助手】面板中，单击【自定义优先级列表】超链接，如下图所示。

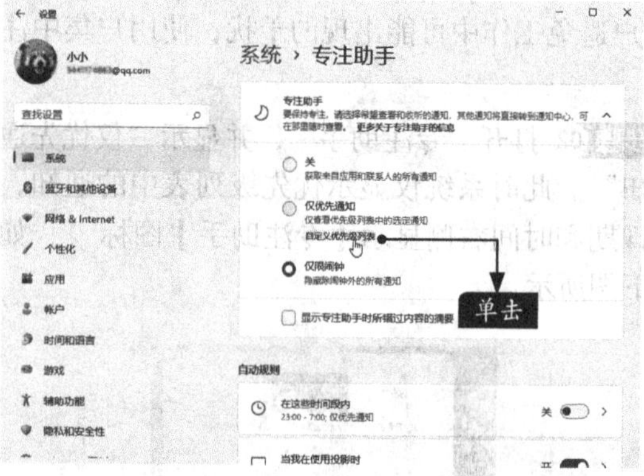

步骤 06 在打开的界面中可对优先级列表进行设置，如短信、提醒、联系人及应用等，如下图所示。

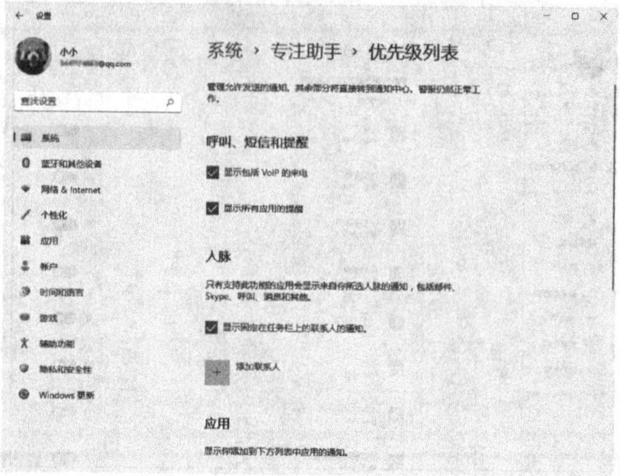

步骤 07 在【自动规则】区域下，可以设置不被打扰的时间和活动，如下图所示。

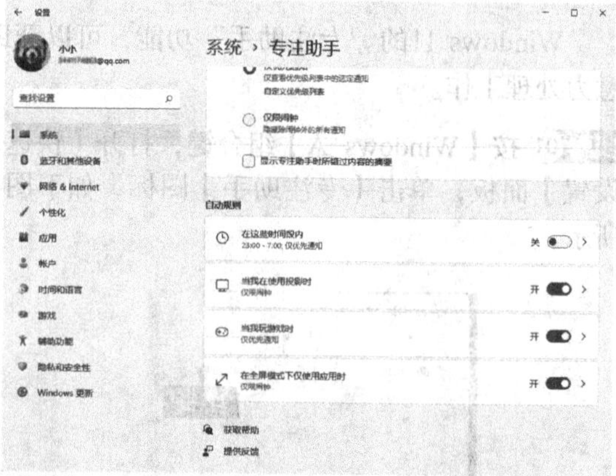

高手私房菜

技巧1：快速锁定Windows桌面

离开电脑时，我们可以将电脑锁屏，这样可以有效地保护隐私。快速锁屏的方法主要有两种。

（1）使用菜单命令

按【Windows】键，弹出【开始】菜单，单击账户头像，在弹出的快捷菜单中单击【锁定】选项，如下页图所示，即可进入锁屏界面。

（2）使用快捷键

按【Windows+L】组合键，可以快速锁定Windows，进入锁屏界面，如右图所示。

技巧2：摇动标题栏以最小化其他所有窗口

进行多窗口操作时，如果希望将当前窗口以外的窗口最小化，最常用的方法是显示桌面，然后打开目标窗口。Windows 11支持"标题栏窗口摇动"功能，当用户摇动目标窗口时，其他所有窗口都将最小化，以方便用户对目标窗口进行操作。

步骤01 按【Windows+I】组合键，打开【设置】面板，依次单击【系统】→【多任务处理】选项，如下图所示。

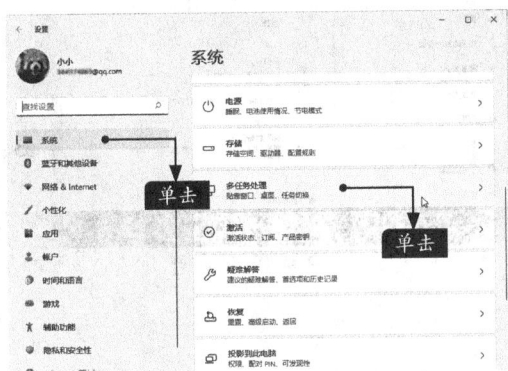

步骤02 进入【多任务处理】界面，将【标题栏窗口摇动】右侧的开关按钮设置为"开" ，如下图所示。

步骤 03 按住目标窗口的标题栏，并进行摇动，如下图所示。

步骤 04 除目标窗口外，其他窗口都会被最小化，如下图所示。

第 **3** 章

打造个性化的电脑操作环境

学习目标

　　与之前版本的Windows相比，Windows 11不仅延续了Windows的传统，还进行了重大的变革，给用户带来了新的体验。用户在使用Windows 11的过程中，可以根据使用习惯，打造自己喜欢的电脑操作环境。

学习效果

3.1 实战——桌面的个性化设置

桌面是用户打开电脑并登录Windows之后看到的主屏幕区域，用户可以对它进行个性化设置，让它看起来更漂亮、更舒服。

3.1.1 设置桌面背景

本节主要介绍如何设置桌面背景。

步骤 01 在桌面的空白处右击，在弹出的快捷菜单中单击【个性化】选项。

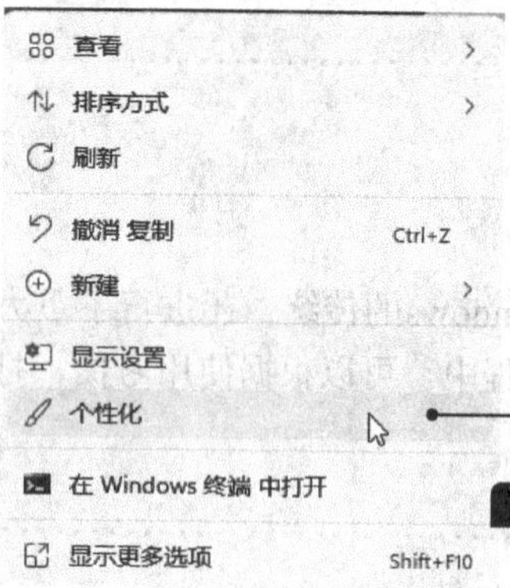

步骤 02 弹出【个性化】界面，单击【背景】选项，如下图所示。

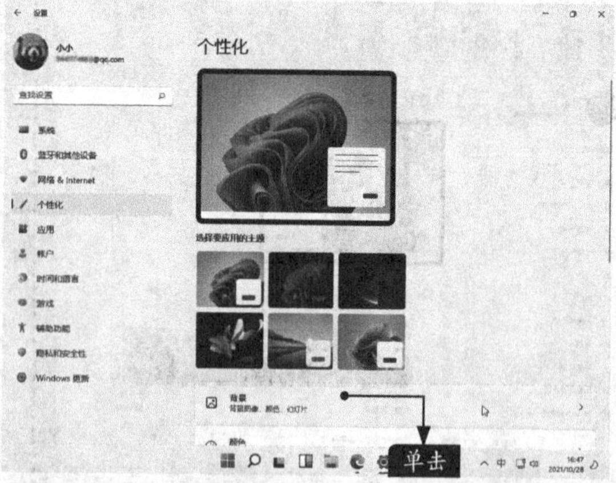

步骤 03 进入【背景】界面，在【最近使用的图像】区域下，包含了5张系统自带的图片，单击要设置的背景图片即可，如右上图所示。

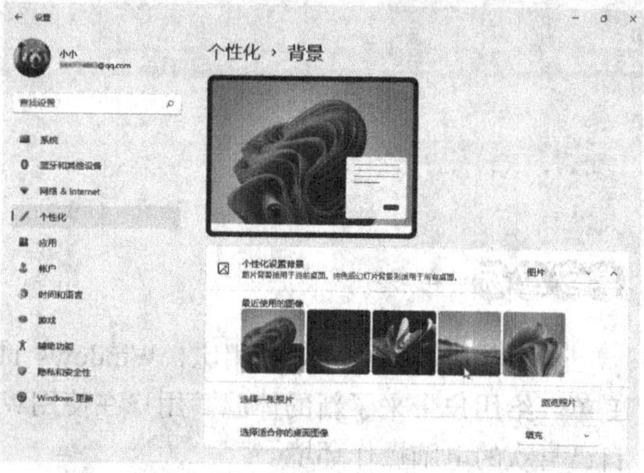

步骤 04 如果用户希望将自己喜欢的图片设置为桌面背景，可以将图片存储到电脑中，然后单击【背景】界面下方的【浏览照片】按钮，在弹出的【打开】对话框中选择图片，单击【选择图片】按钮即可完成设置，如下图所示。

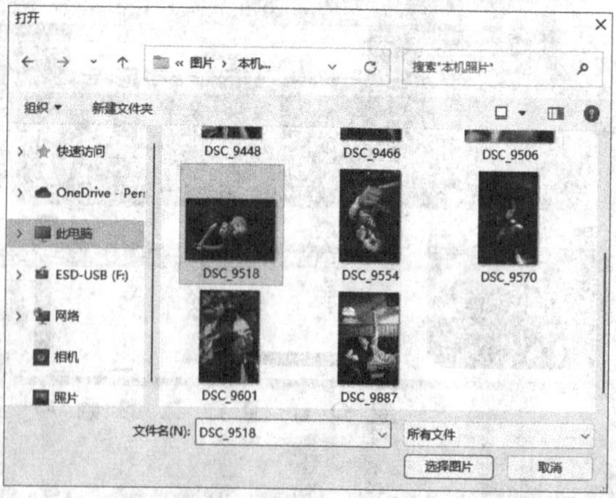

步骤 05 用户可以将纯色作为桌面背景，单击【个性化设置背景】的下拉按钮，在弹出的下拉列表中单击【纯色】选项，然后在【选择你的背景色】区域中单击喜欢的颜色即可，如下图所示。

步骤 06 如果觉得一直展示同一桌面背景有些单调，可以使用"幻灯片放映"模式。单击【个性化设置背景】的下拉按钮，在弹出的下拉列表中单击【幻灯片放映】选项，可以在下方区域设置图片的切换频率、播放顺序及契合度等，如右上图所示。

步骤 07 默认选择并放映的是【图片】文件夹内的图片，如果要自定义图片文件夹，可以单击【浏览】按钮，在弹出的【选择文件夹】对话框中选择图片所在的文件夹，单击【选择此文件夹】按钮即可完成设置，如下图所示。

3.1.2 为桌面应用主题

系统主题是桌面背景、窗口颜色、声音及鼠标指针的组合。Windows 11采用了新的主题方案，包括无边框设计的窗口、扁平化设计的图标等，更具现代感。本节主要介绍如何设置系统主题。

步骤 01 打开【个性化】界面，其中【选择要应用的主题】上方为当前主题的预览图，下方包含了6个主题，如下图所示。

步骤 02 单击其中一个主题即可应用该主题效果，按【Windows+D】组合键显示桌面，可以看到应用的主题的效果，如下图所示。

步骤 03 对于包含多个桌面背景的主题，可以在桌面空白处右击，在弹出的快捷菜单中单击【下一个桌面背景】选项，如下图所示。

步骤 04 单击后即可切换桌面背景，效果如下图所示。

步骤 05 如果要对主题进行详细设置，可以在【个性化】界面中单击【主题】选项，如下图所示。

步骤 06 主图区域显示了当前主题，可单击下方的【背景】【颜色】【声音】【鼠标光标】选项，分别对相关内容进行自定义，如右上图所示。

步骤 07 如单击【颜色】选项，即可进入【颜色】界面，选择喜欢的颜色，系统颜色就会发生变化，如面板和对话框的边框颜色、高亮显示的文字及图标的颜色等，如下图所示。

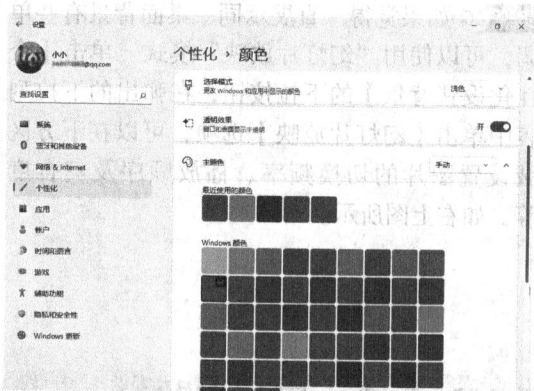

步骤 08 返回【主题】界面，单击【保存】按钮，在弹出的【保存主题】对话框中输入主题名称，可以将自定义的方案保存，如下图所示。

另外，用户想要获得更多主题，可以从 Microsoft Store 中下载，具体操作方法如下。

步骤 01 在【主题】界面，单击【从Microsoft Store获取更多主题】右侧的【浏览主题】按钮，如下图所示。

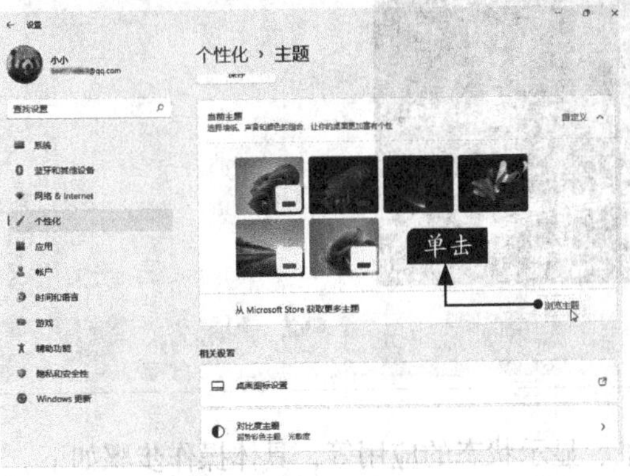

步骤 02 单击后即可打开Microsoft Store，并自动进入【主题】界面，如下图所示。

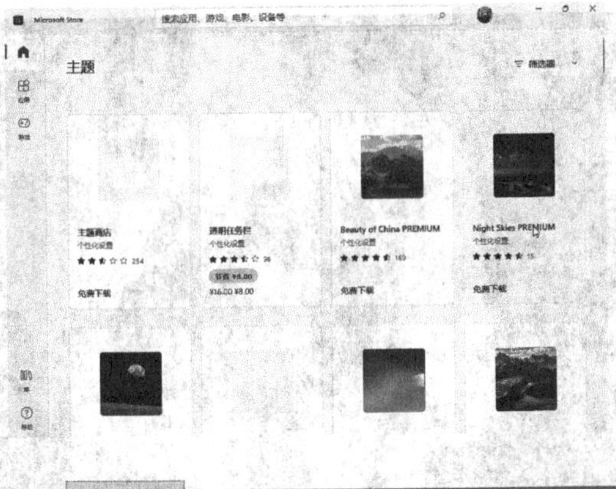

小提示

要想在Microsoft Store中获取主题，需要登录Windows账户，账户的登录和设置可参考本章3.5节的内容。

步骤 03 选择一个主题，进入主题详情页面，单击【获取】按钮，如下图所示。

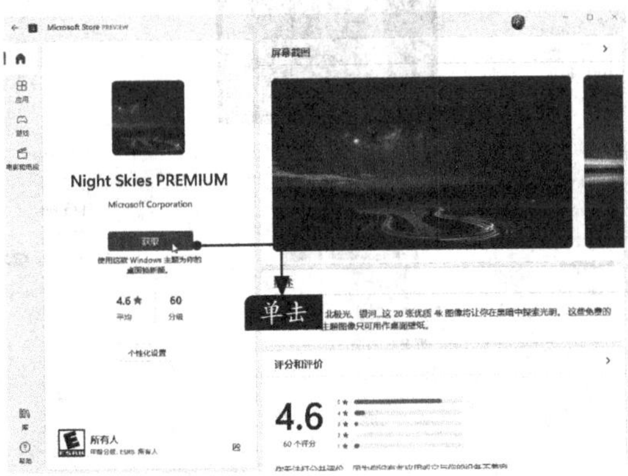

步骤 04 单击后即可下载该主题，并显示下载进度，如下图所示。

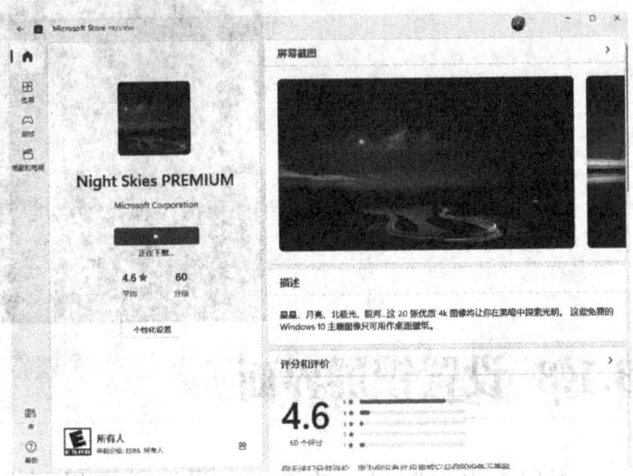

步骤 05 下载完成后，单击【启动】按钮，如下图所示。

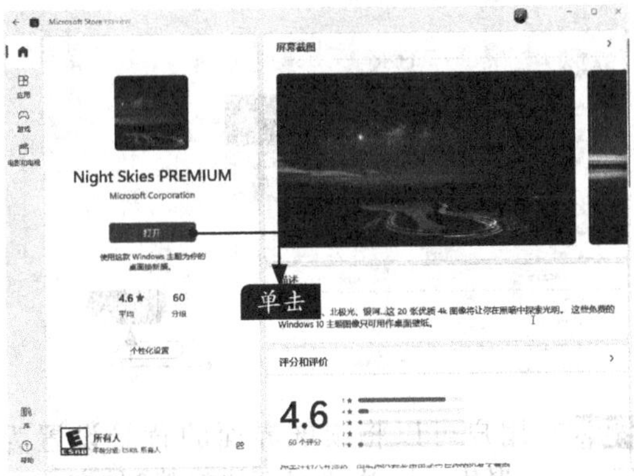

步骤 06 单击后即可转到【主题】界面，新安装的主题会显示在【当前主题】列表中，如下图所示。

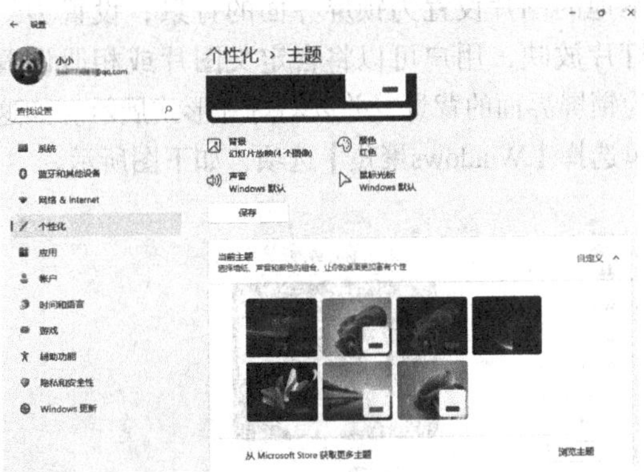

步骤 07 单击新安装的主题，按【Windows+D】组合键显示桌面，即可看到应用后的效果，如下页图所示。

3.1.3 设置锁屏界面

　　用户可以根据自己的喜好，设置锁屏界面的背景、显示状态的应用等，具体操作步骤如下。

步骤01 打开【个性化】界面，单击【锁屏界面】选项，如下图所示。

步骤02 用户可以将锁屏界面的背景设置为Windows聚焦、图片和幻灯片放映3种方式。设置为Windows聚焦，系统会根据用户的使用习惯联网下载壁纸，并将其作为锁屏界面的背景；设置为图片，用户可以将系统自带或电脑本地的图片设置为锁屏界面的背景；设置为幻灯片放映，用户可以将自定义图片或相册设置为锁屏界面的背景，并以幻灯片形式展示。如这里选择【Windows聚焦】选项，如下图所示。

步骤03 按【Windows+L】组合键，打开锁屏界面，即可看到设置的背景，如下图所示。

步骤04 可以设置应用在锁屏界面上显示详细状态，以方便向用户展示即将到来的日历安排、邮件及天气等通知，如下图所示。

3.2 实战——电脑的显示设置

用户可以对电脑的显示进行个性化设置，让屏幕看起来更舒服。本书讲述如何设置屏幕分辨率，放大屏幕上的文本、图像和应用等。

3.2.1 设置屏幕分辨率

屏幕分辨率指的是屏幕显示项目的清晰度。分辨率越高，项目越清楚，同时项目在屏幕上就越小，因此屏幕可以容纳越多的项目。分辨率越低，在屏幕上显示的项目越少，但项目的尺寸越大。设置合适的分辨率，有助于提高屏幕上的项目的清晰度。具体操作步骤如下。

步骤01 在桌面空白处右击，在弹出的快捷菜单中单击【显示设置】选项，如下图所示。

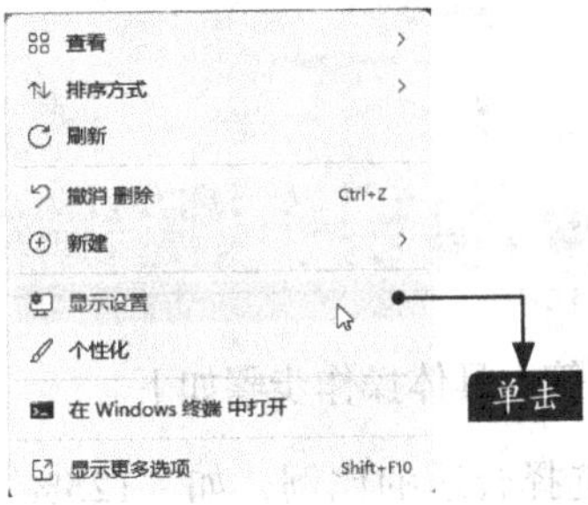

步骤02 单击后即可打开【显示】界面，如下图所示。

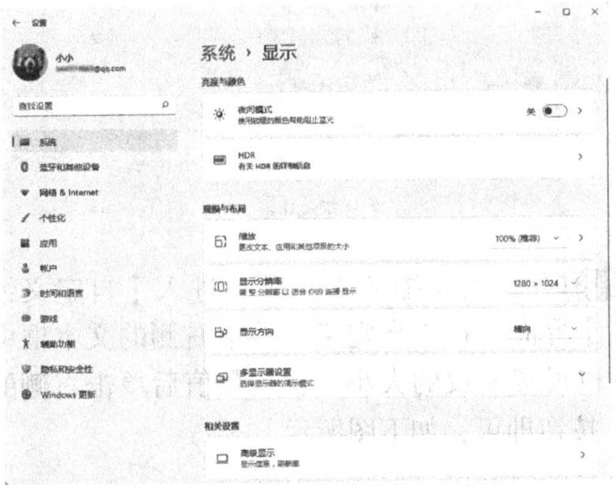

步骤03 单击【显示分辨率】右侧的下拉按钮，如右上图所示。

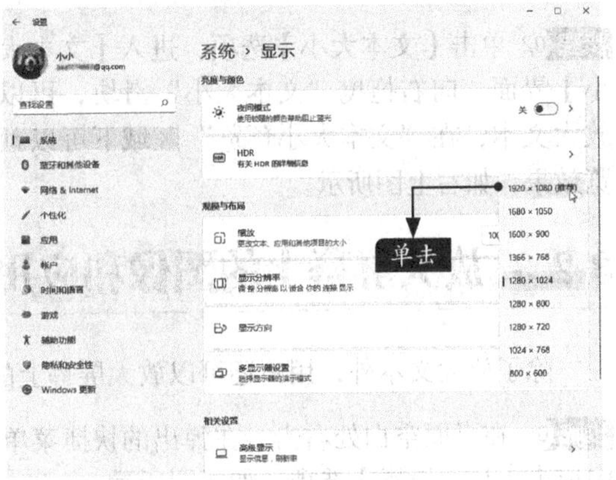

> **小提示**
>
> 如果推荐的分辨率与当前显示器的尺寸或支持的分辨率不匹配，建议检查显卡驱动是否正确安装；初学者可以通过相关软件进行驱动的检测和安装。

步骤04 单击合适的分辨率即可快速应用，弹出【是否保留这些显示设置？】对话框，单击【保留更改】按钮即可完成更改，如下图所示。

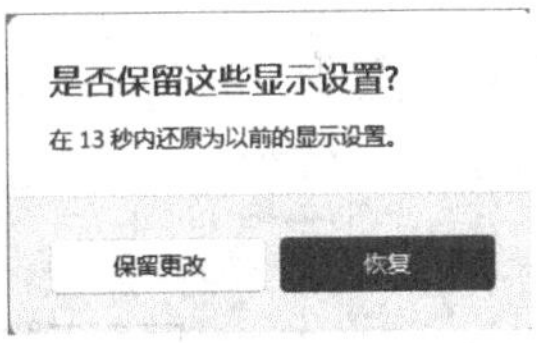

3.2.2 放大屏幕上的文本

使用电脑时，如果屏幕上显示的文本太小，可以放大文本，具体操作步骤如下。

步骤 01 按【Windows+U】组合键或在【设置】面板中单击【辅助功能】选项，打开【辅助功能】界面，如下图所示。

步骤 02 单击【文本大小】选项，进入【文本大小】界面，向右拖曳"文本大小"滑块，可以放大文本，在"文本大小预览"区域下可以预览效果，如右上图所示。

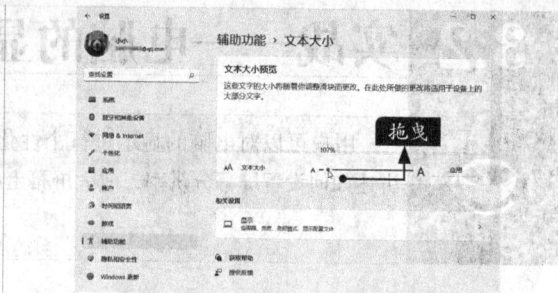

步骤 03 设置好文本大小后，单击右侧的【应用】按钮即可完成设置，此时可放大系统中所有的文本，如下图所示。

3.2.3 放大屏幕上的图像和应用

除了放大文本外，用户还可以放大屏幕上的图像和应用等，具体操作步骤如下。

步骤 01 在桌面空白处右击，在弹出的快捷菜单中单击【显示设置】选项，如下图所示。

步骤 02 打开【显示】界面，单击【缩放】右侧的下拉按钮，如下图所示。

步骤 03 选择合适的比例，如"125%"，相应的项目就会放大，如下图所示。

步骤 04 单击【缩放】选项，进入【自定义缩放】界面，在【自定义缩放】右侧的文本框中可以设置缩放的大小，输入数值后单击右侧的 ✓ 按钮即可，如下图所示。

3.3 实战——桌面图标的设置

在Windows 11中，所有的文件、文件夹及应用程序都用形象化的图标表示。桌面上的图标被称为桌面图标，双击桌面图标可以快速打开相应的文件、文件夹或应用程序。本节将介绍桌面图标的基本操作。

3.3.1 添加桌面图标

为了方便使用，用户可以将文件、文件夹和应用程序的图标添加到桌面上。

1. 添加文件或文件夹图标

添加文件或文件夹图标的具体操作步骤如下。

步骤 01 右击需要添加到桌面上的文件或文件夹，在弹出的快捷菜单中单击【显示更多选项】选项，如下图所示。

步骤 02 在弹出的快捷菜单中单击【发送到】→【桌面快捷方式】选项，如下图所示。

步骤 03 此文件或文件夹的图标就被添加到桌面

了，如下图所示。

2. 添加应用程序图标

用户也可以将应用程序的图标添加到桌面上，具体操作步骤如下。

步骤 01 单击【开始】按钮，打开【开始】菜单，单击【所有应用】按钮，如下图所示。

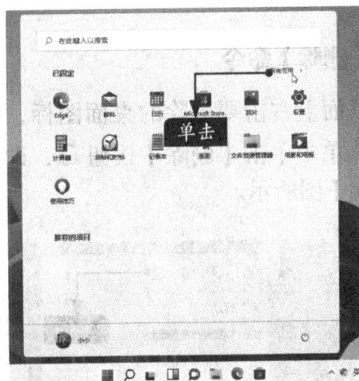

步骤 02 右击要添加到桌面的应用程序图标，在弹出的快捷菜单中单击【更多】→【打开文件位置】选项，如下页图所示。

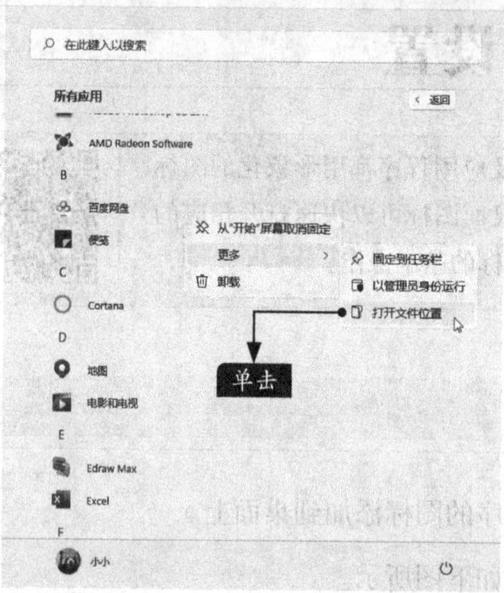

步骤03 弹出如下窗口，右击应用程序图标，在弹出的快捷菜单中单击【显示更多选项】选项，如下图所示。

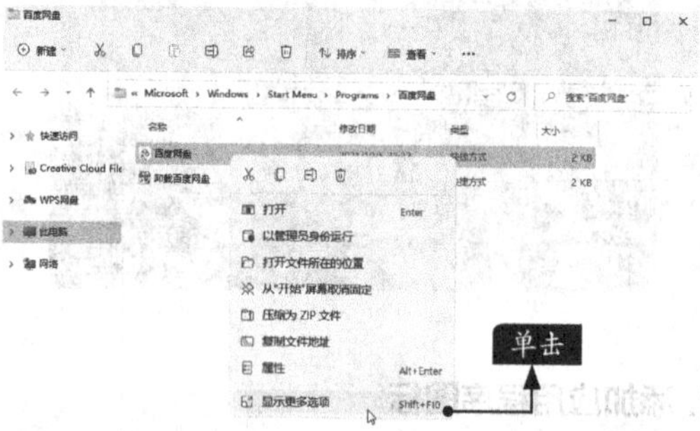

步骤04 在弹出的快捷菜单中单击【发送到】→【桌面快捷方式】选项，如下图所示。

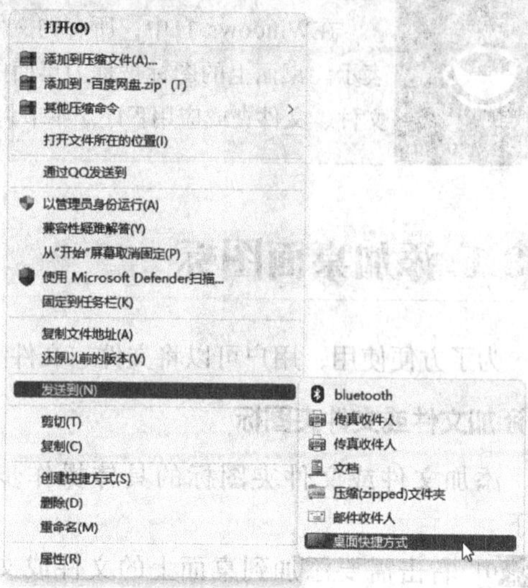

步骤05 此应用程序的图标就被添加到桌面上了，如下图所示。

3.3.2 删除桌面图标

对于不常用的桌面图标，用户可以将其删除，这样有利于管理，同时可以使桌面看起来更整洁。

1.使用【删除】命令

在桌面上右击要删除的桌面图标，在弹出的快捷菜单中单击【删除】按钮🗑，即可将其删除，如下图所示。

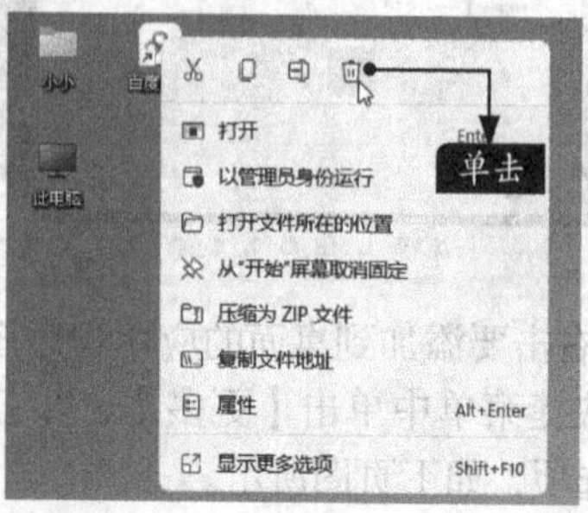

> **小提示**
>
> 删除的图标会被放在【回收站】中，用户可以将其还原。

2.利用快捷键删除

选中需要删除的桌面图标，按下【Delete】键，即可快速将其删除。

如果想彻底删除桌面图标，按住【Shift】键的同时按下【Delete】键，此时会弹出【删除快捷方式】对话框，提示"你确定要永久删除此快捷方式吗？"，单击【是】按钮即可，如下图所示。

3.3.3 设置桌面图标的大小和排列方式

如果桌面上图标比较多，会显得很乱，这时用户可以通过设置桌面图标的大小和排列方式来整理桌面。具体操作步骤如下。

步骤 **01** 在桌面空白处右击，在弹出的快捷菜单中单击【查看】选项，在弹出的子菜单中有3种图标大小，包括大图标、中等图标和小图标。本实例选择【大图标】选项，如下图所示。

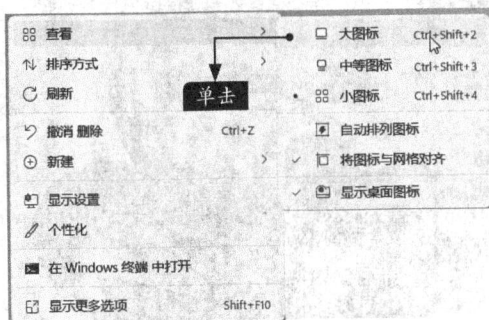

步骤 **02** 返回桌面，此时桌面图标已经以大图标的方式显示，如下图所示。

步骤 **03** 在桌面空白处右击，然后在弹出的快捷菜单中单击【排列方式】选项，在弹出的子菜单中有4种排列方式，分别为名称、大小、项目类型和修改日期。本实例选择【名称】选项，如下图所示。

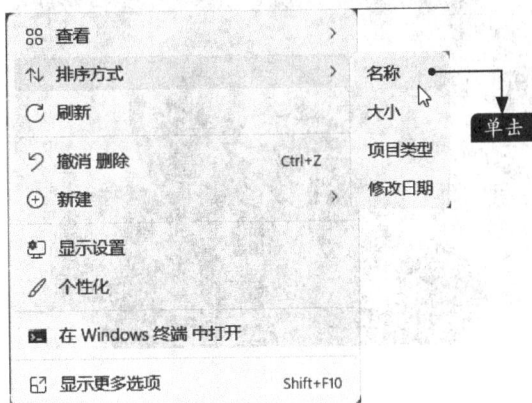

步骤 **04** 返回桌面，桌面图标已按名称进行排列，如下图所示。

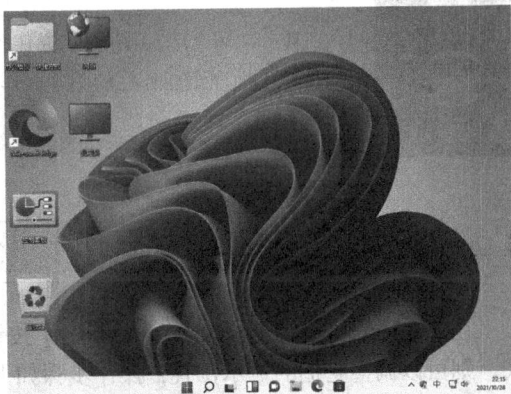

小提示

单击桌面的任意位置，按住【Ctrl】键，向上滚动鼠标滑轮，则缩小图标；向下滚动鼠标滑轮，则放大图标。

步骤 05 在桌面空白处右击，然后在弹出的快捷菜单中单击【查看】→【自动排列图标】选项，如下图所示。

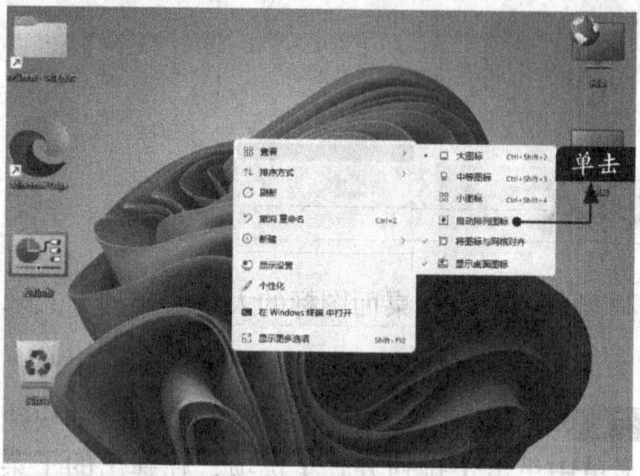

步骤 06 桌面图标将自动排列，且无法随意拖曳至桌面其他空白位置，如下图所示。

步骤 07 在桌面空白处右击，在弹出的快捷菜单中单击【查看】→【显示桌面图标】选项，撤销勾选，如下图所示。

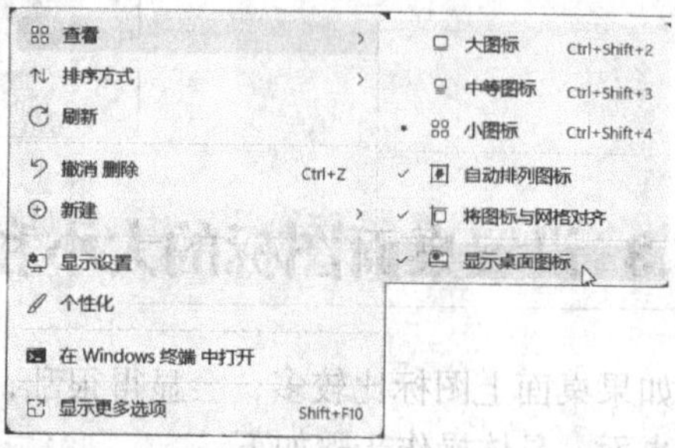

步骤 08 桌面则不显示任何桌面图标，如下图所示。如需显示，再次单击【显示桌面图标】选项，使其成选定状态即可。

3.4 实战——自定义任务栏

在Windows 11中，用户掌握任务栏的自定义方法，可以提高操作电脑的效率。下面介绍任务栏的基本操作技巧。

3.4.1 设置任务栏靠左显示

在Windows 11中，默认情况下【开始】按钮和任务栏居中显示，如果用户喜欢靠左显示的方式，则可以调整它们的显示位置，操作步骤如下。

步骤 01 在任务栏的空白处右击，在弹出的快捷菜单中单击【任务栏设置】选项，如下页图所示。

步骤 02 弹出【设置】面板，在【任务栏】界面中，单击【任务栏行为】选项，如下图所示。

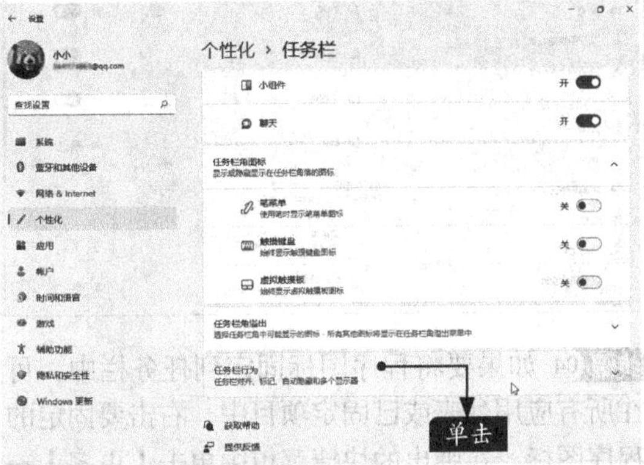

步骤 03 在展开的选项中，单击【任务栏对齐方式】右侧的下拉按钮，在弹出的列表中单击【左】选项，如右上图所示。

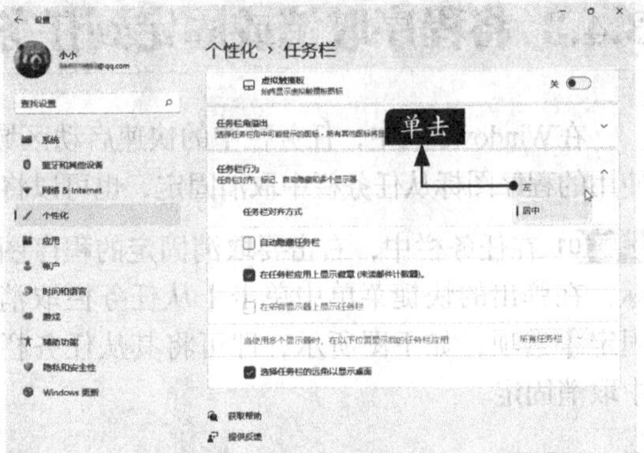

步骤 04 单击后，【开始】按钮、【开始】菜单及任务栏都会靠左显示，如下图所示。

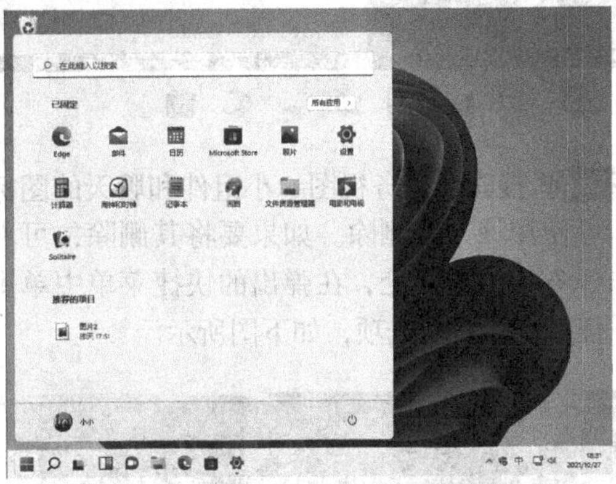

3.4.2 自动隐藏任务栏

默认情况下，任务栏位于桌面下方，为了保持桌面整洁，用户可以让任务栏自动隐藏。

步骤 01 打开【设置】面板，在【任务栏】界面中，勾选【任务栏行为】区域下的【自动隐藏任务栏】复选框，如下图所示。

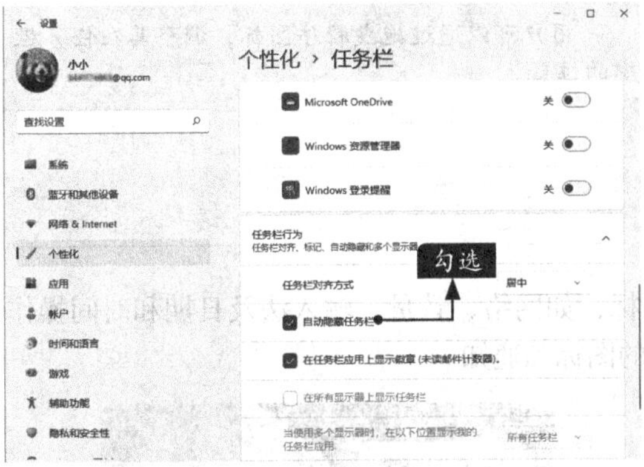

步骤 02 回到桌面，任务栏会自动隐藏。当鼠标指针指向桌面底部，任务栏即会显示。不对任务栏进行任何操作，任务栏即会隐藏，如下图所示。

3.4.3 将程序取消或固定到任务栏

在Windows 11中，任务栏中的快速启动区域包含多个程序图标，用户可以根据使用需求将不常使用的程序图标从任务栏中取消固定，也可以将常用的程序图标固定在任务栏中，方便快速启动。

步骤 01 在任务栏中，右击要取消固定的程序图标，在弹出的快捷菜单中单击【从任务栏取消固定】选项，如下图所示，即可将其从任务栏中取消固定。

步骤 02 搜索、任务视图、小组件和聊天的图标不可使用该方法删除。如果要将其删除，可右击任务栏的空白处，在弹出的快捷菜单中单击【任务栏设置】选项，如下图所示。

步骤 03 弹出【设置】面板，在【任务栏】界面中的【任务栏项】区域下，将要取消显示的图标的开关按钮设置为"关" ⬤ 即可，如右上图所示。

步骤 04 如果要将程序图标固定到任务栏中，可在所有应用列表或已固定项目中，右击要固定的程序图标，在弹出的快捷菜单中单击【更多】→【固定到任务栏】选项即可，如下图所示。

> **小提示**
>
> 用户可以通过拖曳程序图标，调整其在任务栏中的位置。

3.4.4 自定义任务栏通知区域

通知区域位于任务栏的右侧，包含了常用的图标，如网络、音量、输入法及日期和时间操作中心等。用户可以根据需要，自定义通知区域显示的图标和通知。

步骤 01 右击任务栏上的空白处，在弹出的快捷菜单中单击【任务栏设置】选项，如右图所示。

步骤 02 弹出【设置】面板，在【任务栏】界面中单击【任务栏角溢出】选项，如下图所示。

步骤 03 展开的列表中展示了已安装程序可显示的图标，如下图所示。

步骤 04 程序图标右侧的开关按钮为"开" ，则其在任务栏中显示，如下图所示。

步骤 05 程序图标右侧的开关按钮为"关" ，则其会隐藏起来，单击【显示隐藏的图标】按钮 ，可以看到隐藏的图标，如下图所示。

步骤 06 可以拖曳通知区域的图标到隐藏区域，也可以将隐藏区域的图标拖曳到通知区域，如下图所示。

3.5 实战——Microsoft账户的设置

管理Windows用户账户是使用Windows 11的重要一步。

3.5.1 认识Microsoft账户

Windows 11中集成了很多Microsoft服务，但都需要使用Microsoft账户。

用户使用Microsoft账户可以登录系统并使用Microsoft应用程序和服务，如Outlook、Office、Skype、OneDrive、Xbox Live、必应、Microsoft Store或MSN等，登录Microsoft账户后，还可以在多个Windows 11设备上同步设置和操作内容。

用户使用Microsoft账户登录本地计算机后，部分应用程序启动时默认使用Microsoft账户，如Microsoft Store使用Microsoft账户才能购买并下载应用程序。

3.5.2 注册并登录Microsoft账户

首次使用Windows 11时，系统会以计算机的名称创建本地账户，如果需要改用Microsoft账户，就需要注册并登录Microsoft账户。具体操作步骤如下。

步骤01 按【Windows】键打开【开始】菜单，单击账户头像，在弹出的快捷菜单中单击【更改账户设置】选项，如下图所示。

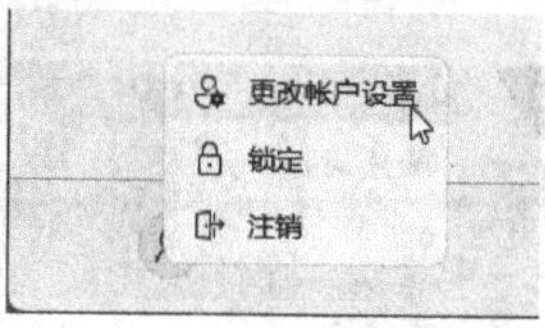

步骤02 弹出【账户信息】界面，单击【改用Microsoft账户登录】超链接，如下图所示。

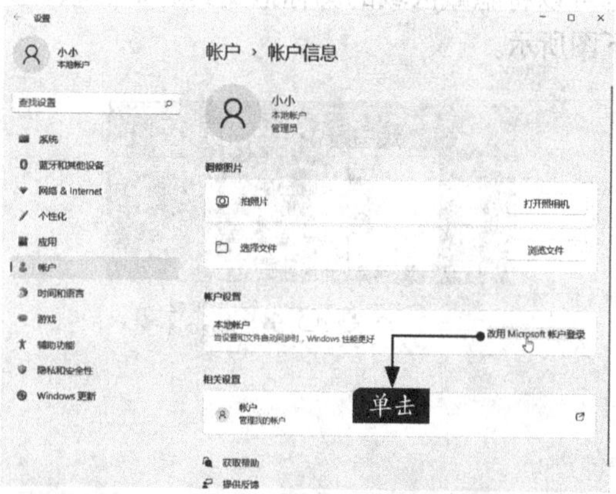

步骤03 弹出【Microsoft账户】对话框，如下图所示，输入Microsoft账户，单击【下一步】按钮。如果没有Microsoft账户，单击【创建一个！】超链接。这里单击【创建一个！】超链接。

步骤04 进入【创建账户】界面，输入要使用的邮箱，单击【下一步】按钮，如下图所示。

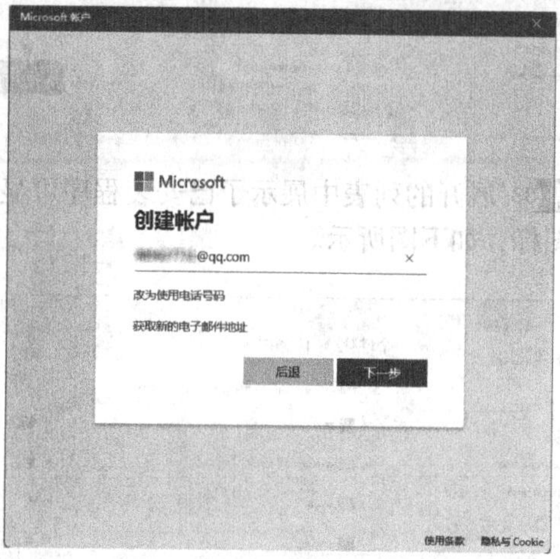

小提示

用户也可以单击【改为使用电话号码】超链接，使用手机号作为账户；如果没有邮箱，则可单击【获取新的电子邮件地址】超链接，注册Outlook邮箱。

步骤05 进入【创建密码】界面，输入要使用的密码，单击【下一步】按钮，如下图所示。

步骤 06 进入【你的名字是什么？】界面，设置【姓】和【名】，单击【下一步】按钮，如下图所示。

步骤 07 进入【你的出生日期是哪一天？】界面，设置国家或地区和出生日期，单击【下一步】按钮，如下图所示。

步骤 08 进入【验证电子邮件】界面，此时打开注册使用的电子邮箱，查看收件箱收到的Microsoft发来的安全代码，并将其输入【验证电子邮件】界面中的文本框中，单击【下一步】按钮，如右上图所示。

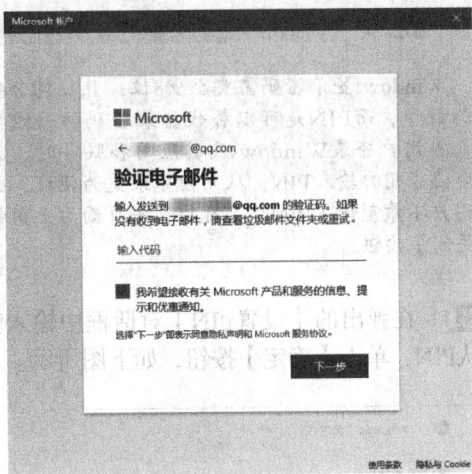

步骤 09 进入【使用Microsoft账户登录此计算机】界面，在文本框中输入当前系统的登录密码，如未设置密码，则不填写，直接单击【下一步】按钮，如下图所示。

步骤 10 完成账户的创建和登录，弹出【创建PIN】界面，单击【下一步】按钮，如下图所示。

步骤⑪ 在弹出的【设置PIN】对话框中输入和确认PIN，单击【确定】按钮，如下图所示。

步骤⑫ 设置完成后，即可在【账户信息】下看到登录的账户信息。Microsoft为了确保用户账户的使用安全，需要对注册的邮箱或手机号进行验证，单击【验证】按钮，如下图所示。

步骤⑬ 弹出【验证你的身份】页面，选择电子邮件选项，如右上图所示。

步骤⑭ 打开注册时使用的电子邮箱，即可查看收到的安全代码邮件，如下图所示。

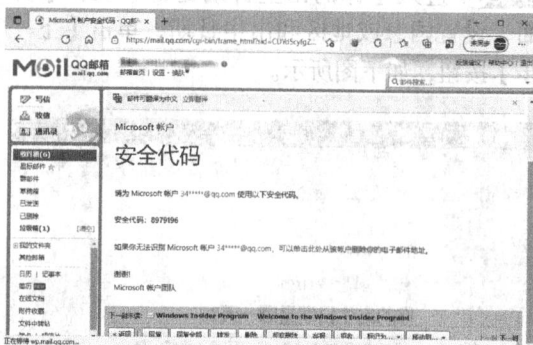

步骤⑮ 进入【输入代码】界面，在文本框中输入安全代码，单击【验证】按钮，如下图所示。

步骤⑯ 返回【账户信息】界面，即可看到【验证】按钮已消失，表示已完成验证，如右图所示。

3.5.3 添加账户头像

新注册的Microsoft账户，默认没有设置头像，用户可以将喜欢的图片设置为账户的头像，具体操作步骤如下。

步骤① 在【账户信息】界面下，单击【选择文件】右侧的【浏览文件】按钮，如下图所示。

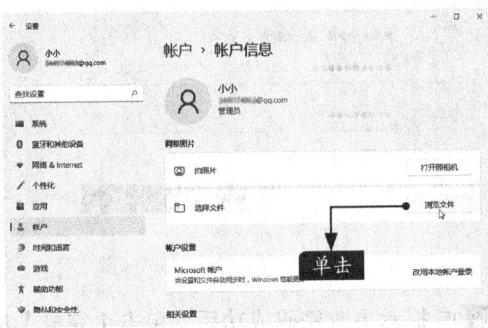

小提示

如果电脑支持摄像功能，可单击【打开照相机】按钮，通过拍照设置账户头像。

步骤② 弹出【打开】对话框，从电脑中选择要设置为头像的图片，单击【选择图片】按钮，如下图所示。

步骤③ 返回【账户信息】界面，即可看到设置好的头像，如下图所示。

3.5.4 更改账户密码

定期更改账户密码，可以确保账户的安全，具体步骤如下。

步骤 01 按【Windows+I】组合键，打开【设置】面板，单击【账户】→【登录选项】选项，如下图所示。

步骤 02 进入【登录选项】界面，单击【密码】选项右侧的【展开】按钮∨，在展开的选项中，单击【更改】按钮，如下图所示。

步骤 03 弹出【Microsoft账户】对话框，在【输入密码】界面的文本框中输入账户密码，单击【登录】按钮进行验证，如下图所示。

> **小提示**
>
> 如果设置了PIN，则会弹出【Windows安全中心】对话框，用户需输入PIN进行验证。

步骤 04 进入【更改密码】界面，分别输入当前密码、新密码，单击【下一步】按钮，如下图所示。

步骤 05 提示更改密码成功后，单击【完成】按钮，如下图所示。

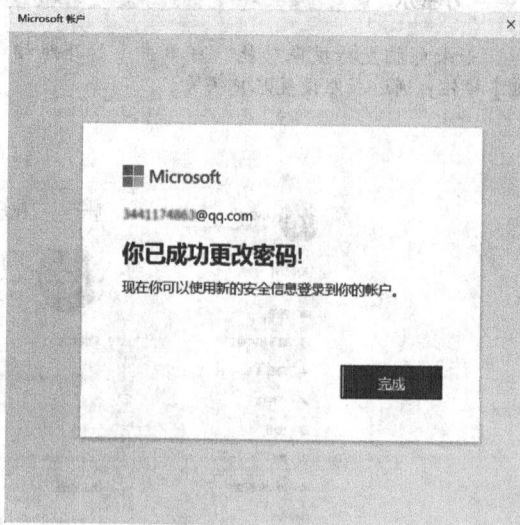

3.5.5 使用动态锁保护隐私

动态锁是Windows 11中更新的一个功能，它可以通过电脑上的蓝牙和其他蓝牙设备（如手机、手环）配对，当用户离开电脑时带上蓝牙设备，并走出蓝牙覆盖范围约1分钟后，电脑将会自动锁定。

步骤01 首先确保电脑支持蓝牙功能，并打开其他设备的蓝牙功能。选择【设置】→【设备】→【蓝牙和其他设备】选项，先将【蓝牙】右侧的开关按钮设置为"开"，然后单击【添加设备】按钮，如下图所示。

步骤02 在弹出的【添加设备】对话框中，单击【蓝牙】选项，如下图所示。

步骤03 在可连接的设备列表中，选择要连接的设备，如右上图所示。

小提示

如果无法扫描到需要的蓝牙设备，请确保该设备蓝牙功能的【可被发现】设置为"开"，如下图所示。

步骤04 在弹出匹配信息时，单击弹出的对话框中的【连接】按钮，如下图所示。

步骤 05 在设备中，点击【配对】按钮，即可进行连接，如下图所示。

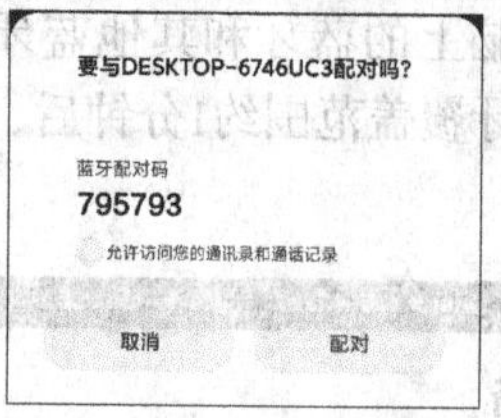

步骤 06 如果提示你的设备已准备就绪，则单击【已完成】按钮，如下图所示。

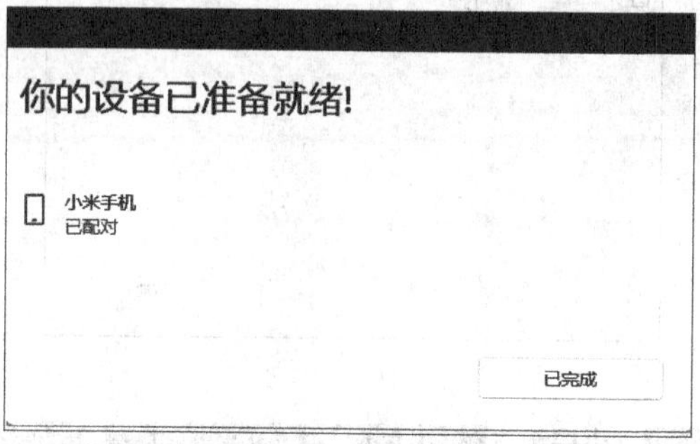

步骤 07 选择【设置】→【账户】→【登录选项】选项，在【动态锁】选项下，勾选【允许 Windows 在你离开时自动锁定设备】复选框即可完成设置，如下图所示。此时，当你带着蓝牙设备走出蓝牙覆盖范围后不久，Windows Hello便可以通过已与你的电脑配对的蓝牙设备自动锁定电脑。

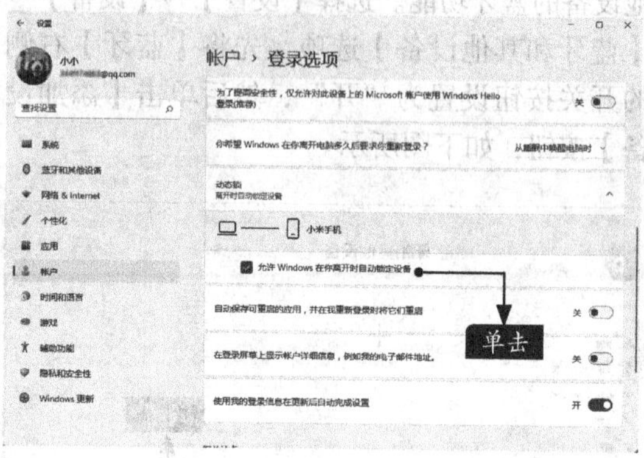

3.5.6 使用图片密码

图片密码是Windows 11中集成的一种新的登录方式，用户可以选择一张图片并绘制一组手势，在登录系统时，绘制与之相同的手势则可登录。具体操作步骤如下。

步骤 01 打开【设置】面板，单击【账户】→【登录选项】选项，然后单击【图片密码】右侧的【展开】按钮✓，在展开的区域中单击【添加】按钮，如下图所示。

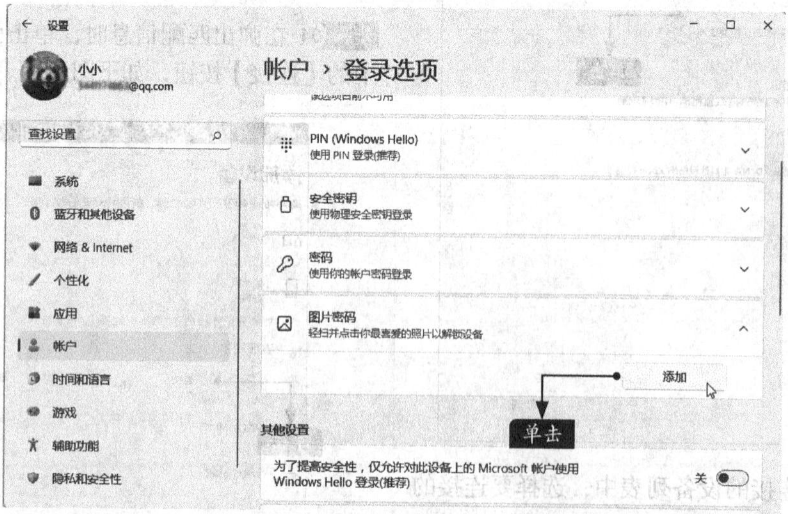

步骤 02 弹出【创建图片密码】对话框，如下页图所示，在【密码】文本框中输入账户密码，单击【确定】按钮。

步骤 03 如果是第一次使用图片密码，系统会在界面左侧介绍如何创建手势，右侧为创建手势的演示动画，清楚如何创建手势后，单击【选择图片】按钮，如下图所示。

步骤 04 弹出【打开】对话框，选择要应用的图片，单击【打开】按钮，如下图所示。

步骤 05 选择图片后，系统会询问是否使用该图片，可以拖曳图片确定它的显示区域。单击【使用此图片】按钮，开始创建手势组合，如右上图所示；单击【选择新图片】按钮，可以重新选取图片。

步骤 06 进入【设置你的手势】界面，可以依次绘制3个手势，手势可以包括圆、直线和点等，界面左侧的3个数字显示创建至第几个手势，完成后这3个手势将成为图片密码，如下图所示。

步骤 07 进入【确认你的手势】界面，重新绘制手势进行验证，如下图所示。

步骤 08 验证通过后，则会提示图片密码创建成功，如果验证失败，系统则会演示创建的手势组合，重新验证即可。提示创建成功后，单击【完成】按钮即可关闭该窗口，如下图所示。

小提示

创建图片密码后，重新登录或解锁操作系统时，即可使用图片密码；用户也可以单击【登录选项】按钮，使用密码或PIN进行登录；如果图片密码输入次数达到5次仍未成功，则不能再使用图片密码登录，只能使用密码或PIN进行登录。

3.6 多任务互不干扰的虚拟桌面

虚拟桌面是Windows 11中新增的功能，可以创建多个传统桌面环境，给用户带来更大的桌面使用空间。用户可以在不同的虚拟桌面中放置不同的窗口。

步骤01 单击任务栏上的【任务视图】按钮或按【Windows+Tab】组合键，即可显示当前桌面环境中的窗口，可单击不同的窗口进行切换。如果要创建虚拟桌面，单击【新建桌面】选项，如下图所示。

小提示

按【Windows+Ctrl+D】组合键也可以快速创建虚拟桌面。

步骤02 单击后即可新建一个名为"桌面2"的虚拟桌面，如下图所示。

步骤03 使用同样的方法建立"桌面3"，在虚拟桌面的缩略图上右击，在弹出的快捷菜单中单击【重命名】选项，如下图所示。

小提示

在菜单中单击【选择背景】选项，可以为不同的虚拟桌面设置不同的桌面背景。

步骤04 单击后可以对虚拟桌面进行命名，如下图所示。

步骤 05 使用同样的方法为其他虚拟桌面命名，效果如下图所示。

步骤 06 单击任一虚拟桌面的缩略图即可进入该虚拟桌面，可在其中打开一些窗口，如下图所示。

步骤 07 按【Windows+Tab】组合键或单击【任务视图】按钮，打开任务视图，可以看到当前虚拟桌面中打开的窗口，其余虚拟桌面还是空白的，如下图所示。

步骤 08 虚拟桌面之间并不冲突，可以将任意一个虚拟桌面中的窗口移动到另外一个虚拟桌面中。右击要移动的窗口，在弹出的快捷菜单中

单击【移动到】选项，然后在子菜单中单击要移动到的虚拟桌面，此处选择"娱乐"，如下图所示。

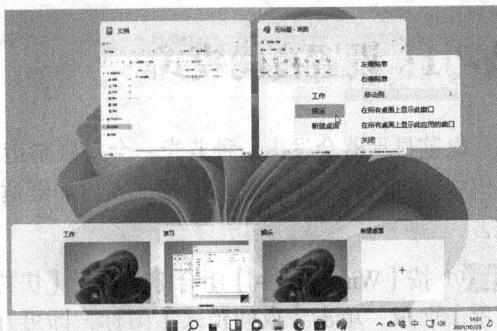

小提示

用户也可以选择要移动的窗口，将其拖曳至其他虚拟桌面。

步骤 09 单击后即可将该窗口移动到"娱乐"虚拟桌面，如下图所示，可以按【Windows+Ctrl+左/右方向】组合键，快速切换虚拟桌面。

步骤 10 如果要关闭虚拟桌面，单击虚拟桌面列表右上角的关闭按钮即可，如下图所示，也可以在需要关闭的虚拟桌面中按【Windows+Ctrl+F4】组合键。

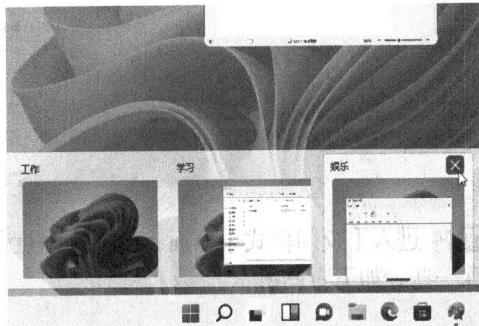

高手私房菜

技巧1：设置夜间模式

电脑显示器会发出一种蓝光，会对眼睛造成一些危害，尤其是在夜晚。Windows 11提供了夜间模式，可以使显示器呈现一种令人更加舒适的暖色调，从而减少蓝光，避免对眼睛造成过大的伤害。

步骤 01 按【Windows+A】组合键，打开【快速设置】面板，单击【夜间模式】图标，即可开启夜间模式，如下图所示。如果需要关闭，再次单击即可。

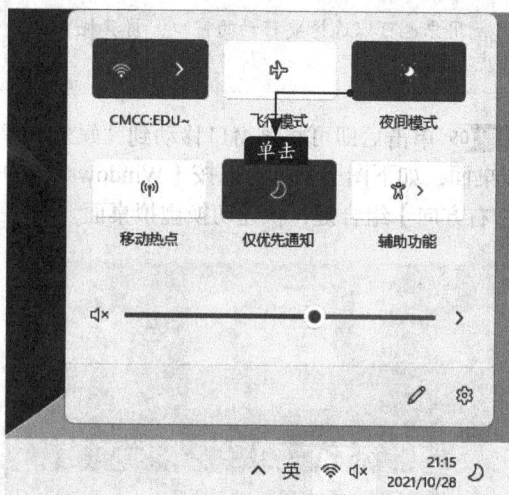

步骤 02 右击【夜间模式】图标，在弹出的快捷菜单中，单击【转到"设置"】选项，如下图所示。

步骤 03 单击后即可进入【显示】界面，单击【夜间模式】选项，如下图所示。

步骤 04 进入【夜间模式】界面，拖曳【强度】中的滑块可以调整色温，向左颜色浅一些，向右颜色深一些，如下页图所示。

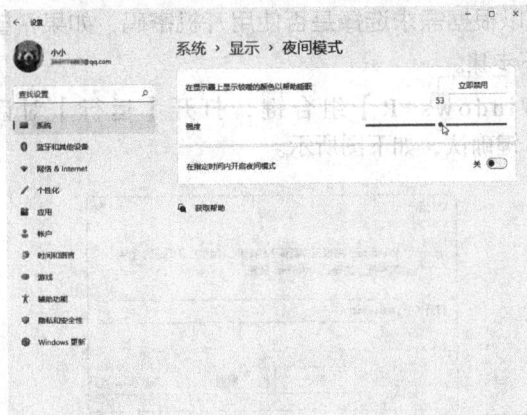

步骤 05 将【在指定时间内开启夜间模式】右侧的开关按钮设置为"开"，可以设置开启夜间模式的计划，如下图所示。

步骤 06 单击【设置小时】选项，可以自定义时间，设置夜间模式打开和关闭的时间即可，如下图所示。

技巧2：取消开机密码，设置Windows自动登录

虽然使用开机密码可以保护电脑中的隐私，但是每次登录时都要输入密码，对于一部分用

户来讲太过麻烦。用户可以根据需求选择是否使用开机密码，如果希望跳过输入密码直接登录Windows，可以参照以下步骤。

步骤01 在桌面中按【Windows+R】组合键，打开【运行】对话框，在文本框中输入"netplwiz"，按【Enter】键确认，如下图所示。

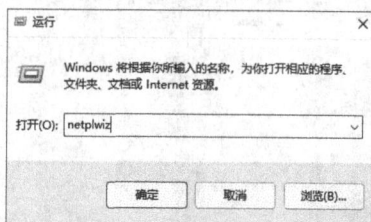

步骤02 弹出【用户账户】对话框，选中本机用户，取消勾选【要使用本计算机，用户必须输入用户名和密码】复选框，单击【应用】按钮，如下图所示。

步骤03 弹出【自动登录】对话框，在【密码】和【确认密码】文本框中输入账户密码，然后单击【确定】按钮，即可取消开机密码，如下图所示。

小提示

解除锁屏状态时还是需要输入账户密码的，只有在开机时不用输入密码。

第4章

管理电脑文件和文件夹

学习目标

文件和文件夹是Windows 11的重要组成部分。用户只有掌握好管理文件和文件夹的基本操作，才能更好地运用Windows 11进行工作和学习。本章主要包括Windows 11中文件和文件夹的管理、认识文件和文件夹、文件和文件夹的基本操作等内容。

学习效果

4.1 实战——文件和文件夹的管理

在Windows 11的【此电脑】窗口中，包含了电脑中基本硬件资源的图标，通过该窗口，可以进行浏览、存储、复制及删除文件等管理操作。

4.1.1 此电脑

【此电脑】是Windows 11的资源管理器，可以查看电脑的所有资源，通过它的树形文件系统结构，可以访问电脑中的文件和文件夹。为了便于管理，文件可按性质或大小分盘存放。

通常情况下，建议将硬盘划分为3个区：C盘、D盘和E盘。3个盘的功能分别如下。

（1）C盘主要用来存放系统文件。所谓系统文件，是指操作系统和应用软件的系统操作部分，系统文件一般情况下都会被安装在C盘。

（2）D盘主要用来存放应用软件文件。对于软件的安装，有以下常见原则。

① 一般小的软件，如RAR压缩软件等可以安装在C盘。

② 对于大的软件，如Photoshop，建议安装在D盘。

> **小提示**
>
> 几乎所有软件默认的安装路径都在C盘中，电脑用得越久，C盘被占用的空间越多，随着时间的增加，系统的运行速度会越来越慢，所以安装软件时，需要根据具体情况改变安装路径。

（3）E盘用来存放用户的个人文件，如用户自己的电影、图片和文字资料等。如果硬盘还有多余的空间，可以添加更多分区。

4.1.2 快速访问

快速访问是Windows 11文件资源管理器中的一个系统文件夹。系统为每个用户建立了这一文件夹，默认包含常用文件夹和最近使用的文件列表。

用户单击任务栏中的【文件资源管理器】图标或按【Windows+E】组合键，默认打开快速访问，其中包含桌面、下载、文档、图片、视频和音乐6个文件夹，下方的【最近使用的文件】区域会显示最近使用的文件的列表，如下图所示。

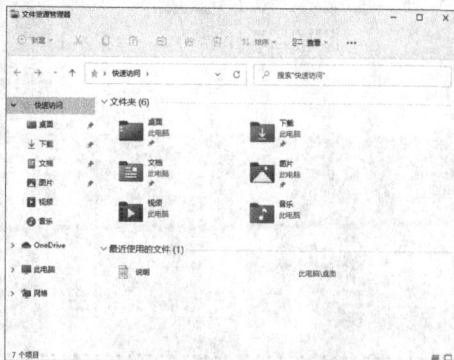

> **小提示**
>
> 用户通过快速访问，可以快速打开所需的文件夹；用户也可以将常用的文件夹固定在快速访问中，以便及时调用。

步骤 01 右击要固定在快速访问中的文件夹，在弹出的快捷菜单中单击【固定到快速访问】选项，如下页图所示。

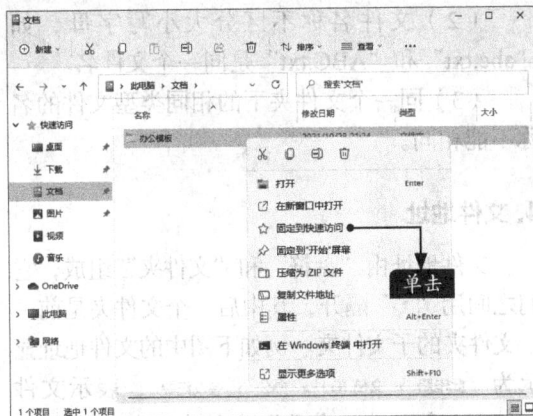

步骤 02 单击后即可在左侧导航栏中看到添加的

文件夹，如下图所示。

4.2 认识文件和文件夹

在Windows 11中，文件是最小的数据组织单位。文件可以包含文本、图像和数据等信息。硬盘是大容量存储设备，可以存储很多文件。为了便于管理，我们可以把文件组织到文件夹和子文件夹中去。

4.2.1 文件

文件是Windows存取磁盘信息的基本单位，一个文件是磁盘上存储的信息的一个集合，可以是文字、图片、影片或应用程序等。每个文件都有自己的名称，Windows 11正是通过文件的名称来对文件进行管理的。

Windows 11与DOS最显著的差别就是它支持长文件名，甚至允许文件和文件夹名称中有空格。在Windows 11中，默认情况下系统会自动按照类型显示和查找文件。有时为了方便查找和转换，也可以显示文件的扩展名。

1. 文件名的组成

在Windows 11中，文件名由基本名和扩展名构成，它们之间用"."隔开。例如，文件"tupian.jpg"的基本名是"tupian"，扩展名是"jpg"，文件"月末总结.docx"的基本名是"月末总结"，扩展名是"docx"。

扩展名是Windows 11识别文件的重要方法，了解常见的扩展名对于学习如何管理文件有很大的帮助。

> **小提示**
>
> 文件可以只有基本名，没有扩展名；但不能只有扩展名，没有基本名。

2. 显示文件扩展名

在Windows 11中，常用的文件格式扩展名是不显示的，如果希望显示文件的扩展名，可以执行如下操作。

步骤01 打开任意文件夹窗口，单击【查看】按钮，在弹出的菜单中单击【显示】→【文件扩展名】选项，如下图所示。

步骤02 文件的扩展名就会显示出来，如下图所示。

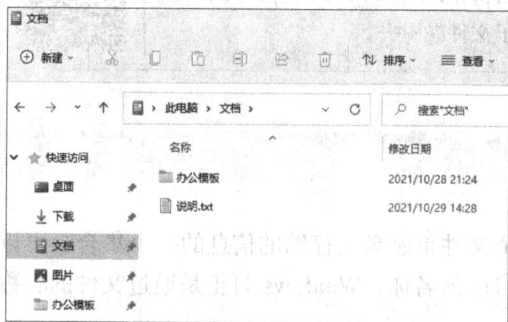

3. 文件的命名规则

文件的命名有以下规则。

（1）文件名称长度最多可达256个字符，1个汉字相当于2个字符。

文件名中不能出现这些字符：斜线（\、/）、竖线（|）、小于号（<）、大于号（>）、冒号（：）、英文引号（"）、问号（？）、星号（*），如下图所示。

文件名不能包含下列任何字符:
\ / : * ? " < > |

小提示

不能出现的字符在系统中有特殊含义。

（2）文件名称不区分大小写字母，如"abc.txt"和"ABC.txt"是同一个文件名。

（3）同一个文件夹下的相同类型文件的名称不能相同。

4. 文件地址

文件地址由"盘符"和"文件夹"组成，它们之间用"﹥"隔开，其中后一个文件夹是前一个文件夹的子文件夹。例如下图中的文件地址显示为﹥此电脑﹥文档（G:）﹥办公﹥会议纪要，表示文件存储于G盘下的"办公"文件夹下的"会议纪要"子文件夹中。

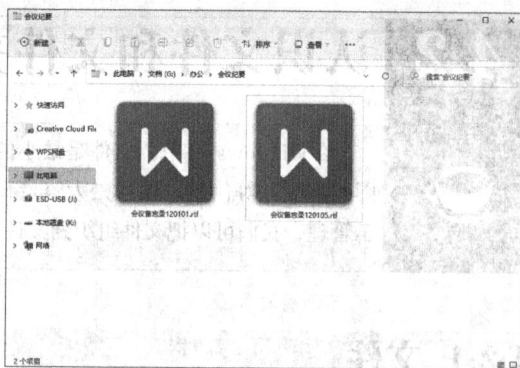

其中"文档（G:）"指G盘，其卷标名称为"文档"，"会议纪要"文件夹是"办公"文件夹的子文件夹。通常在地址栏中，可以用"\"将各文件夹隔开，此处在地址栏中输入"G:\办公\会议纪要"，即可打开该文件夹，如下图所示。

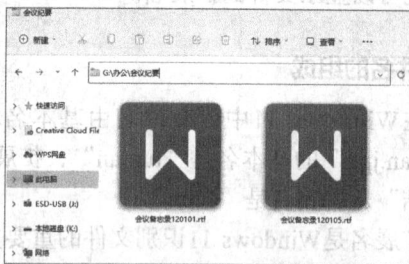

5. 文件图标

在Windows 11中，文件的图标和扩展名代表了文件的类型，并且文件的图标和扩展名之间有一定的对应关系，看到文件的图标，知道文件的扩展名，就能判断出文件的类型。例如文本文件中扩展名为"docx"的文件图标为 ，图片文件中扩展名"jpeg"的文件图标为 ，压缩文件中扩展名为"rar"的文件图标为 ，视频文件中扩展名"avi"的文件图标为 。

> **小提示**
>
> 不同文件设置的默认打开软件不同，其图标样式也会有所不同。

6. 文件大小

查看文件的大小有两种方法。

方法1：打开包含要查看文件的文件夹，单击窗口右下角的 按钮，即可在文件夹中查看文件的大小，如下图所示。

单击

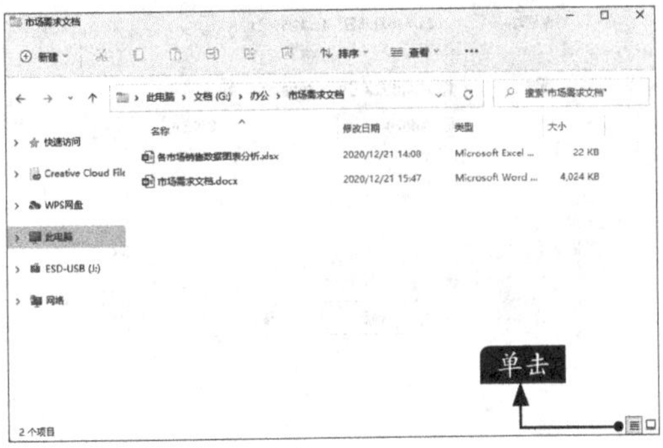

方法2：右击要查看大小的文件，在弹出的快捷菜单中单击【属性】选项，即可在打开的【属性】对话框中查看文件的大小，如下图所示。

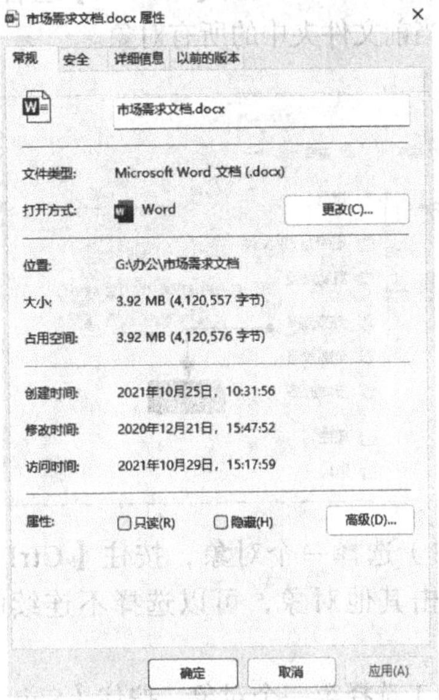

> **小提示**
>
> 文件的大小以B（字节）、KB（千字节）、MB（兆字节）和GB（吉字节）为单位，1B（1个字节）能存储一个英文字符，1个汉字占2个字节。

4.2.2 文件夹

在Windows 11中，文件夹主要用来存放文件。

文件夹是Windows 95开始提出的一个概念，它实际上等同于DOS中目录的概念，在过去的电脑操作系统中，习惯把它称为目录。树状结构的文件夹是目前微型电脑操作系统流行的文件管理模式。它结构层次分明，容易被人们理解，用户只要明白它的基本概念，就可以熟练地使用它。

1. 文件夹的命名规则

在Windows 11中，文件夹的命名有以下规则。

（1）文件夹名称长度最多可达256个字符，1个汉字相当于2个字符。

文件夹名称名中不能出现这些字符：斜线（\、/）、竖线（|）、小于号（<）、大于号（>）、冒号（：）、英文引号（"）、问号（？）、星号（*）。

（2）文件夹名称不区分大小写字母，如"abc"和"ABC"是同一个文件夹名称。

（3）文件夹通常没有扩展名。

（4）同一个文件夹的子文件夹不能同名。

2. 选择文件或文件夹

（1）单击即可选择一个对象。

（2）单击功能选项区中的【查看更多】按钮…，在弹出的菜单中单击【全部选择】选项，如下图所示，或按【Ctrl+A】组合键，即可选择当前文件夹中的所有对象。

（3）选择一个对象，按住【Ctrl】键，同时单击其他对象，可以选择不连续的多个对象。

（4）选择第一个对象，按住【Shift】键并单击最后一个对象，或拖曳鼠标指针绘制矩形框，可以选择连续的多个对象。

3. 文件夹大小

文件夹大小的单位与文件大小的单位相同，但只能使用【属性】对话框来查看文件夹的大小。右击要查看的文件夹，在弹出的快捷菜单中单击【属性】选项，在弹出的【属性】对话框中即可查看文件夹的大小，如下图所示。

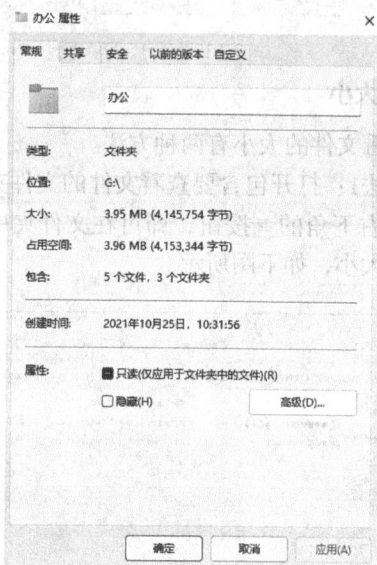

4.3 实战——文件和文件夹的基本操作

本节主要介绍文件和文件夹的基本操作方法。

4.3.1 打开和关闭文件或文件夹

对文件或文件夹进行的最多的操作就是打开和关闭，下面介绍打开和关闭文件或文件夹的常用方法。

（1）双击要打开的文件或文件夹。

（2）右击要打开的文件或文件夹，在弹出的快捷菜单中单击【打开】选项。

（3）利用【打开方式】打开，具体操作步骤如下。

步骤 01 右击要打开的文件，在弹出的快捷菜单中单击【打开方式】选项，在其子菜单中选择相应的软件，如这里选择用【Excel】打开工作簿文件，如下页图所示。

步骤 02 Excel将自动打开选择的工作簿文件，如右图所示。

4.3.2 修改文件或文件夹的名称

新建的文件或文件夹，都有一个默认的名称，用户可以根据需要给新建的或已有的文件或文件夹重新命名。

修改文件名称和修改文件夹名称的操作类似，主要有3种方法。

1. 功能选项区

选择要重新命名的文件或文件夹，单击功能选项区中的【重命名】按钮，文件或文件夹的名称即进入编辑状态，输入新的名称，按【Enter】键确认，如下图所示。

2. 右键快捷菜单

右击要重新命名的文件或文件夹，在弹出的快捷菜单中单击【重命名】按钮，文件或文件夹的名称即进入编辑状态，输入新的名

称，按【Enter】键确认，如下图所示。

3. 快捷键F2

选择要重新命名的文件或文件夹，按【F2】键，文件或文件夹的名称即进入编辑状态，输入新的名称，按【Enter】键确认。

小提示

在重命名文件时，不能改变文件的扩展名，否则可能会导致文件不可用，如下图所示。

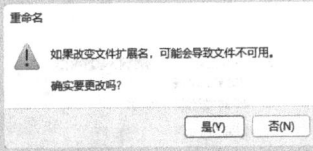

4.3.3 复制和移动文件或文件夹

要对文件或文件夹进行备份，也就是创建其副本，或者改变其位置，就需要对文件或文件夹

进行复制或移动操作。

1. 复制文件或文件夹

复制文件或文件夹的方法有以下4种。

（1）右击需要复制的文件或文件夹，在弹出的快捷菜单中单击【复制】按钮，来到目标存储位置，右击空白处，在弹出的快捷菜单中单击【粘贴】按钮即可，如下图所示。

（2）选择要复制的文件或文件夹，如果目标位置与原始位置在不同的分区，直接拖曳文件或文件夹即可复制；如果在同一个分区，选择要复制的文件或文件夹，按住【Ctrl】键并将其拖曳到目标位置即可，如下图所示。

（3）选择要复制的文件或文件夹，按住鼠标右键并将其拖曳到目标位置，在弹出的快捷菜单中单击【复制到当前位置】选项即可，如下图所示。

（4）选择要复制的文件或文件夹，按【Ctrl+C】组合键，然后在目标位置按【Ctrl+V】组合键即可。

2. 移动文件或文件夹

移动文件或文件夹的方法有以下4种。

（1）右击需要移动的文件或文件夹，在弹出的快捷菜单中单击【剪切】按钮，此时文件或文件夹反蓝显示。来到目标存储位置，右击空白处，在弹出的快捷菜单中单击【粘贴】按钮即可，如下图所示。

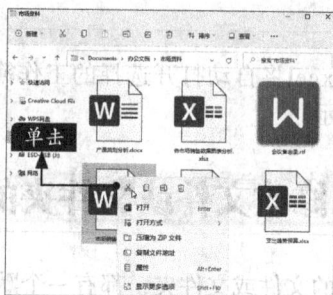

（2）选择要移动的文件或文件夹，如果目标位置与原始位置在同一分区，直接将其拖曳到目标位置即可，这也是最简单的一种方法，如下图所示。

（3）选择要移动的文件或文件夹，如果目标位置与原始位置在不同的分区，按住【Shift】键并将其拖曳到目标位置即可。

（4）选择要移动的文件或文件夹，按【Ctrl+X】组合键执行【剪切】命令，然后在目标位置按【Ctrl+V】组合键执行【粘贴】命令即可。

4.3.4 隐藏和显示文件或文件夹

隐藏文件或文件夹可以增强文件的安全性，同时可以防止误操作导致文件或文件夹丢失。隐藏和显示文件或文件夹的操作类似，本节仅以隐藏和显示文件为例进行介绍。

1. 隐藏文件

隐藏文件的操作步骤如下。

步骤 01 右击需要隐藏的文件，在弹出的快捷菜单中单击【属性】选项，如下图所示。

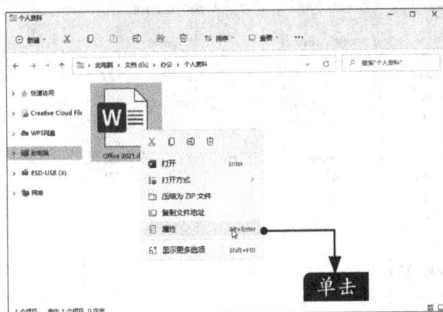

步骤 02 弹出【属性】对话框，选择【常规】选项卡，然后勾选【隐藏】复选框，单击【确定】按钮，如下图所示。

步骤 03 该文件即会被隐藏，如下图所示。

2. 显示文件

文件被隐藏后，用户要想调出该文件，需要显示文件，具体操作步骤如下。

步骤 01 在文件夹窗口中，单击【查看】按钮，在弹出的下拉列表中单击【显示】→【隐藏的项目】选项，如下图所示。

步骤 02 被隐藏的文件即会显示出来，且颜色偏浅，如下图所示。

步骤 03 右击该文件，弹出【属性】对话框，单击【常规】选项卡，然后取消勾选【隐藏】复选框，单击【确定】按钮即可，如下图所示。

4.3.5 压缩和解压缩文件或文件夹

对于特别大的文件或文件夹，用户可以进行压缩操作。经过压缩的文件或文件夹将占用更少的磁盘空间，有利于存储或更快速地传输到其他计算机上，以实现共享。用户可以利用Windows 11自带的压缩软件，对文件或文件夹进行压缩和解压缩操作。下面以文件夹为例进行介绍，具体的操作步骤如下。

步骤 01 右击需要压缩的文件夹，在弹出的快捷菜单中单击【压缩为ZIP文件】选项，如下图所示。

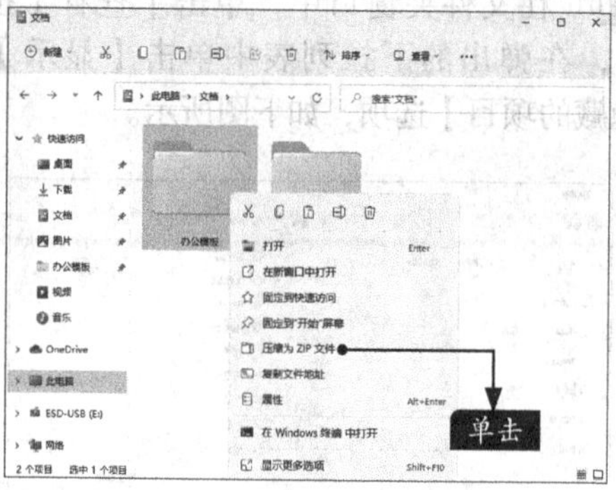

步骤 02 弹出【正在压缩】对话框，以绿色进度条的形式显示压缩的进度，如下图所示。

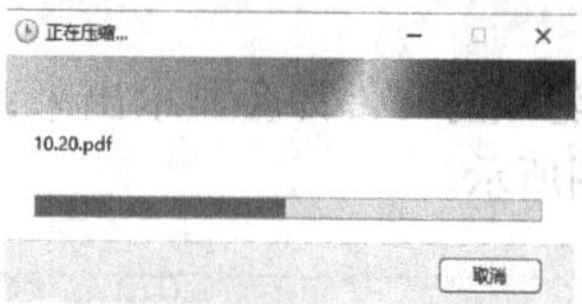

步骤 03 压缩完成后，在窗口中多了一个和原文件夹基本名相同的压缩文件，并且文件名称处于编辑状态，可以重命名压缩文件，如下图所示。

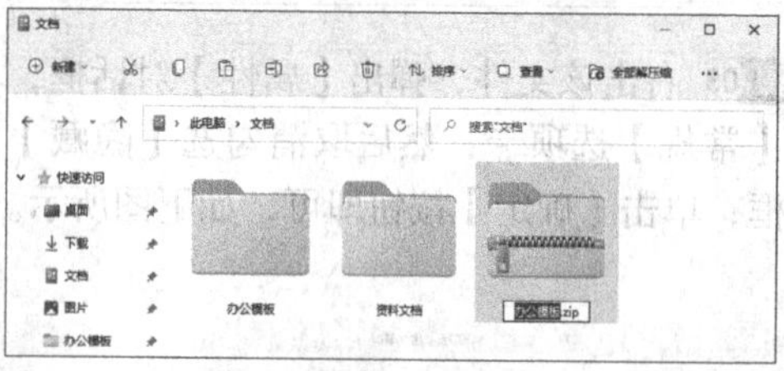

步骤 04 如果要将其他文件或文件夹添加至该压缩文件内，将其拖曳至该压缩文件图标上即可，如下图所示。

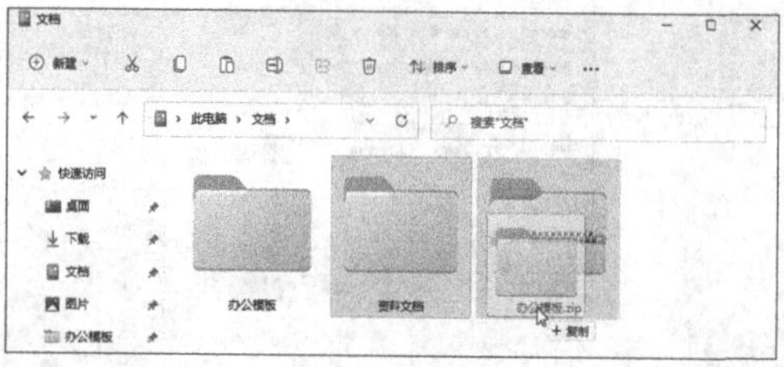

步骤 05 双击压缩文件即可打开并查看该压缩文件，如下图所示。

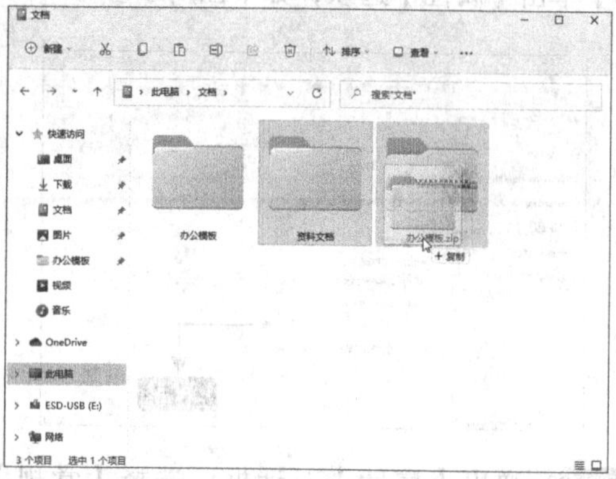

步骤 06 如果要将压缩文件中的文件或文件夹解压缩到电脑中，将其直接拖曳至目标文件中即可，如下图所示。

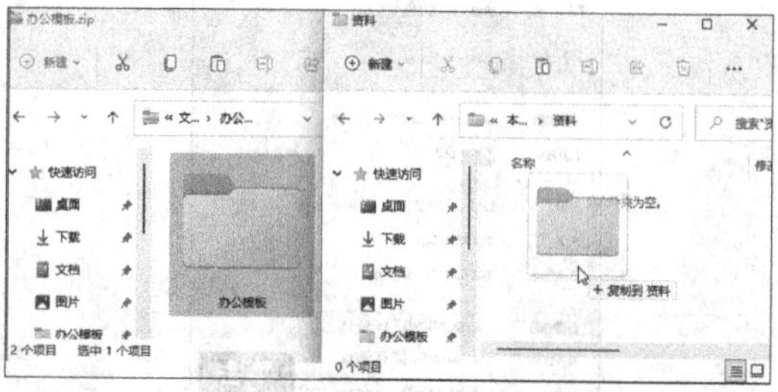

步骤 07 如果要全部解压缩，可以单击功能选项区中的【全部解压缩】按钮，如下图所示。

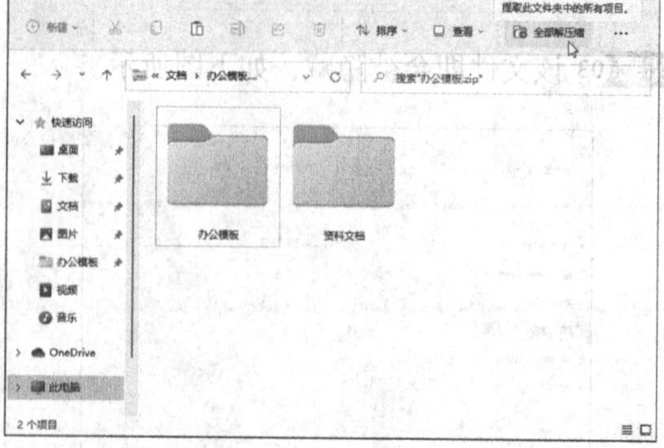

步骤 08 弹出【提取压缩（Zipped）文件夹】对话框，单击【浏览】按钮，选择要提取到的目标文件夹，然后单击【提取】按钮即可，如右图所示。

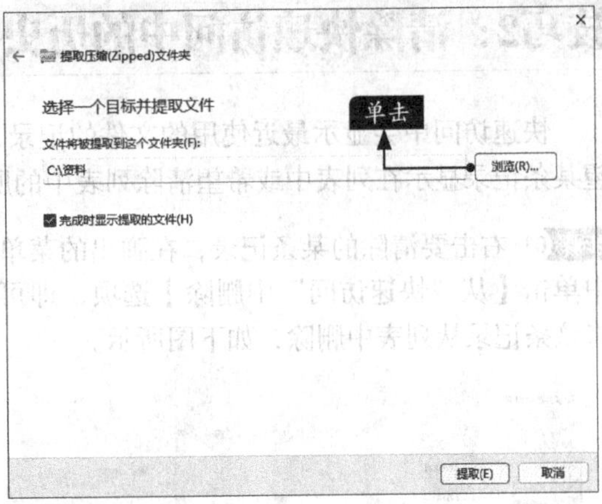

小提示

如果压缩文件是RAR、7Z等格式，需要安装其他解压缩软件，进行特定格式文件的解压缩。

高手私房菜

技巧1：设置文件资源管理器默认打开【此电脑】窗口

在Windows 11中，用户单击任务栏中的【文件资源管理器】图标 ▆ 或按【Windows+E】组合键，默认打开的是【快速访问】窗口。如果用户希望将其改为【此电脑】窗口，可以采用以下操作。

步骤 01 打开任意文件夹窗口，单击【查看更多】按钮 ⋯ ，在弹出的菜单中，单击【选项】命令，如下图所示。

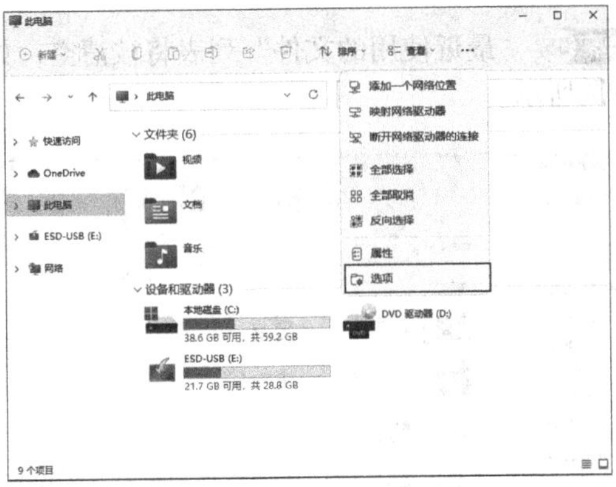

步骤 02 在打开的【文件夹选项】对话框中，单击【打开文件资源管理器时打开：】右侧的下拉按钮，在弹出的下拉列表中单击【此电脑】选项，然后单击【确定】按钮，如右上图所示。

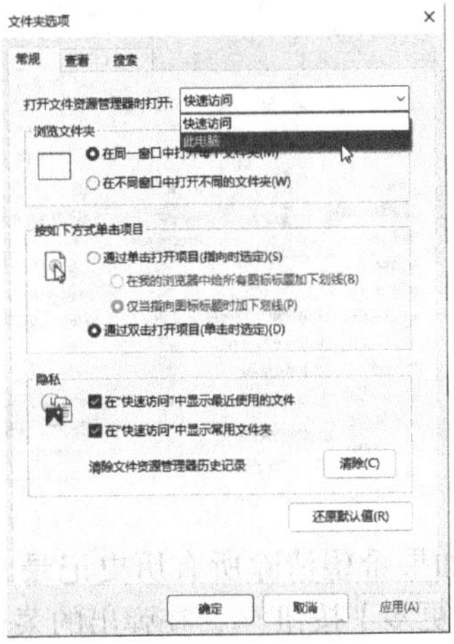

步骤 03 再次单击【文件资源管理器】图标或按【Windows+E】组合键，打开的即为【此电脑】窗口，如下图所示。

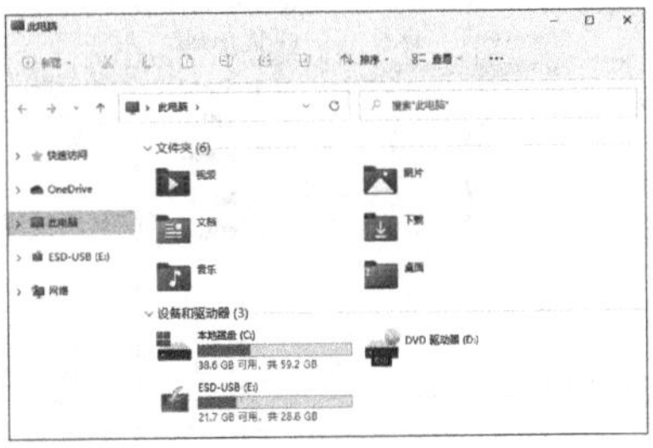

技巧2：清除快速访问中的历史记录

快速访问中会显示最近使用的文件的记录，最多显示20条，并以列表的形式呈现，如果不希望某条记录显示在列表中或希望清除列表中的所有记录，可采取以下操作。

步骤01 右击要清除的某条记录，在弹出的菜单中单击【从"快速访问"中删除】选项，即可将该条记录从列表中删除，如下图所示。

步骤02 也可以使用【Ctrl】或【Shift】键，一次选择多条记录并右击，在弹出的菜单中单击【从"快速访问"中删除】选项删除，如下图所示。

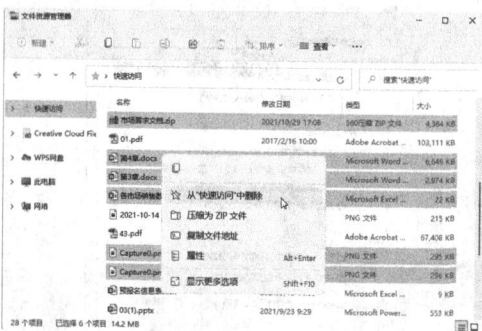

步骤03 如果希望清除所有历史记录，可以单击【查看更多】按钮···，在弹出的菜单中单击【选项】选项，如下图所示。

步骤04 打开【文件夹选项】对话框，在【常规】选项卡下，单击【隐私】区域下的【清除】按钮，如下图所示。

步骤05 "最近使用的文件"列表将被清空，如下图所示。

第**5**章

轻松学会打字

学习目标

　　学会打字是使用电脑的重要一步。对于英文，只要按键盘上的字符键就可以直接输入。而汉字不能像英文那样能直接输入电脑中，需要使用英文字母和数字对汉字进行编码，然后输入编码得到所需的汉字，这就是汉字输入法。本章主要讲述正确的指法、输入法的管理、陌生字的输入方法，以及拼音打字和五笔打字的方法。

学习效果

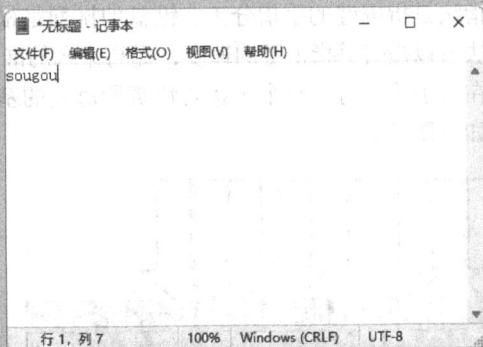

5.1 实战——正确的指法

要在电脑中输入文字或操作命令，通常需要使用键盘。使用键盘时，为了防止由于坐姿不对造成身体疲劳，以及指法不对造成手臂损伤，用户一定要了解正确的坐姿并掌握击键的要领，劳逸结合。本节介绍正确的指法。

5.1.1 基准键位

为了便于连续输入，在没有击键时，手指可放在键盘的中央位置，也就是基准键位上，这样无论是敲击上方的按键还是下方的按键，都可以快速击键并返回。

基准键位于主键盘区，是打字时确定其他键位的标准，键盘中有8个按键被规定为基准键，从左到右依次为A、S、D、F、J、K、L、"；"，如下图所示。在敲击按键前，手指要虚放在基准键上，注意不要按下按键，如下图所示。

A	S	D	F	G	H	J	K	L	：

小指	无名指	中指	食指			食指	中指	无名指	小指
	左手						右手		

> **小提示**
>
> 基准键共有8个，其中F键和J键上都有一个凸起的小横杠，用于盲打时让手指通过触觉定位；另外，两手的大拇指要放在空格键上。

5.1.2 手指的正确分工

指法是指按键的手指分工。键盘的排列是根据字母在英文中出现的频率而精心设计的，正确的指法可以提高手指击键的速度，提高输入的准确率，同时也可以减慢手指疲劳的速度。

在敲击按键时，每个手指要负责所对应的基准键周围的按键，左右手负责的按键的具体分配情况如下图所示。

图中用不同颜色区分了十指具体负责的键位，具体说明如下。

（1）左手

食指负责4、5、R、T、F、G、V、B8个键；中指负责3、E、D、C4个键；无名指负责2、W、S、X4个键；小指负责1、Q、A、Z及其左边所有的键。

（2）右手

食指负责6、7、Y、U、H、J、N、M8个键；中指负责8、I、K、"，"4个键，无名指负责9、O、L、"。"4个键；小指负责0、P、

"；""/"及其右边的所有键。

此外，双手的拇指用来敲击空格键。

5.1.3 正确的打字姿势

用户使用键盘进行编辑操作时，正确的姿势可以帮助提高打字速度。正确的打字姿势如下图所示，具体要求如下。

（1）座椅高度合适，坐姿端正自然，两脚平放，全身放松，上身挺直并稍微前倾。

（2）眼睛距显示器30～40cm，并让视线与显示器保持15度～20度的角度。

（3）两肘贴近身体，下臂和手腕向上倾斜，与键盘保持相同的倾斜角度；手指略弯曲，指尖轻放在基准键位上，左右手的大拇指轻放在空格键上。

（4）大腿平直，与小腿之间的角度为90度。

（5）按键时，手抬起，伸出要按键的手指按键，按键要轻巧，用力要均匀。

5.1.4 击键要领

了解指法规则及打字姿势后即可进行输入操作。击键时要按照指法规则，10根手指各司其职，采用正确的击键方法。

（1）击键前，除拇指外的8根手指要放置在基准键上，指关节自然弯曲，手指的第一关节与键面垂直，手腕要平直，手臂保持不动。

（2）击键时，用各手指的指腹击键。以与指尖垂直的方向，向按键用力，并立即反弹，力度要适中，做到稳、准、快，不拖拉犹豫。

（3）击键后，手指立即回到基准键上，为下一次击键做准备。

（4）不击键的手指不要离开基本键位。

（5）需要同时击两个键时，若两个键分别位于左右手区，则由左右手各击对应的键。

（6）击键时，单手操作是很多初学者的习惯，在打字初期一定要克服这个毛病，进行双手操作。

5.2 实战——输入法的管理

本节主要介绍输入法的种类、挑选合适的输入法、软件安装与删除输入法软件及输入法的切换。

5.2.1 输入法的种类

输入法是指为了将各种符号输入计算机或其他设备而采用的编码方法。汉字的编码方法基本上都是将音、形、义与特定的键相联系，再根据不同汉字进行键的组合来完成汉字的输入。

目前，键盘输入汉字的解决方案有区位码、拼音、表形码和五笔字型等。在这几种方案中，又以拼音输入法和五笔字型输入法为主。

拼音输入法是常见的一种输入方法，用户最初使用的输入方法基本都是拼音输入法。拼音输入法是按照拼音来输入汉字的，不需要特殊记忆，符合人的思维习惯，只要会拼音就可以输入汉字。

而五笔字型输入法（以下简称"五笔输入法"）依据笔画和字形特征对汉字进行编码，是典型的形码输入法。五笔输入法是目前常用的汉字输入法之一，相对于拼音输入法具有重码率低的特点，熟练后可快速输入汉字。

5.2.2 挑选合适的输入法软件

随着网络的快速发展，各类输入法软件如雨后春笋般飞速发展。面对如此多的输入法软件，很多人都觉得很迷茫，不知道应该选择哪一种。下面将从不同的角度出发，分析如何挑选一款适合自己的输入法软件。

1. 根据自己的输入方式选择

有些人不懂拼音，就适合使用五笔输入法软件；有些人觉得拆分汉字很难，最好选择拼音输入法软件。

2. 根据输入法软件的性能选择

功能更丰富的输入法软件，显然可以更好地满足用户的需求。那么，如何了解各输入法软件的性能呢？我们可以访问该输入法软件的官方网站，对以下几方面加以了解。

（1）输入法软件的基本操作。有些软件的操作比较人性化，有些则相对有所欠缺，选择时要注意。

（2）功能。可以根据各输入法软件的官方介绍，联系自己的实际需要，对比它们的功能。

（3）输入法软件的其他设计是否符合个人需要，例如皮肤、字数统计等功能。

3. 根据有无特殊需求选择

有些人选择输入法软件，是有着一些特殊的需求的。例如，有的人选择QQ输入法，因为他们本身就是腾讯其他软件的用户，而且有专属皮肤等。

选择一种适合自己的输入法软件，可以使用户的工作和社交变得更加便利。

5.2.3 安装与删除输入法软件

Windows 11自带了微软拼音输入法，但其不一定能满足用户的需求。用户可以自行安装其他输入法软件。安装输入法软件前，用户需要先从网上下载安装文件。

下面以搜狗拼音输入法为例，讲述安装输入法软件的一般方法。

步骤01 双击下载的安装文件，即可启动安装向导，勾选【已阅读并接受用户协议&隐私政策】复选框，单击【自定义安装】按钮，如下图所示。

小提示

如果不需要更改设置，可直接单击【立即安装】按钮。

步骤02 在打开的界面中的【安装位置】文本框中输入安装路径，也可以单击【浏览】按钮选择安装路径，设置完成后，如下图所示。

步骤03 单击【立即安装】按钮，即可开始安装，如下图所示。

步骤04 安装完成，在弹出的界面中单击【立即体验】按钮，如下图所示。

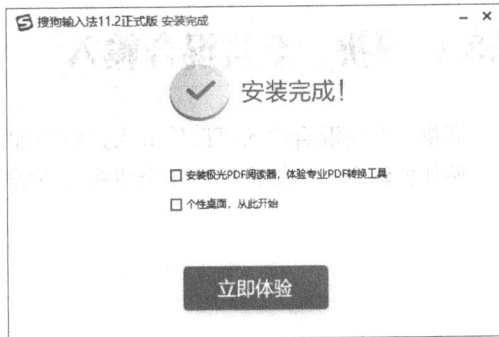

5.2.4 输入法的切换

在输入文本时，会经常用到中英文输入，或者使用不同的输入法软件，在使用过程中需要快速切换，下面介绍具体操作方法。

1. 输入法软件的切换

按【Windows+空格】组合键，可以快速切换输入法软件。另外，单击桌面右下角通知区域的输入法图标拼，在弹出的列表中单击，即可完成切换，如下图所示。

2. 中英文的切换

输入法主要分为中文模式和英文模式，在当前输入法中，可按【Shift】键或【Ctrl+空格】组合键切换中英文模式，如果用户使用的是中文模式，按【Shift】键可切换至英文模式，再按【Shift】键又会恢复成中文模式，如下图所示。

5.3 实战——拼音打字

拼音输入法是比较常用的输入法，本节主要以搜狗拼音输入法为例介绍拼音打字的方法。

5.3.1 简拼、全拼混合输入

简拼、全拼混合输入可以使输入过程更加顺畅。

例如要输入"计算机"，在全拼模式下需要输入"jisuanji"，如下图所示。

而使用简拼只需要输入"jsj"即可，如下图所示。

但是，简拼候选字过多，使用全拼又需要输入较多的字符，而开启双拼模式后，就可以采用简拼和全拼混合的方式，这样能够兼顾最少输入字符和最高输入效率。例如，想输入"龙马精神"，输入"longmajs""lmjings""lmjshen""lmajs"等都是可以的，如下页图所示。打字熟练的人会经常使用全拼和简拼混合的方式。

long'ma'j's　　　　　　9 打开输入工具箱
1 龙马精神　2 龙马　3 龙妈　4 龙　5 隆　　‹ ›

I'm'jing's　　　　　　9 打开输入工具箱
1 龙马精神　2 里面讲述　3 劳模精神　4 里面　5 了吗　‹ ›

I'm'j'shen　　　　　　9 打开输入工具箱
1 龙马精神　2 劳模精神　3 老母鸡　4 立马就　5 龙门架　∨

I'ma'j's　　　　　　9 打开输入工具箱
1 龙马精神　2 立马就　3 老马家　4 露马脚　5 蓝马甲　‹ ›

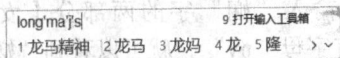

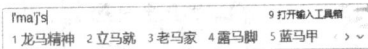

5.3.2 中英文混合输入

用户在输入中文时可能需要输入一些英文字符，搜狗拼音输入法自带中英文混合输入功能，便于用户快速地在中文输入状态下输入英文。

1.按【Enter】键输入英文

在中文输入状态下，如果要输入英文，可以在输入后直接按【Enter】键。下面以输入"搜狗"的拼音"sougou"为例。

步骤01 在中文输入状态下，输入"sougou"，如下图所示。

sou'gou　　　　　　9 打开输入工具箱
1 搜狗　2 搜　3 嗖　4 艘　5 馊　‹ ›

步骤02 直接按【Enter】键即可输入英文，如下图所示。

▊ *无标题 - 记事本　　　　　－　□　×
文件(F)　编辑(E)　格式(O)　视图(V)　帮助(H)
sougou

行 1，列 7　　100%　Windows (CRLF)　UTF-8

2. 输入中英文

在输入中文字符的过程中，在中间输入英文，例如输入"你好的英文是hello"，具体操作步骤如下。

步骤01 输入"nihaodeyingwenshihello"，如下图所示。

ni'hao'de'ying'wen'shi'hello　　　　9 打开输入工具箱
1 你好的英文是hello　2 你好的英文适合来略　3 你好的英文　4 你好　5 你号　‹ ›

步骤02 直接按空格键或者按数字键【1】，即可输入"你好的英文是hello"，如下图所示。

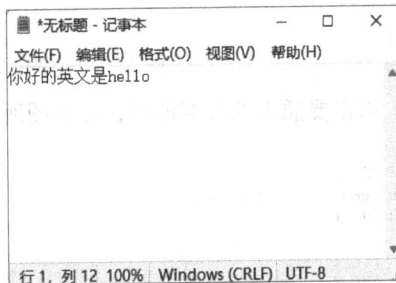

▊ 无标题 - 记事本　　　　　－　□　×
文件(F)　编辑(E)　格式(O)　视图(V)　帮助(H)
你好的英文是hello

行 1，列 12　100%　Windows (CRLF)　UTF-8

5.3.3 使用拆字辅助码输入汉字

搜狗拼音输入法的拆字辅助码可以快速定位一个单字，常在候选字较多，并且要输入的汉字比较靠后时使用。下面介绍使用拆字辅助码输入汉字"娴"的具体操作步骤。

步骤 01 输入"娴"字的拼音"xian"。此时看不到候选字中包含"娴"字，如下图所示。

步骤 03 再输入"娴"字的两部分【女】和【闲】的首字母"nv"，就可以看到"娴"字了，如下图所示。

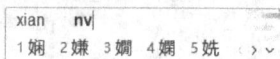

步骤 02 按【Tab】键，如下图所示。

步骤 04 按空格键即可完成输入，如下图所示。

5.3.4 快速插入当前日期和时间

搜狗拼音输入法可以快速插入当前的日期和时间。具体操作步骤如下。

步骤 01 输入日期的简拼"rq"，即可在候选字中看到当前的日期，如下图所示。

步骤 03 使用同样的方法，输入时间的简拼"sj"，可快速插入当前时间，如下图所示。

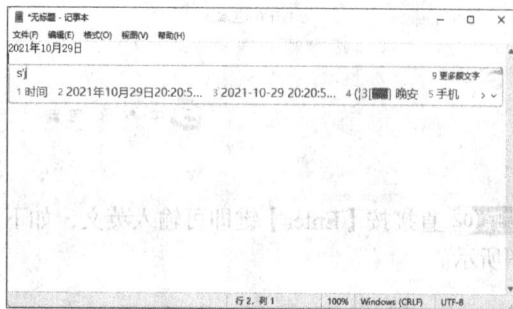

步骤 02 单击要插入的日期即可，如下图所示。

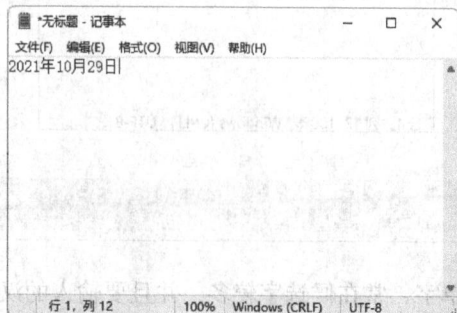

步骤 04 使用同样的方法还可以快速插入当前星期，如下图所示。

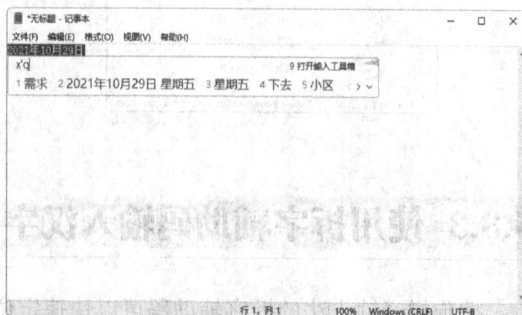

5.4 实战——陌生字的输入方法

在输入汉字的时候，经常会遇到不知道读音的陌生汉字，此时用户可以使用输入法的U模式，通过笔画、拆分的方式输入汉字。以搜狗拼音输入法为例，使用搜狗输入法输入字母"U"，即可打开U模式。

小提示

在双拼模式下可按【Shift+U】组合键启动U模式。

（1）笔画输入

常用的汉字均可通过笔画来输入。如输入"烎"字的具体操作步骤如下。

步骤01 使用搜狗拼音输入法输入字母"U"，启动U模式，可以看到笔画对应的按键，如下图所示。

u | ㄅ丨丶丿乛一 | 9 打开手写输入
u'hspn(木) u'mu'mu(林) 更多例子...

步骤02 根据"烎"字的笔画依次输入"hhpsnppn"，即可看到显示的汉字及其拼音，按空格键，即可输入"烎"字，如下图所示。

u'hhpsnppn | ㄅ丨丶丿乛一 | 9 打开手写输入
烎(yin)

小提示

按键【H】代表横或提，按键【S】代表竖或竖钩，按键【P】代表撇，按键【N】代表点或捺，按键【Z】代表折。

（2）拆分输入

将一个汉字拆分成多个组成部分，在U模式下分别输入各部分的拼音，即可打出对应的汉字。例如输入"犇""肫""淦"的方法分别如下。

步骤01 "犇"字可以拆分为3个"牛（niu）"，因此使用搜狗拼音输入法输入"u'niu'niu'niu"（'符号起分割作用，不用输入），即可显示"犇"字及其拼音，按空格键即可输入，如右上图所示。

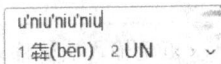

u'niu'niu'niu
1 犇(bēn) 2 UN

步骤02 "肫"字可以拆分为"月（yue）"和"屯（tun）"，使用搜狗拼音输入法输入"u'yue'tun"（'符号起分割作用，不用输入）。即可显示"肫"字及其拼音，按空格键即可输入，如下图所示。

u'yue'tun
1 肫(zhūn,chún) 2 胜(zàng,zāng)

步骤03 "淦"字可以拆分为"氵（shui）"和"亮（liang）"，使用搜狗拼音输入法输入"u'shui'liang"（'符号起分割作用，不用输入），即可显示"淦"字及其拼音，按数字键"2"即可输入，如下图所示。

u'shui'liang | 9 更多表情
1 浪(làng) 2 淦(liàng) 3 潐(jing,qing) 4 沟(jūn) 5

小提示

在搜狗拼音输入法为常见的偏旁都定义了拼音，如下表所示。

偏旁部首	输入	偏旁部首	输入
阝	fu	忄	xin
卩	jie	钅	jin
讠	yan	礻	shi
辶	chuo	弓	yin
丬	bing	氵	shui
宀	mian	冖	mi
扌	shou	犭	quan
纟	si	幺	yao
灬	huo	罒	wang

（3）笔画拆分混输

用户除了可以单独使用笔画和拆分的方法输入陌生汉字外，还可以使用笔画拆分混输的方法输入汉字。输入"绎"字的具体操作步骤如下。

"绎"字的左侧为"纟（si）"，则输入"u'si"（'符号起分割作用，不用输入），如右上图所示。

> usi 　　　　　　　　　9 更多特殊符号
> 1 using　2 幻(huàn)　3 允(yǔn)　4 勾(gōu,gòu)　5 √

"绎"字的右侧可按照笔画顺序，输入"znhhs"，即可看到要输入的汉字及其正确读音，如下图所示。

> u'si'znhhs
> 1 绎(yì)　2 us

5.5　实战——五笔打字

五笔输入法软件以王码公司开发的王码五笔输入法为主。到目前为止，王码五笔输入法经过了3次改版升级，分为86版五笔输入法、98版五笔输入法和18030版五笔输入法。

其中，86版五笔输入法的使用率占五笔输入法的85%以上。不同版本的五笔输入法除了字根的分布不同，拆字方式和使用方法是一样的。除了王码五笔输入法外，也有其他的五笔输入法软件，但它们的用法与王码五笔输入法大致相似。

5.5.1　五笔字根在键盘上的分布

五笔输入法的原理是从汉字中选出150多种常见的字根作为输入汉字的基本单位，例如把"别"字拆分为"口""力""刂"，并将其分配到键盘上的K、L、J键上，输入"别"字时，把"别"字的字根按照书写顺序输入即可。

学习五笔输入法，需要掌握键盘上的编码字根、字根的定义及英文字母键，这是学习五笔输入法的关键。

1. 字根简介

由不同的笔画交叉连接而成的结构就叫作字根。字根可以是汉字的偏旁（如彳、氵、凵、廴、火），也可以是部首的一部分（如广、勹、厶），甚至是笔画（如一、丨、丿、丶、乛）。

五笔字根在键盘上的分布是有规律的，所以记住字根并不是很难的事情。

2. 字根在键盘上的分布

用键盘输入汉字是通过手指击键来完成的，然而每个汉字或字根的使用频率不同，而10根手指的力度及灵活性又有很大区别，因此，五笔字型将各个键位的使用频度和手指的灵活性结合起来，把字根依代号从键盘中央向两侧按大小顺序排列，将使用频度高的字根集中在各区的中间位置，便于灵活性强的食指和中指操作。这样，键位更容易掌握，击键效率也更高。

五笔字根按照首笔笔画分为5类，各对应键盘上的一个区，每个区又分为5个位，位号从键盘中部向两端排列，共25个键位。其中【Z】键不用于定义字根，而是用于五笔字型的学习。各键位的代码既可以用区位号表示，也可以用英文字母表示。五笔字型中有130多种基本字根，分为5个区，每个区又分5个位，其分区情况如下页图所示。

1区：横起笔类，分为王（G）、土（F）、大（D）、木（S）、工（A）5个位。

2区：竖起笔类，分为目（H）、日（J）、口（K）、田（L）、山（M）5个位。

3区：撇起笔类，分为禾（T）、白（R）、月（E）、人（W）、金（Q）5个位。

4区：点、捺起笔类，分为言（Y）、立（U）、水（I）、火（O）、之（P）5个位。

5区：折起笔类，分为已（N）、子（B）、女（V）、又（C）、纟（X）5个位。

上面5个区中，没有给出每个键位对应的所有字根，只给出了键名字根，下图所示是86版五笔字根键位分布。

在五笔字根分布图的各个键面上有不同的符号，现以1区的【A】键为例进行介绍，如下图所示。

（1）键名字。每个键的左上角的主码元，都是构字能力很强，或者是有代表性的汉字，这个汉字就叫作键名字，简称"键名"。

（2）字根。字根是各键上代表某种汉字结构特征的笔画结构，如戈、七、艹等。

（3）同位字根。同位字根也称为辅助字根，它与主字根是"一家人"，或者是不太常用的笔画结构。

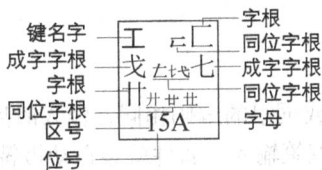

5.5.2 巧记五笔字根

上面的五笔字根分布图给出了86版每个键对应的笔画、键名和基本字根。为了方便用户记忆，王码公司为每一区的码元编写了一首"助记词"，其中括号内的为注释内容。记忆字根时不必死记硬背，最好是通过理解来记住字根。

11 王旁青头戋（兼）五一（兼、戋同音）。

12 土士二干十寸雨。

13 大犬三羊（羊）古石厂。

14 木丁西。

15 工戈草头右框（匚）七。

21 目具上止卜虎皮，（"具上"指"且"）

22 日早两竖与虫依。

23 口与川，字根稀，

24 田甲方框四车力。（"方框"即"囗"）

25 山由贝，下框几。

31 禾竹一撇双人立（"双人立"即"彳"），反文条头共三一（"条头"即"夂"）。

32 白手看头三二斤（"看头"即"手"）。

33 月彡（衫）乃用家衣底（即"豕、衣"）。

34 人和八，三四里（在34区）。

35 金（钅）勹缺点（勹）无尾鱼（），犬旁留叉儿（乂）一点夕（指"夕"），氏无七（妻）（"氏"去掉"七"为"厂"）。

41 言文方广在四一，高头一捺谁人去（高头"亠"，"谁"去"亻"即是"讠主"）。

42 立辛两点六门疒。

43 水旁兴头小倒立。

44 火业头（业），四点（灬）米。

45 之字军盖建道底（即"之、宀、冖、廴、辶"），摘礻（示）衤（衣）衤。

51 已半巳满不出己，左框折尸心和羽（"左框"即"ヨ"）。

52 子耳了也框向上（"框向上"即"凵"）。

53 女刀九臼山朝西（"山朝西"即"彐"）。

54 又巴马，丢矢矣（"矣"去"矢"为"厶"）。

55 慈母无心弓和匕（"母无心"即"口"），幼无力（"幼"去"力"为"幺"）。

5.5.3 灵活输入汉字

五笔输入法最大的优点就是重码少，但并非没有重码。重码是指汉字的编码相同。在五笔输入法中，还有用来为对键盘字根不熟悉的用户提供帮助的万能键【Z】。下面将介绍重码与万能键的使用方法。

1. 输入重码汉字

在五笔输入法中，有许多汉字或词组的编码相同，输入时用户就需要进行特殊选择。在输入汉字的过程中，若出现了重码字，五笔输入法软件就会自动报警，发出提示音。

五笔输入法对重码字按其使用频率进行了分级处理，输入重码字的编码时，各个重码字同时显示在侯选框中，较常用的字一般排在前面。

如果需要的字排在第一位，按空格键后，这个字就会自动输入到编辑位置，输入时就像没有重码一样，输入速度完全不受影响；如果第一个字不是所需要的，则需要根据它的位置号按数字键，使它输入到编辑位置。

例如，"去""云""支"等字，输入编码"FCU"都会显示，按其常用顺序排列，如果需要输入"去"字，按空格后可直接输入下文；如果需要输入"云"和"支"等字，则根据其前面的位置号按相应的数字键即可，如下页图所示。

```
fcu                                    ◀▶
1.去  2.云  3.支  4.运送d  5.支部k
```

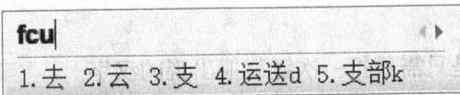

又如下图所示。

输入"IYJH"时，"济"和"浏"重码

```
iyjh                        ◀▶
1.济  2.流畅  3.浏
```

输入"FKUK"时，"喜"和"嘉"重码

```
fkuk                        ◀▶
1.喜  2.嘉
```

输入"FGHY"时，"雨"和"寸"重码

```
fghy                   ◀▶
1.雨  2.寸
```

输入"TFJ"时，"午"和"竿"重码

```
tfj                                  ◀▶
1.午  2.竿  3.待遇m  4.先是g  5.千里f
```

2.【Z】键的妙用

在使用五笔输入法输入汉字时，如果忘记了某个字根所在的键或不知道汉字的末笔识别码，可用万能键【Z】来代替，它可以代替任何一个键。

为了便于理解，下面举例说明万能键【Z】的使用方法。

例如，要"虽"字，输入完字根"口"之后，不记得"虫"的键位是哪个，就可以直接按【Z】键，如下图所示。

```
kz                                        ◀▶
1.叶f  2.呈g  3.中h  4.吵i  5.虽j
```

在候选框中，可以看到"虽"字的字根"虫"在【J】键上，根据位置号按相应的数字键，即可输入该字。

接着按照正确的编码再次进行输入，以加深记忆，如下图所示。

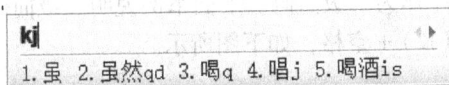

```
kj                                        ◀▶
1.虽  2.虽然qd  3.喝q  4.唱j  5.喝酒is
```

> **■■ 小提示**
> 在使用万能键时，如果在候选框中未找到准备输入的汉字，可以按【+】键或【Page Down】键向后翻页，按【-】键或【Page Up】键向前翻页进行查找，由于使用【Z】键输入重码率高，会影响打字的速度，所以用户尽量不要依赖【Z】键。

5.5.4 简码的输入

为了充分利用键盘资源，提高汉字输入速度，五笔输入法还将一些最常用的汉字设为简码，只要击一键、两键或三键，再加一个空格键就可以输入汉字。

1. 一级简码的输入

一级简码，顾名思义就是只需敲打一次键就能出现的汉字。

五笔输入法根据每一个键位的特征，在5个区的25个键位（【Z】为万能键）上分别安排了一个使用频率最高的汉字，称为一级简码，即高频字，如下图所示。

我 Q35	人 W34	有 E33	的 R32	和 T31	主 Y41	产 U42	不 I43	为 O44	这 P45
工 A15	要 S14	在 D13	地 F12	一 G11	上 H21	是 J22	中 K23	国 L24	
Z	经 X55	以 C54	发 V53	了 B52	民 N51	同 M25	< ，		

一级简码的输入方法：简码汉字所在键+空格键。

例如，当我们输入"要"字时，只需要按一次一级简码所在键【S】，即可在输入法的候选框中看到要输入的"要"字，如下图所示。

```
s                                    ◄ ►
1.要  2.木  3.可以kny  4.可k  5.要求vfi
```

一级简码的出现大大提高了五笔输入法的输入速度，对用户学习五笔输入法也有极大的帮助。如果没有熟记一级简码对应的汉字，输入速度将相当缓慢。

> **小提示**
>
> 当某些字中含有一级简码时，输入一级简码的方法为一级简码=首笔字根+次笔字根，如地= 土（F）+也（B）、和=禾（T）+口（K）、要=西（S）+女（V）、中=口（K）+丨（H）等。

2. 二级简码的输入

二级简码就是只需敲打两次键就能出现的汉字。它是由前两个字根的键码作为编码，输入时只输入前两个字根，再按空格键即可。但是，并不是所有的汉字都能用二级简码来输入，五笔输入法将一些使用频率较高的汉字作为二级简码。下面举例说明二级简码的输入方法。

例如，如= 女（V）+口（K）+空格，如下图所示。

```
vk                                   ◄ ►
1.如  2.如果js  3.如何ws  4.如此hx  5.如下gh
```

输入前两个字根，再按空格键即可输入。

同样，暗= 日（J）+立（U）+空格；

果= 日（J）+木(S)+空格；

炽= 火（O）+口（K）+空格；

蝗= 虫（J）+白（R）+空格等。

二级简码是由25个键位的代码排列组合而成的，共25×25个，去掉一些空字，二级简码有600多个。二级简码的输入方法为：第1个字根所在键+第2个字根所在键+空格键。二级简码表如下页表所示。

位号	区号	11~15 GFDSA	21~25 HJKLM	31~35 TREWQ	41~45 YUIOP	51~55 NBVCX
11	G	五于天末开	下理事画现	玫珠表珍列	玉平不来	与屯妻到互
12	F	二寺城霜载	直进吉协南	才垢圾夫无	坟增示赤过	志地雪支
13	D	三夯大厅左	丰百右历面	帮原胡春克	太磁砂灰达	成顾肆友龙
14	S	本村枯林械	相查可楞机	格析极检构	术样档杰棕	杨李要权楷
15	A	七革基苛式	牙划或功贡	攻匠菜共区	芳燕东芝	世节切芭药
21	H	睛睦睚盯虎	止旧占卤贞	睡睥肯具餐	眩瞳步眯瞎	卢 眼皮此
22	J	量时晨果虹	早昌蝇曙遇	昨蝗明蛤晚	景暗晃显晕	电最归紧昆
23	K	呈叶顺呆呀	中虽吕另员	呼听吸只史	嘛啼吵噗喧	叫啊哪吧哟
24	L	车轩因困轼	四辊加男轴	力斩胃办罗	罚较 辘边	思团轨轻累
25	M	同财央朵曲	由则 崭册	几贩骨内风	凡赠峭赕迪	岂邮 凤嶷
31	T	生行知条长	处得各务向	笔物秀答称	入科秒秋管	秘季委么第
32	R	后持拓打找	年提扣押抽	手白扔失换	扩拉朱搂近	所报扫反批
33	E	且肝须采肛	胩肿肋肌	用遥朋脸胸	及胶膛膦爱	甩服妥肥脂
34	W	全会估休代	个介保佃仙	作伯仍从你	信们偿伙	亿他分公化
35	Q	钱针然钉氏	外旬名甸负	儿铁角欠多	久匀乐炙锭	包凶争色
41	Y	主计庆订度	让刘训为高	放诉衣认义	方说就变这	记离良充率
42	U	闰半关亲并	站间部曾商	产辨前闪交	六立冰普帝	决闻妆冯北
43	I	汪法尖洒江	小浊澡渐没	少泊肖兴光	注洋水淡学	沁池当汉涨
44	O	业灶类灯煤	粘烛炽烟灿	烽煌粗粉炮	米料炒炎迷	断籽娄烃糨
45	P	定守害宁宽	寂审宫军宙	客宾家空宛	社实宵灾之	官字安 它
51	N	怀导居 民	收慢避惭届	必怕 愉懈	心习悄屡忱	忆敢恨怪尼
52	B	卫际承阿陈	耻阳职阵出	降孤阴队隐	防联孙耿辽	也子限取陛
53	V	姨寻姑杂毁	叟旭如舅妯	九 奶 婚	妨嫌录灵巡	刀好妇妈姆
54	C	骊对参骠戏	骒台劝观	矣牟能难允	驻 驼	马邓艰双
55	X	线结顷 红	引旨强细纲	张绵级给约	纺弱纱继综	纪弛绿经比

小提示

虽然一级简码输入速度快，但毕竟只有25个，真正能提高五笔输入速度的是这600多个二级简码；二级简码较多，光靠记忆并不容易，只能在平时多加注意与练习，日积月累慢慢就会记住，从而大大提高输入速度。

3.三级简码的输入

三级简码以单字全码中的前3个字根作为编码。

在所有的简码中，三级简码较多，输入三级简码字也需击键4次（含空格键），3个简码与全码的前三者相同，但用空格代替了末字根或末笔识别码。即三级简码的输入方法为：第1个字根所在键+第2个字根所在键+第3个字根所在键+空格键。由于三级简码省略了最后一个字根和末笔识别码的判定，可显著提高输入速度。

三级简码数量众多，大约有4400多个，故在此就不再一一列举。下面只举例说明三级简码的输入，以帮助用户学习。

例如，模=木（S）+艹（A）+日（J）+空格，如下图所示。

```
saj
1.模  2.横竖c  3.横七竖八w  4.横景a
```

同样，隔= 阝（B）+一（G）+口（K）+空格；
输= 车（L）+人（W）+一（G）+空格；
蓉= 艹（A）+宀（P）+八（W）+空格；
措= 扌（R）+艹（A）+日（J）+空格；
修= 亻（W）+丨（H）+夂（T）+空格等。

5.5.5 输入词组

五笔输入法不仅可以输入单个汉字，而且还提供了大规模的词组数据库，使输入更加快速。用好词组输入是提高五笔输入速度的关键。

五笔输入法中，词组按字数分为二字词组、三字词组、四字词组和多字词组4种，但不论哪一种词组，其编码构成数目都为四码。因此采用词组的方式输入汉字会比单个输入汉字快得多。本小节将介绍五笔输入法中词组的输入。

1. 输入二字词组

二字词组的输入方法为：分别取单字的前2个字根代码，即第1个汉字的第1个字根所在键+第1个汉字的第2个字根所在键+第2个汉字的第1个字根所在键+第2个汉字的第2个字根所在键。下面举例说明二字词组的输入方法。

例如，汉字= 氵（I）+又（C）+宀（P）+子（B），如下图所示。

```
icp
1.治安v  2.汉字b  3.治军1  4.治家e  5.泽被u
```

下表展示的是部分二字词组的编码。

词组	第1个字根	第2个字根	第3个字根	第4个字根	编码
	第1个汉字的第1个字根	第1个汉字的第2个字根	第2个汉字的第1个字根	第2个汉字的第2个字根	
词组	讠	乙	纟	月	YNXE

续表

词组	第1个字根 第1个汉字的 第1个字根	第2个字根 第1个汉字的 第2个字根	第3个字根 第2个汉字的第1 个字根	第4个字根 第2个汉字的第 2个字根	编码
机器	木	几	口	口	SMKK
代码	亻	弋	石	马	WADC
输入	车	人	丿	、	LWTY
多少	夕	夕	小	丿	QQIT
方法	方	、	氵	土	YYIF
字根	宀	子	木	ヨ	PBSV
编码	纟	、	石	马	XYDC
中国	口	丨	囗	王	KHLG
你好	亻	勹	女	子	WQVB
家庭	宀	豕	广	丿	PEYT
帮助	三	丿	月	一	DTEG

二字词组在汉语词汇中占有的比重较大，熟练掌握其输入方法可有效地提高五笔输入的速度。

小提示

在拆分二字词组时，如果词组中包含有一级简码的独体字或键名字，连续按两次该汉字所在键即可；如果一级简码非独体字，则按照键外字的拆分方法进行拆分即可；如果包含成字字根，则按照成字字根的拆分方法进行拆分。

2. 输入三字词组

三字词组就是构成词组的汉字个数有3个。三字词组的取码规则为：前两字各取第一码，后一字取前两码，即第1个汉字的第1个字根+第2个汉字的第1个字根+第3个汉字的第1个字根+第3个汉字的第2个字根。下面举例说明三字词组的输入方法。

例如，计算机=讠（Y）+ 𥫗（T）+ 木（S）+ 几（M），如下图所示。

> yts
> 1.计算机m 2.放松w 3.许可k 4.旗杆f 5.放权c

下表展示的是部分三字词组的编码规则。

词组	第1个字根 第1个汉字的第 1个字根	第2个字根 第2个汉字的第 1个字根	第3个字根 第3个汉字的第 1个字根	第4个字根 第3个汉字的第 2个字根	编码
瞧不起	目	一	土		HGFH
奥运会	丿	二	人	二	TFWF
平均值	一	土	亻	十	GFWF

词组	第1个字根 第1个汉字的第1个字根	第2个字根 第2个汉字的第1个字根	第3个字根 第3个汉字的第1个字根	第4个字根 第3个汉字的第2个字根	编码
运动员	二	二	口	贝	FFKM
共产党	卄	立	⺌	一	AUIP
飞行员	乙	彳	口	贝	NTKM
电视机	日	礻	木	几	JPSM
动物园	二	丿	口	二	FTLF
摄影师	扌	日	刂	一	RJJG
董事长	卄	一	丿	七	AGTA
联合国	耳	人	口	王	BWLG
操作员	扌	亻	口	贝	RWKM

　　三字词组在汉语词汇中占有的比重也很大，其输入速度大约为单个汉字输入速度的3倍，因此可以有效地提高输入速度。

> **小提示**
>
> 　　在拆分三字词组时，如果词组中包含有一级简码的独体字或键名字，只需选取该字所在键即可；如果该汉字是独体字又在词组末尾，则按其所在的键两次作为该词的第三码和第四码；若包含成字字根，则按照成字字根的拆分方法拆分即可。

3. 输入四字词组

　　四字词组在汉语词汇中同样占有一定的比重，其输入速度约为单个汉字输入速度的4倍，因而熟练掌握四字词组的编码对于提高五笔输入速度相当重要。

　　四字词组的编码规则为取每个单字的第一码，即第1个汉字的第1个字根+第2个汉字的第1个字根+第3个汉字的第1个字根+第4个汉字的第1个字根。下面举例说明四字词组的输入方法。

　　例如，前程似锦=丷（U）+禾（T）+亻（W）+钅（Q），如下图所示。

utw
1.首位u　2.首个h　3.产值f　4.首创b　5.首领y

　　下表展示的是部分四字词组的编码规则。

词组	第1个字根 第1个汉字的第1个字根	第2个字根 第2个汉字的第1个字根	第3个字根 第3个汉字的第1个字根	第4个字根 第4个汉字的第1个字根	编码
青山绿水	主	山	纟	水	GMXI
势如破竹	扌	女	石	竹	RVDT

续表

词组	第1个字根 第1个汉字的 第1个字根	第2个字根 第2个汉字的 第1个字根	第3个字根 第3个汉字的 第1个字根	第4个字根 第4个汉字的 第1个字根	编码
天涯海角	一	氵	氵	ク	GIIQ
三心二意	三	心	二	立	DNFU
熟能生巧	亠	厶	丿	工	YCTA
釜底抽薪	八	广	扌	艹	WYRA
刻舟求剑	亠	丿	十	人	YTFW
万事如意	厂	一	女	立	DGVU
当机立断	丷	木	立	米	ISUO
明知故犯	日	匚	古	犭	JTDQ
惊天动地	忄	一	二	土	NGFF
高瞻远瞩	亠	目	二	目	YHFH

小提示

在拆分四字词组时，词组中如果包含有一级简码的独体字或键名字，只需选取该字所在键即可；如果一级简码非独体字，则按照键外字的拆分方法拆分即可；若包含成字字根，则按照成字字根的拆分方法拆分即可。

4. 输入多字词组

多字词组是指由4个以上的字组成的词组。能通过五笔输入法输入的多字词组并不多见，一般在使用率特别高的情况下才能够完成输入，其输入速度非常快。

多字词组的输入同样也是取四码，其规则为取第一、二、三及末字的第一码，即第1个汉字的第1个字根+第2个汉字的第1个字根+第3个汉字的第1个字根+末尾汉字的第1个字根。下面举例来说明多字词组的输入方法。

例如，中华人民共和国=口（K）+亻（W）+人（W）+囗（L），如下图所示。

kwww

1.唑 2.只会f 3.中华人民共和国1 4.哈佛x 5.只做d

下表展示的是部分多字词组的编码规则。

词组	第1个字根 第1个汉字的 第1个字根	第2个字根 第2个汉字的 第1个字根	第3个字根 第3个汉字的 第1个字根	第4个字根 第末个汉字的 第1个字根	编码
中国人民解放军	口	囗	人	一	KLWP

续表

词组	第1个字根	第2个字根	第3个字根	第4个字根	编码
	第1个汉字的第1个字根	第2个汉字的第1个字根	第3个汉字的第1个字根	第末个汉字的第1个字根	
百闻不如一见	一	门	一	几	DUGM
中央人民广播电台	口	冂	人	厶	KMWC
不识庐山真面目	一	讠	广	目	GYYH
但愿人长久	亻	厂	人	夕	WDWQ
心有灵犀一点通	心	ナ	ヨ	マ	NDVC
广西壮族自治区	广	西	丬	匚	YSUA
天涯何处无芳草	一	氵	亻	艹	GIWA
唯恐天下不乱	口	工	一	丿	KADT
不管三七二十一	一	竹	三	一	GTDG

小提示

在拆分多字词组时，词组中如果包含有一级简码的独体字或键名字，只需选取该字所在键即可；如果一级简码非独体字，则按照键外字的拆分方法拆分即可；若包含成字字根，则按照成字字根的拆分方法拆分即可。

5. 手工造词

五笔输入法的词库中，只包含了最常用的一些词组，如果用户经常用到某个词组，那么可以把该词组添加到词库中。

例如，要把"床前明月光"添加到词库中，那么可以先复制这5个字，然后右击五笔输入法的状态条，在弹出的快捷菜单中单击【手工造词】选项，打开【手工造词】对话框，然后把"床前明月光"粘贴到【词语】文本框中，此时【外码】文本框中就会自动填上相应的编码。单击【添加】按钮后，再单击【关闭】按钮退出【手工造词】对话框即可。

高手私房菜

技巧1：单字的五笔字根编码歌诀

通过前面的介绍，五笔打字我们已经学得差不多了，相信大家也有不少心得。本书总结了如下的单字的五笔字根编码歌诀。

五笔字型均直观，依照笔顺把码编；

键名汉字打四下，基本字根请照搬；

一二三末取四码，顺序拆分大优先；

不足四码要注意，交叉识别补后边。

此歌诀中不仅包含了五笔打字的拆分原则，还包含了五笔打字的输入规则。

（1）"依照笔顺把码编"说明取码要依照从左到右、从上到下、从外到内的书写顺序。

（2）"键名汉字打四下"说明了25个"键名汉字"的输入规则。

（3）"一二三末取四码"说明字根数为4个或大于4个时，按一、二、三、末字根顺序取四码。

（4）"不足四码要注意，交叉识别补后边"说明不足4个字根时，打完字根识别码后，补交叉识别码于尾部。此种情况下，码长为3个或4个。

（5）"基本字根请照搬"和"顺序拆分大优先"是拆分原则，就是说在拆分中以基本字根为单位，并且在拆分时"大优先"，尽可能先拆出笔画最多的字根，或者说拆分出的字根数要尽量少。

总之，在拆分汉字时，一般情况下应当保证每次拆出最大的基本字根；如果拆出的字根数目相同，"散"比"连"优先，"连"比"交"优先。

技巧2：造词

造词工具用于管理和维护自造词词典及自学习词表，用户可以对自造词的词条进行编辑和删除、设置快捷键、导入或导出到文本文件等。在QQ拼音输入法中定义用户词和自定义短语的具体操作步骤如下。

步骤01 在QQ拼音输入法中下按【I】键，启动i模式，按功能键区的数字【7】，如下图所示。

步骤02 弹出【QQ拼音造词工具】对话框，单击【用户词】选项卡。如果经常使用"扇淀"这个词，可以在【新词】文本框中输入该词，并单击【保存】按钮，如右上图所示。

步骤03 此时，输入拼音"shandian"，即可在候选框中找到设置的新词"扇淀"，如下图所示。

步骤04 选择【自定义短语】选项卡，在【自定义短语】文本框中输入"吃葡萄不吐葡萄皮"，在【缩写】文本框中设置缩写，例如输入"cpb"，单击【保存】按钮，如下页图所示。

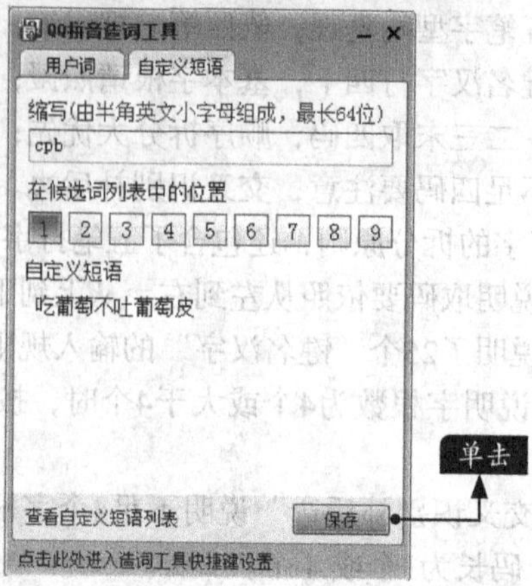

QQ拼音造词工具

用户词　自定义短语

缩写(由半角英文小字母组成，最长64位)

cpb

在候选词列表中的位置

1 2 3 4 5 6 7 8 9

自定义短语

吃葡萄不吐葡萄皮

单击

查看自定义短语列表　　保存

点击此处进入造词工具快捷键设置

步骤 05 输入拼音"cpb"，即可在第一个位置上找到设置的新短语，如下图所示。

cpb

1.吃葡萄不吐葡萄皮　2.此排版　3.测评表　4.磁屏蔽　5.词频表

第6章

电脑网络的连接

网络影响着人们生活和工作的方式，通过网络，我们可以和万里之外的人交流。上网的方式是多种多样的，如光纤入户上网、小区宽带上网、PLC上网等。它们的效果是有差异的，用户可以根据自己的实际情况来选择不同的上网方式。

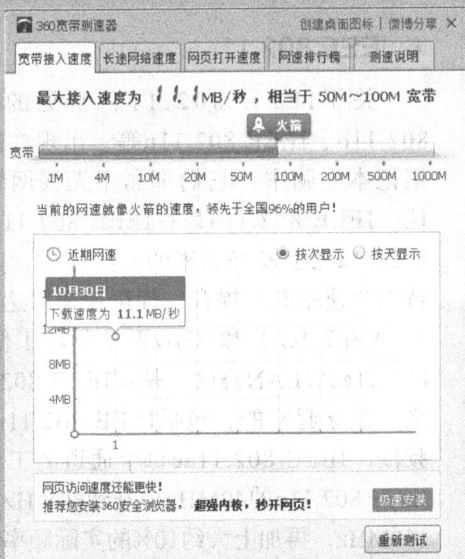

6.1 网络连接的常见名词

在接触网络连接时，我们总会碰到许多英文缩写或不太容易理解的名词，如4G、5G、Wi-Fi、光猫等。

1. 4G

4G（第四代移动通信技术）与3G都属于无线通信的范畴，但4G采用的技术和传输速度更胜一筹。4G的信息传输速度可以达到100Mbit/s，是3G传输速度的50倍，能给人们的沟通带来更大的便利。

2. 5G

5G是第五代移动通信技术，理论传输速度可达10Gbit/s，比4G的传输速度快百倍，这意味着用户可以在不到1秒的时间就完成一部超高画质电影的下载。5G的推出，不但给用户带来超快的网速，而且以其延迟较低的优势，今后将广泛应用于物联网、远程驾驶、汽车自动驾驶、远程医疗手术及工业智能控制等方面。目前，5G已在部分城市普及，随着时间的推移，其普及率将更高。

3. 光猫

Modem俗称"猫"，即调制解调器，在网络连接中，它扮演着信号翻译员的角色，负责将数字信号转换成模拟信号，让信号可以在线路上传输，是早期ADSL联网的必备设备。随着宽带升级，调制设备为了适应更高的带宽，变为光Modem，也就是光调制解调器，常被称为"光猫"，承担着将光信号转换成数字信号的任务，这样我们才能上网。因此，对于安装光纤宽带的家庭，光猫是必备的设备。

4. 带宽

在网络通信中，带宽是指在单位时间（一般指的是1秒）内能传输的数据量。在日常描述中常常把bit/s省略，如带宽是"100M"，完整描述是100Mbit/s（兆比特每秒）。如果要计算"100M"带宽每秒最大可以下载"多少MB"的文件，其结果为100Mb/8=12.8MB。也就是说，在网络运营商开通多少M的带宽，除以8，可计算出该网络最高的下载速度。

5. WLAN和Wi-Fi

常常有人把这两个名词混淆，以为是一个意思，其实二者是有区别的。WLAN（Wireless Local Area Network，无线局域网络）是利用射频技术进行数据传输的，可弥补有线局域网的不足，达到网络延伸的目的。Wi-Fi（Wireless Fidelity，无线保真）是基于IEEE 802.11系列标准的无线网络通信技术，目的是改善基于IEEE 802.11标准的无线网络产品之间的互通性，简单来说就是通过无线电波实现无线联网的目的。

二者的联系是Wi-Fi包含于WLAN中，只是发射的信号和覆盖的范围不同。一般Wi-Fi的覆盖半径仅90m左右，而WLAN的最大覆盖半径可达5000m。

6. IEEE 802.11

关于IEEE 802.11，常见的有IEEE 802.11b、IEEE 802.11n等，出现在路由器、笔记本电脑中，它们都属于无线网络标准协议。IEEE 802.11n是在IEEE 802.11g和IEEE 802.11a之上发展起来的一项技术，其最大的特点是速率有所提升，理论速率可达600Mbit/s，可在2.4GHz和5GHz两个频段工作。IEEE 802.11acWLAN协议，是在IEEE 802.11n标准之上建立起来的，包括IEEE 802.11n的5GHz频段。IEEE 802.11ac每个通道的工作频宽由IEEE 802.11n的40MHz提升到80MHz，甚至是160MHz，再加上大约10%的实际频率调制效率的提升，最终理论传输速率将由IEEE 802.11n最高的600Mbit/s跃升至1Gbit/s。

随着IEEE 802.11ax标准协议的推出，无线网络的传输速度将进一步提升。IEEE 802.11ax也称"Wi-Fi 6"，可以通过5GHz频段传输，是IEEE 802.11ac的升级版，而且支持更多联网设备的接入，对于人口密集的环境，如大学校园、商场、公司、体育场等具有较大意义。目前，支持IEEE 802.11ax的无线终端设备已基本普及，覆盖手机、无线路由器、智能设备终端等。

在2022年，Wi-Fi 7的解决方案与产品已陆续推出，在传统2.4GHz和5GHz两个频段基础上，新增支持6GHz频段，并且三个频段能同时工作，最大传输速率可达30Gbit/s，可以为用户带来更加流畅、快速的传输体验。不过，Wi-Fi 7要正式商用还需要一段时间，届时用户就可以体验了。

IEEE 802.11协议的对比，如下表所示。

IEEE 802.11协议	工作频段	最大传输速率
IEEE 802.11a	5GHz频段	54Mbit/s
IEEE 802.11b	2.4GHz频段	11Mbit/s
IEEE 802.11g	2.4GHz频段	54Mbit/s和108Mbit/s
IEEE 802.11n	2.4GHz或5GHz频段	600Mbit/s
IEEE 802.11ac	2.4GHz或5GHz频段	1Gbit/s
IEEE 802.11ad	2.4GHz、5GHz和60GHz频段	7Gbit/s
IEEE 802.11ax	2.4GHz或5GHz频段	9.6Gbit/s
IEEE 802.11ae	2.4GHz、5GHz或6GHz频段	30Gbit/s

6.2 实战——电脑连接上网的方式及配置方法

上网的方式多种多样，主要包括光纤入户上网、小区宽带上网、PLC上网等，不同的上网方式给用户带来的网络体验也不尽相同，本节主要介绍有线网络的设置。

6.2.1 光纤入户上网

光纤入户是目前最常见的家庭上网方式之一，联通、电信和移动的宽带网络都是采用光纤入户的形式，用户配合千兆光猫，即可使用光纤上网，速度达百兆至千兆，拥有速度快、掉线少的优点。

1. 开通业务

常见的宽带服务商有电信、联通及移动，申请开通宽带上网业务一般可以采用两条途径。一种是携带有效证件（个人用户携带身份证，单位用户携带公章），直接到当地营业厅申请；另一种是登录宽带服务商的官方网站或App，进行在线申请。申请开通宽带上网业务后，当地宽带服务提供商的员工会主动上门安装光猫，做好上网设置，安装网络拨号程序，并设置上网客户端。

> **小提示**
>
> 用户申请后会获得一组账号和密码；有的宽带服务提供商会提供光猫，有的则不提供，用户需要自行购买。

2. 电脑端配置

如果家里没有路由器，用户希望使用电脑直接拨号上网，则可以采用以下方法。

步骤 01 按【Windows+I】组合键，打开【设

置】面板，单击【网络&Internet】→【拨号】选项，如下图所示。

步骤 02 进入【拨号】界面，单击【宽带连接】下的【连接】按钮，如下图所示。

小提示

如果没有【宽带连接】选项，可以单击【设置新连接】选项，进行新建。

步骤 03 在弹出的【登录】对话框中，在【用户名】和【密码】文本框中输入宽带服务提供商提供的账号和密码，单击【确定】按钮，如下图所示。

步骤 04 宽带连接完成后即可看到【网络&Internet】界面中显示有"已连接"字样，如下图所示。

步骤 05 打开网页测试网络，打开Microsoft Edge浏览器，进入浏览器主页，如下图所示。

步骤 06 在百度页面，单击顶部的任意超链接，进一步验证网络连接情况，如单击【贴吧】超链接，打开【百度贴吧】页面，表示网络连接正常，如下图所示。

6.2.2 小区宽带上网

小区宽带一般指的是光纤接到小区，也就是LAN，使用大型交换机分配网线给各户，不需要使用ADSL Modem设备，配有网卡的电脑即可连接上网。整个小区共用一根光纤，在用户不多的时候速度非常快。这是大中型城市目前较普遍的一种宽带接入方式，有多家公司提供此类宽带接入方式，如联通、电信和长城宽带等。

1. 开通业务

小区宽带上网的申请比较简单，用户携带自己的有效证件和本机的物理地址到负责小区宽带业务的服务商处申请即可。

2. 设备的安装与设置

申请开通小区宽带业务后，服务商会安排工作人员上门安装。不同的服务商会提供不同的上网信息，有的会提供账号和密码，有的会提供IP地址、子网掩码及DNS服务器地址，也有的会提供MAC地址。

3. 电脑端配置

小区宽带上网方式不同，其设置也不尽相同。下面讲解不同的小区宽带上网方式。

（1）使用账号和密码

如果服务商提供上网账号和密码，用户只需将服务商接入的网线连接到电脑上，在【登录】对话框中输入用户名和密码，单击【确定】按钮即可连接上网，如下图所示。

（2）使用IP地址上网

如果服务商提供IP地址、子网掩码及DNS服务器地址，用户需要在本地连接中设置Internet（TCP/IP）协议，具体步骤如下。

步骤 01 用网线将电脑的以太网接口和小区的网络接口连接起来，然后右击【网络】图标，在弹出的快捷菜单中单击【网络和Internet设置】选项，如右上图所示。

步骤 02 打开【网络&Internet】界面，单击【高级网络设置】选项，如下图所示。

步骤 03 进入【高级网络设置】界面，单击【更多网络适配器选项】选项，如下图所示。

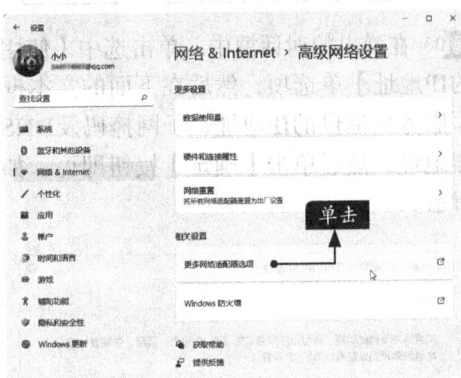

步骤 04 弹出【网络连接】窗口，右击【以太网】图标，在弹出的快捷菜单中单击【属性】选项，如下图所示。

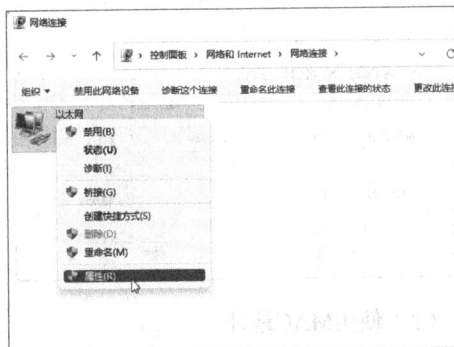

步骤 05 弹出【以太网 属性】对话框，单击选中【Internet协议版本4（TCP/IPv4）】选项，单击【属性】按钮，如下图所示。

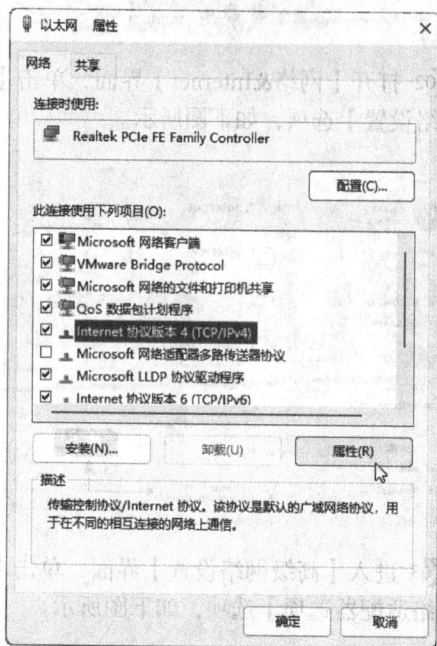

步骤 06 在弹出的对话框中，单击选中【使用下面的IP地址】单选项，然后在下面的文本框中填写服务商提供的IP地址、子网掩码及DNS服务器地址，然后单击【确定】按钮即可，如下图所示。

（3）使用MAC地址

如果服务商提供MAC地址，用户可以根据

以下步骤进行设置。

步骤 01 打开【以太网 属性】对话框，单击【配置】按钮，如下图所示。

步骤 02 在弹出的对话框中单击【高级】选项卡，在列表中选择【Network Address】选项，在右侧【值】文本框中输入12位MAC地址，单击【确定】按钮即可，如下图所示。

6.3 实战——组建无线局域网

随着笔记本电脑、手机、平板电脑等设备的日益普及和发展，有线网络已不能满足人们工作和生活的需要。无线局域网不需要网线就可以将几台设备连接在一起，以其高速的传输能力、方便性及灵活性，得到广泛应用。

6.3.1 准备工作

无线局域网目前应用最多的是无线电波传播，覆盖范围广、应用也较广泛。其在组建中最重要的设备就是无线路由器和无线网卡。

（1）无线路由器

路由器用于连接多个逻辑上分开的使用网络的设备，简单来说就是能使多个设备实现同时上网，且将其连接为一个局域网。

而无线路由器是指带有无线覆盖功能的路由器，可将宽带网络信号发送给周围的无线设备使用，如笔记本、手机、平板电脑等。

无线路由器的背面由若干端口和按键构成，通常包括WAN口、LAN口、电源接口和RESET（复位）键，如下图所示。

电源接口是路由器连接电源的接口。

RESET键，又称为复位键，如需将路由器重置为出厂设置，可长按该键。

WAN口是网线的接入口，用于接入从ADSL Modem连出的网线，小区宽带用户直接将网线插入该端口即可。

LAN口是连接局域网的端口，使用网线将该端口与电脑网络端口连接，即可实现电脑上网。

（2）无线网卡

无线网卡的作用、功能和普通电脑网卡类似，但其不通过有线方式连接，而是通过无线信号连接到局域网上的信号收发装备。在组建无线局域网时，使用无线网卡是为了保证台式机可以接收无线路由器发出的无线信号，如果电脑自带有无线网卡（如笔记本电脑），则不需要再添置无线网卡。

目前，无线网卡较为常用的接口有USB和PCI两种，如下图所示。

USB接口的无线网卡适用于台式机和笔记本电脑，即插即用、使用方便、价格低。

PCI接口的无线网卡主要适用于台式机，将其插入主板上的网卡槽内即可。PCI接口的无线网卡信号接收和传输范围广、传输速度快、使用寿命长、稳定性好。

用户在选择时，如果注重便捷性可以选择USB接口的无线网卡，如果注重使用效果和稳定性、使用寿命等，可以选择PCI接口的无线网卡。

（3）网线

网线是连接局域网的重要工具，在局域网中常见的网线有双绞线、同轴电缆、光缆3种，而使用最为广泛的是双绞线。

双绞线是由一对或多对绝缘铜导线组成的，为了降低信号传输中串扰及电磁干扰影响的程度，通常将这些线按一定的密度互相缠绕在一起。双绞线可传输模拟信号和数字信号，价格低、安装简单，所以得到了广泛的使用。

双绞线的一般使用方法就是和RJ45水晶头相连，如下图所示，然后接入电脑、路由器、交换机等设备中的RJ45接口。

小提示

RJ45接口也就是我们说的网卡接口，常见的RJ45接口有两类，即用于以太网网卡、路由器以太网接口等的DTE类型和用于交换机等的DCE类型，使用DTE类型的设备可以称作"数据终端设备"，使用DCE类型的设备可以称作"数据通信设备"；从某种意义来说，使用DTE类型的设备称为"主动通信设备"，使用DCE类型的设备称为"被动通信设备"。

通常，主要使用万用表和网线测试仪测试双绞线是否为通路，而使用网线测试仪是使用最方便、最普遍的方法，网线测试仪如下图所示。

测试双绞线是否为通路的方法，是将网线两端的水晶头分别插入网络测试仪的主机和分机的RJ45接口，如下图所示，然后将开关调制到"ON"位置（"ON"为快速测试，"S"为慢速测试，一般使用快速测试即可），此时观察亮灯的顺序，如果主机和分机的指示灯1~8逐一对应闪亮，则表明网线正常。

6.3.2 制作标准网线

将双绞线的绝缘皮剥掉后，可以看到有8根导线，两两缠绕，4根颜色较深的为橙色、蓝色、绿色和棕色，与之缠绕的线为对应的白橙、白蓝、白绿和白棕，如下图所示。在制作网线时，8种颜色的线如何排序也有一定的标准，本小节主要介绍如何制作标准网线。

如果已准备有合适的网线，6.3.2小节和6.3.3小节可以用于增加相关知识的了解，也可以直接进入6.3.4小节。

网线的布局标准规定了两种双绞线的线序，即T568A和T568B，如下表所示。

线序	1	2	3	4	5	6	7	8
T568A	白绿	绿	白橙	蓝	白蓝	橙	白棕	棕
T568B	白橙	橙	白绿	蓝	白蓝	绿	白棕	棕

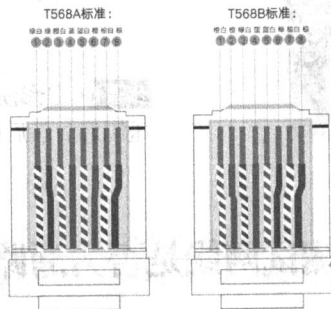

网线根据制作方法分类，分为交叉网线和直连网线。交叉网线一端遵循T568A标准，另一端遵循T568B标准；而直连网线两端都遵循T568A标准或T568B标准。交叉网线和直连网线的连接情况如下表所示。

采用线型	直连网线				交叉网线				
设备A	电脑	电脑	集线器	交换机	电脑1	集线器1	集线器	交换机1	路由器1
设备B	集线器	交换机	路由器	路由器	电脑2	集线器2	交换机	交换机2	路由器2

一根标准网线的具体制作步骤如下。

步骤 01 准备好网线、网线钳和水晶头，将网线放入网线钳的剥线孔中，剥线长度建议控制在1.5~2.5cm，不宜过短或过长，过短则影响排线，过长则浪费。慢慢转动网线和网线钳，将网线的绝缘皮割开，如下页图所示。

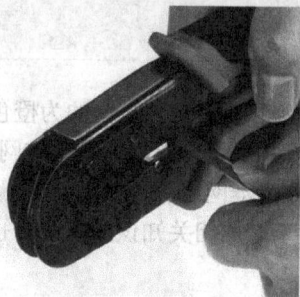

步骤 03 剪线完成后，左手捏住导线，确保排序正确。右手拿起准备好的水晶头，正面（有金属导片的一面）朝向自己，网线慢慢放入水晶头内，确保每根导线对应一个根脚，用力推导线，直至接触到水晶头末端。将水晶头放入网头压槽，注意一定要把水晶头放置到位（钳子的突出压片会正好对准每个铜片位置），然后右手压握网线钳，听到"咔"一声即表示卡口已经压下去，前面的铜片也会同时压下去，如下图所示。

步骤 02 确定好是采用T568A标准还是T568B标准的线序后，对8根导线进行排线，然后将参差不齐的导线剪整齐，一般建议保留1~1.5cm，如下图所示。

步骤 04 压线完成后，慢慢拿出水晶头，检查是否压制好。然后根据上述方法制作另一端即可。

6.3.3 使用网线测线仪测试网线是否为通路

打开网线测试仪的电源开关，将网线两端的水晶头分别插入主机和远程分机的RJ45接口，然后将开关调到"ON"（"ON"为快速测试，"S"为慢速测试，一般使用快速测试即可，"M"为手动挡），此时观察亮灯的顺序。

1. 交叉网线的测试

如果主机和远程分机的指示灯按照1—3、2—6、3—1、4—4、5—5、6—2、7—7、8—8、G—G的顺序逐个闪亮，则表明网线为通路。

2. 直连网线的测试

如果主机和远程分机的指示灯从1至G逐一顺序闪亮，则表明网线为通路，如下页图所示。

RJ45接口

RJ45接口

主机　　　　　　远程分机

在出现以下情况时，表示接线不正常。

（1）如果有一根网线断路，如2号线，则主机和远程分机的3号指示灯都不亮。

（2）如果有几根网线不通，则对应的指示灯都不亮。如果网线少于2根连通，指示灯都不亮。

（3）如果有2根网线短路，则主机的指示灯不亮，而远程分机短路的两根网线对应的指示灯亮。若有3根以上的网线短路，则所有短路的网线对应的指示灯都不亮。

（4）如果两头网线乱序，例如2号和4号线，则主机和远程分机的指示灯亮的顺序如下。

主机：1—2—3—4—5—6—7—8—G

远程分机：1—4—3—2—5—6—7—8—G

6.3.4　组建无线局域网的方法

组建无线局域网的方法如下。

1. 硬件搭建

在组建无线局域网之前，要将硬件设备搭建好。

首先，通过网线将电脑与路由器相连接，将网线一端接入电脑主机的网线接口内，另一端接入路由器任意一个LAN口内。

其次，通过网线将光猫与路由器相连，将网线一端接入光猫的LAN口内，另一端接入路由器的WAN口内。

不过，不同的无线光猫，其LAN接口会稍有区别，如有的LAN口仅支持连接电视，不支持连接路由器。部分光猫的LAN口有百兆和千兆之分，如果带宽为100兆以内，这两种接口都可接入，搭配百兆路由器即可；如果带宽为100兆以上，建议采用千兆路由器，并接入千兆LAN口，因为百兆路由器最大支持100兆带宽，即便带宽为300兆，采用百兆路由器的网速也仅相当于100兆带宽，而使用千兆路由器则可达到300兆带宽，其最大可支持1000兆带宽。正确接入LAN口并选择合适的路由器，可以有更好的上网体验。

最后，将路由器连接电源即可，此时即完成了硬件搭建工作，如下图所示。

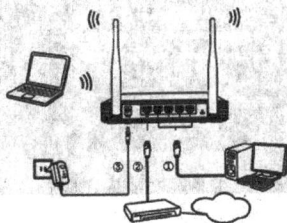

> **小提示**
>
> 　如果台式机要接入无线局域网，可安装无线网卡，插入网卡后将相应的驱动程序安装在电脑上即可。

2. 路由器设置

路由器设置主要指在电脑或便携设备端，为路由器配置上网账号，设置无线局域网名称、密码等信息。

下面以台式机为例，使用小米的路由器，在Windows 11下使用Microsoft Edge浏览器，具体步骤如下。

步骤 01 完成硬件搭建后，启动与路由器连接的电脑，打开Microsoft Edge浏览器，在地址栏中输入"192.168.31.1"，按【Enter】键进入路由器管理页面，单击【马上体验】按钮，如下图所示。

小提示

不同路由器的配置地址不同，可以在路由器的背面或说明书中找到对应的配置地址、用户名和密码。部分路由器在浏览器中输入配置地址后，会弹出对话框，要求输入用户名和密码，这些可以在路由器的背面或说明书中找到，输入即可。用户名和密码可以在路由器设置页面修改。如果遗忘，可以在路由器开启状态下，长按【RESET】键恢复出厂设置，此时用户名和密码恢复为原始设置。

步骤 02 进入【上网向导】页面，路由器会自动识别上网方式，如自动识别为宽带上网，输入账户和密码，单击【下一步】按钮，如下图所示。

小提示

如果路由器不支持自动识别上网方式，则用户可根据情况进行选择，一般包括拨号上网、自动获取IP、静态IP和中继模式。拨号上网，常见的联通、电信、移动等的网络都属于拨号上网。自动获取IP，也称动态IP或DHCP，每连接一次网络就会自动分配一个IP地址，在设置时无须输入任何内容，如果光猫已进行拨号设置，则需选择自动获取IP方式。静态IP也称固定IP上网，即服务商会提出一个固定IP，设置时输入IP地址和子网掩码。Wi-Fi中继模式也称中继，即路由器在网络连接中起到中继的作用，能实现信号的中继和放大，从而扩大无线局域网的覆盖范围，在设置时连接无线局域网，输入密码即可。

步骤 03 单击后路由器就会进行拨号，等待即可，如下图所示。

步骤 04 在【上网向导—Wi-Fi设置】页面，设置Wi-Fi的名称和密码，单击【下一步】按钮，如下图所示。

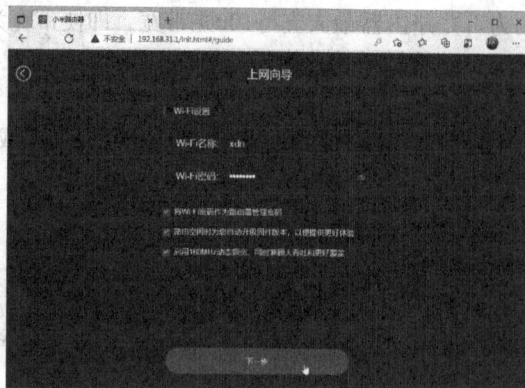

勾选【将Wi-Fi密码作为路由器管理密码】复选框，可将Wi-Fi密码作为登录路由器管理页面的密码，如果不勾选，则可重新设置。

步骤 05 配置完成后，路由器会自动重启，如右图所示。

6.3.5 使用手机配置无线路由器

如果当前不具备用电脑配置无线路由器的条件或希望使用手机进行配置，可以参照以下方法。

步骤 01 打开手机的WLAN功能，会自动扫描周围可连接的无线局域网，连接要配置的无线局域网，如下图所示。

小提示

路由器在初始状态下，发出的无线局域网的名称一般以路由器的品牌拼音或英文开头，没有密码，用户可以直接连接。

步骤 02 连接网络后，显示"已连接（需登录/认证）"时，表示连接成功，如下图所示。

步骤 03 单击已连接的无线局域网络跳转至配置页面，点击【马上体验】按钮，如右上图所示。

小提示

如果是老式路由器，则用户需在手机浏览器中输入路由器配置地址，进入配置页面。

步骤 04 进入上网向导页面，根据上网模式进行设置，这里自动识别为宽带上网，分别输入宽带账户和密码，点击【下一步】按钮，如下图所示。

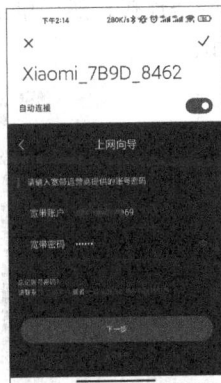

步骤 05 设置Wi-Fi的名称和密码，点击【下一步】按钮，如下图所示。

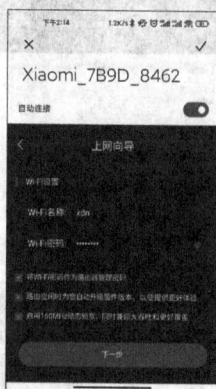

生效，如下图所示。

步骤 06 设置完成后，路由器会自动重启使设置

6.3.6 电脑连接上网

路由器配置完成后，如果电脑已通过网线与路由器连接，则可以直接上网，而其他使用无线网卡的电脑或设备需要搜索设置的无线局域网，然后输入密码，即可连接该网络。具体操作步骤如下。

步骤 01 单击通知区域中的网络图标，在弹出的快速设置面板中单击【管理WLAN连接】按钮，如下图所示。

步骤 02 在弹出的无线局域网列表中，单击需要连接的网络，在展开项中勾选【自动连接】复选框，方便网络连接，然后单击【连接】按钮，如下图所示。

步骤 03 在网络名称下方弹出的【输入网络安全密钥】文本框中，输入在路由器中设置的密码，单击【下一步】按钮，如下图所示。

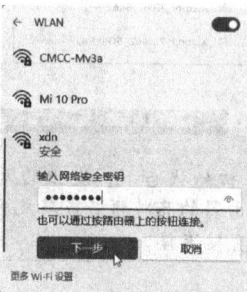

步骤 04 密码验证成功后即可连接网络，该网络名称下显示"已连接，安全"字样，通知区域中的网络图标也显示为无线局域网已连接样式，如下图所示。

6.4 实战——组建有线局域网

将多个电脑和路由器连接起来，组建一个局域网，可以实现多台电脑同时上网。本节以组建有线局域网为例，介绍多台电脑同时上网的方法。

6.4.1 准备工作

组建有线局域网与无线局域网最大的差别在于信号收发设备上，其主要使用的设备是交换机或路由器。下面介绍组建有线局域网所需的设备。

（1）交换机

交换机是用于转发电信号的设备，其功能可以简单地理解为把若干台电脑连接在一起组成一个局域网，一般在家庭、办公室常用的交换机属于局域网交换机，而小区、大楼等使用的多为企业级的以太网交换机，如下图所示。

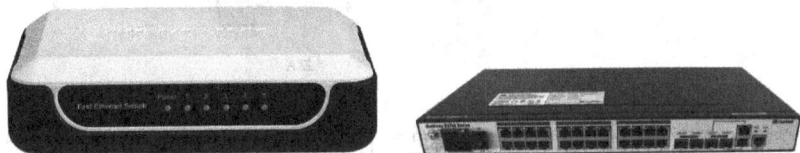

交换机和路由器在外观上并无太大差异。路由器上有一个WAN口，而交换机上全部是LAN口。另外，路由器一般只有4个LAN口，而交换机上有4~32个LAN口，但这其实只是外观的对比，二者在本质上有以下明显的区别。

① 交换机通过一根网线上网，如果几台电脑上网，是分别拨号，各自使用自己的带宽，互不影响。而路由器自带了虚拟拨号功能，是几台电脑共用一个宽带账号上网，几台电脑之间会相互影响。

② 交换机在中继层（数据链路层）工作，是利用MAC地址寻找转发数据的目的地址，MAC地址是硬件自带的，是不可更改的，工作原理相对比较简单；而路由器在网络层（第三层）工作，是利用IP地址寻找转发数据的目的地址，可以获取更多的协议信息，以做出更多的转发决策。通俗地讲，交换机的工作方式相当于要找一个人，知道这个人的电话号码（类似于MAC地址），于是通过拨打电话和这个人建立连接；而路由器的工作方式是，知道这个人的具体住址为××省××市××区××街道××号××单元××户（类似于IP地址），然后根据这个住址确定最佳的到达路径，然后到这个地方找到这个人。

③ 交换机负责配送网络，而路由器负责入网。交换机可以使连接它的多台电脑组建成局域网，但是不具有自动识别数据包发送和到达地址的功能，而路由器则为这些数据包的发送和到达指明方向和进行分配。简单地说，就是交换机负责开门，路由器给用户找路上网。

④ 路由器具有防火墙功能，不传送不支持路由协议的数据包和未知目标网络的数据包，仅支持转发特定地址的数据包，可防止网络风暴。

⑤ 路由器也可以作为交换机，如果要使用路由器的交换机功能，把宽带线插到LAN口上，把WAN口空置即可。

（2）路由器

组建有线局域网时，可不必使用无线路由器，一般路由器即可，二者的主要差别是无线路由器带有无线信号收发功能，但价格较高。

6.4.2 组建有线局域网的方法

在日常生活和工作中，组建有线局域网的常用方法有使用路由器搭建和使用交换机搭建，也可以使用双网卡网络共享的方法搭建。本小节主要介绍使用路由器组建有线局域网的方法。

使用路由器组建有线局域网，硬件搭建和路由器设置与组建无线局域网基本一致，如果电脑比较多的话，可以接入交换机，如下图所示。

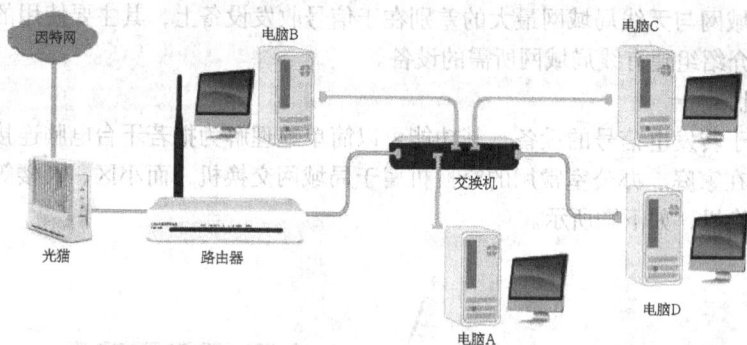

如果一台交换机和路由器的接口不能够满足所有电脑的使用，可以在交换机中接出一根线，连接第二台交换机，利用第二台交换机的其余接口连接其他电脑。以此类推，根据电脑数量设置交换机的数量。

路由器端的设置和组建无线局域网的设置方法一样，这里就不再赘述，为了避免所有电脑不在一个IP区域段中，可以执行以下操作，确保所有电脑之间的连接正常，具体操作步骤如下。

步骤 01 打开【以太网 属性】对话框，单击选中【Internet协议版本4（TCP/IPv4）】选项，单击【属性】按钮，如下图所示。

步骤 02 在弹出的对话框中，单击选中【自动获得IP地址】和【自动获得DNS服务器地址】单选项，然后单击【确定】按钮，如下图所示。

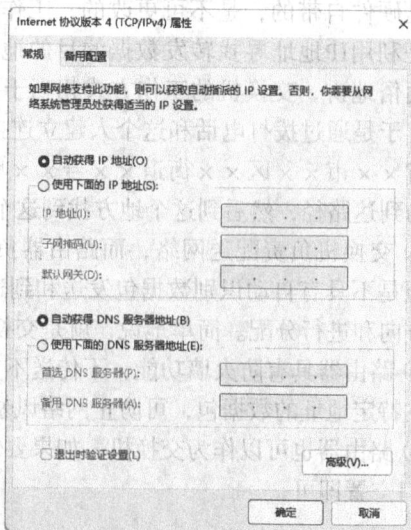

6.5 实战——管理无线局域网

无线局域网组建完成后，为满足使用需要，网速、密码和名称、带宽控制等都可能需要进行管理，本节主要介绍一些常用的无线局域网管理知识。

6.5.1 网速测试

网速一直是用户较为关心的问题，在日常使用中，用户可以自行对网速进行测试。本小节主要介绍如何使用"360宽带测速器"对网速进行测试。

步骤 01 打开360安全卫士，单击【功能大全】→【网络】类别中的【宽带测速器】图标，如下图所示。

步骤 02 打开【360宽带测速器】工具，会自动进行网速测试，如下图所示。

步骤 03 测试完毕后，会显示网络的接入速度，如下图所示。用户还可以依次测试长途网络速度、网页打开速度等。

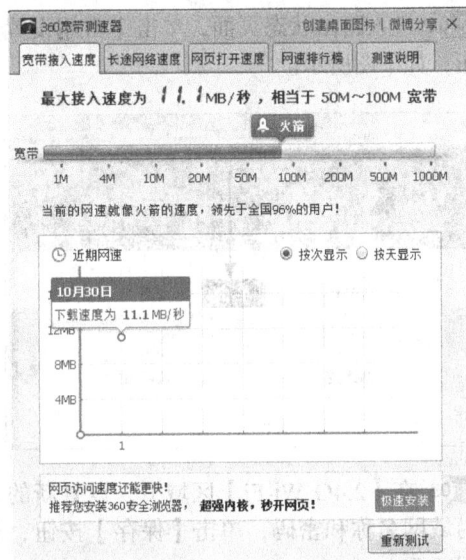

小提示

如果个别宽带服务提供商采用域名劫持、下载缓存等技术方法，测出来的网速可能高于实际网速。

6.5.2 修改无线局域网的名称和密码

经常修改无线局域网的名称和密码有助于保护无线局域网，防止别人盗用。下面以小米路由器为例，介绍具体步骤。

步骤 01 打开浏览器，在地址栏中输入路由器的管理地址，按【Enter】键进入路由器登录页面，然后输入管理员密码，按【Enter】键，如下图所示。

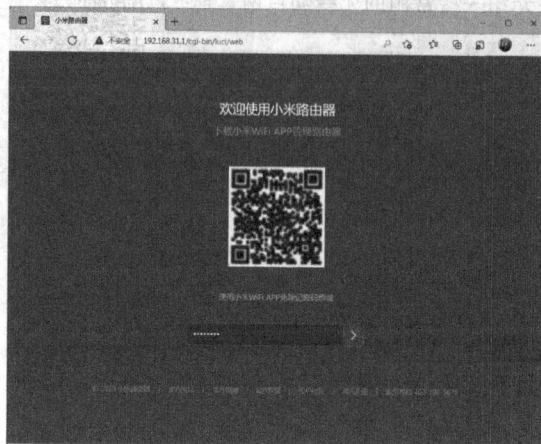

步骤 02 进入路由状态页面，单击【常用设置】按钮，如下图所示。

步骤 03 在【2.4G Wi-Fi】区域下，设置新的无线局域网名称和密码，单击【保存】按钮，如下图所示。

步骤 04 弹出【修改Wi-Fi设置】对话框，单击【确认】按钮，如下图所示。

步骤 05 设置成功后，设备会重启。

目前，市面上的主流路由器均支持App管理，用户下载路由器的管理App，并绑定当前路由器，就可以查看路由器的状态，并使用App中的工具或插件对路由器进行管理，如下图所示。

6.5.3 隐藏网络

关闭路由器的无线广播，能够防止其他用户搜索到相应的无线局域网，以从根本上防止别人盗用。

步骤 01 打开浏览器，输入路由器的管理地址，登录路由器管理页面，进入无线局域网设置页面，勾选【隐藏网络不被发现】复选框，单击【保存】按钮，如下图所示。

部分路由器取消勾选【开启SSID广播】或开启【Wi-Fi隐身】功能即可。

步骤 02 弹出【修改Wi-Fi设置】对话框，单击【确认】按钮，如下图所示。

6.5.4 将路由器恢复出厂设置

将路由器恢复出厂设置的具体操作步骤如下。

步骤 01 进入路由器的【常用设置】页面，单击【恢复出厂设置】区域下的【立即恢复】按钮，如下图所示。

步骤 02 弹出【提示】对话框，单击【直接恢复出厂设置】按钮，如下图所示。

步骤 03 弹出【确认信息】对话框，单击【确认】按钮，如下图所示。

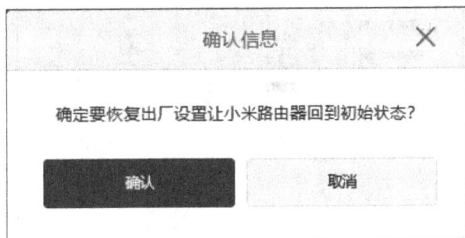

步骤 04 单击后路由器即会重启，如下图所示。

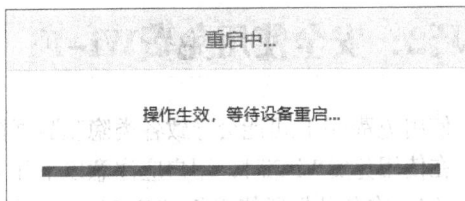

高手私房菜

技巧1：诊断和修复网络连接问题

自己的电脑不能上网，说明电脑无法与网络连接，这时就需要诊断和修复网络连接了，具体的操作步骤如下。

步骤01 打开【网络连接】窗口，右击需要诊断的网络图标，在弹出的快捷菜单中单击【诊断】选项，如下图所示。

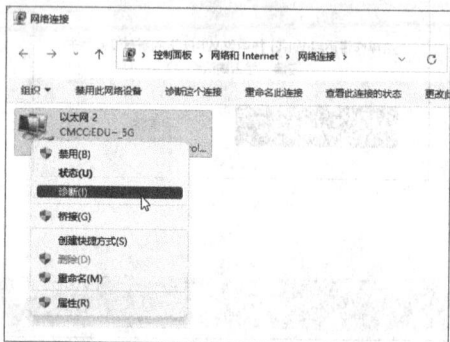

步骤02 弹出【Windows 网络诊断】对话框窗口，显示网络诊断的进度，如下图所示。

步骤03 诊断完成后，系统会自动对网络进行修复，问题解决后单击【关闭】按钮即可，如下图所示。

技巧2：安全使用免费Wi-Fi

使用免费Wi-Fi可能会导致各类隐私数据被盗取，类似的事件不胜枚举。

在使用免费Wi-Fi时，用户应注意以下几点。

（1）在公共场所使用免费Wi-Fi时，不要进行网购、支付等，尽量使用手机流量进行支付。

（2）警惕在同一地方出现的多个名称相同的Wi-Fi，其很有可能是诱骗用户信息的Wi-Fi。

（3）在进行网上银行支付时，尽量使用安全键盘。

（4）在上网时，如果弹出不明网页要求输入个人信息，请谨慎，并及时关闭Wi-Fi。

技巧3：将电脑转变为无线热点

如果电脑可以上网，用户即使没有无线路由器，也可以通过简单的设置将电脑转变为无线热点，但是前提是电脑必须装有无线网卡。准备好后，可以参照以下步骤进行操作。

步骤 01 按【Windows+A】组合键，打开快速设置面板，右击【移动热点】图标，在弹出的快捷菜单中单击【转到"设置"】选项，如下图所示。

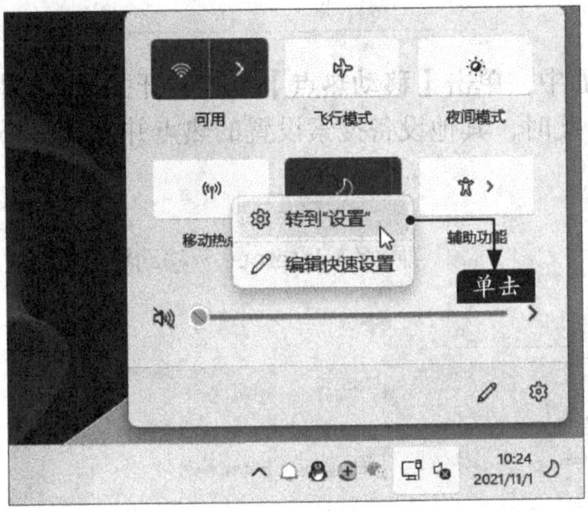

小提示

如果移动热点功能已经设置好，则直接单击该图标即可。

步骤 02 弹出【移动热点】界面，单击【属性】区域下的【编辑】按钮，如下图所示。

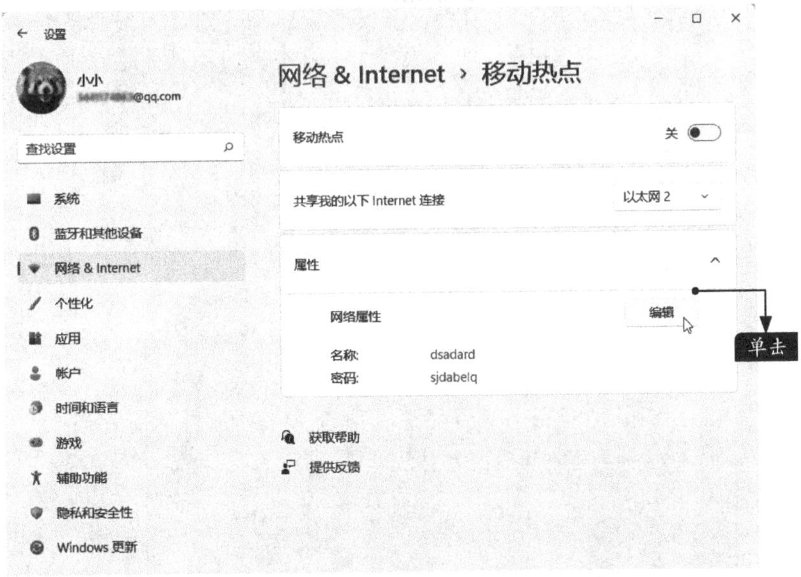

步骤 03 在弹出的【编辑网络信息】对话框中，设置热点的名称和密码，单击【保存】按钮，如下页图所示。

编辑网络信息

更改他人在使用你共享的连接时的网络名称和密码。

网络名称

xdn

网络密码(至少 8 个字符)

12345678 ×

保存 取消

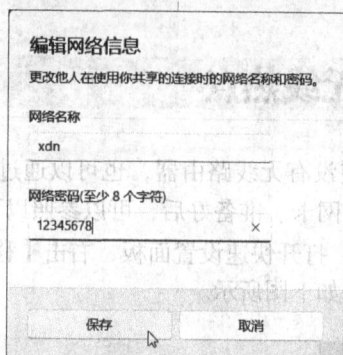

步骤 04 在【移动热点】界面中，单击【移动热点】右侧的开关按钮，将其设置为"开"，即可完成热点设置，如下图所示。此时，其他设备搜索设置的热点并输入密码，即可连接。

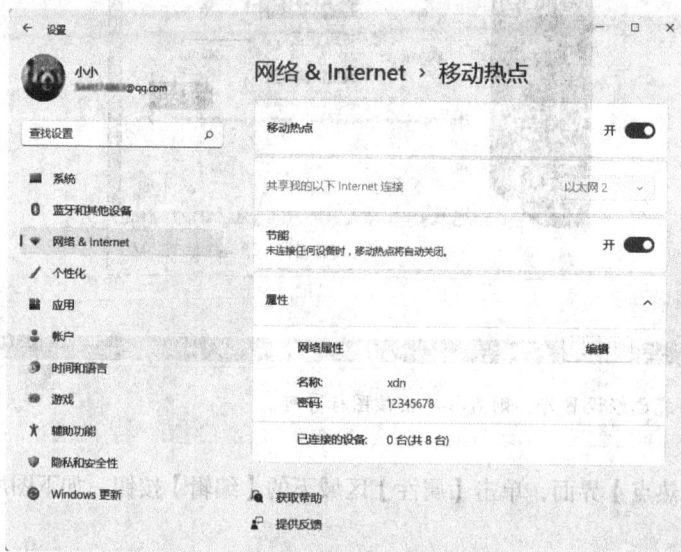

← 设置

小小
@qq.com

查找设置

■ 系统
● 蓝牙和其他设备
■ 网络 & Internet
✎ 个性化
■ 应用
● 帐户
● 时间和语言
● 游戏
✖ 辅助功能
● 隐私和安全性
● Windows 更新

网络 & Internet › 移动热点

移动热点 开 ●

共享我的以下 Internet 连接 以太网 2 ∨

节能 开 ●
未连接任何设备时，移动热点将自动关闭。

属性 ∧

网络属性 编辑

名称： xdn
密码： 12345678

已连接的设备： 0 台(共 8 台)

● 获取帮助
● 提供反馈

第7章

管理电脑中的软件

使用电脑时，用户要借助软件来完成各项工作。在安装完操作系统后，用户首先要考虑的就是安装软件，以满足通过电脑工作和娱乐的需求。而卸载不常用的软件则可以让电脑更好地工作。

学习效果

7.1 认识常用软件

软件是多种多样的，渗透到各个领域，分类极为丰富，主要有文件处理类、文字输入类、沟通交流类、网络应用类、安全防护类、影音图像类等，下面主要介绍常用的软件种类。

1.文件处理类

电脑办公离不开文件处理类软件，常见的文件处理类软件有Office、WPS等。

（1）Office

Office是最常用的办公软件之一，使用人群较广。Office包含Word、Excel、PowerPoint、Outlook、Access、Publisher和OneNote等组件。Office中最常用的是Word、Excel、PowerPoint和Outlook。下图所示为Office 2021中的PowerPoint的界面。

（2）WPS

WPS是金山软件公司推出的办公软件，可以编辑文字、表格、演示文稿等。下图所示为WPS的界面。

2.文字输入类

文字输入类软件有搜狗拼音输入法、QQ拼音输入法等。下面介绍常用的文字输入类软件。

（1）搜狗拼音输入法

搜狗拼音输入法是主流的汉字拼音输入类软件之一，其最大特点是实现了输入法和互联网的结合。搜狗拼音输入法是基于搜索引擎技术的产品，让用户可以通过互联网备份自己的个性化词库和配置信息。下图所示为搜狗拼音输入法的状态栏。

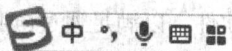

（2）QQ拼音输入法

QQ拼音输入法是腾讯旗下的一款拼音输入法软件，与大多数拼音输入法软件一样，QQ拼音输入法支持全拼、简拼、双拼3种基本的拼音输入模式，支持单字、词组、整句的输入方式。下图所示为QQ拼音输入法的状态栏。

3.沟通交流类

沟通交流类软件有QQ、微信等。

（1）QQ

QQ有在线聊天、视频电话、点对点续传文件、共享文件等多种功能，是在工作中使用率较高的一款软件。

（2）微信

微信是腾讯公司推出的一款即时聊天工具，可以发送语音、视频、图片和文字等，在手机中使用得最为普遍。

4. 网络应用类

在办公过程中，用户有时需要查找或下载资料，使用网络应用类软件可快速完成这些工作。常见的网络应用软件有浏览器、下载工具等。

浏览器是可以显示网页服务器或者文件系统的HTML文件内容，并让用户与这些文件内容交互的软件。常见的浏览器有Microsoft Edge、搜狗浏览器、360安全浏览器等。

使用下载工具，用户可以将网络中的安装软件、文档文件、多媒体文件等下载到电脑中。其中，下载大型文件时，常用迅雷软件；对于一些小型文件，使用浏览器直接下载即可。

5. 安全防护类

在使用电脑办公的过程中，有时电脑会出现死机、黑屏、重新启动、反应速度慢及中病毒的情况，这可能会使工作成果丢失。为防止这些情况的发生，用户可在电脑上安装安全防护类软件。常用的安全防护类软件有360安全卫士、腾讯电脑管家等。

（1）360安全卫士

360安全卫士是由奇虎360推出的安全防护类软件，如下图所示。360安全卫士不仅拥有查杀木马、清理插件、修复漏洞、电脑体检、保护隐私等功能，还拥有木马防火墙功能。360安全卫士使用方便、用户口碑好，用户较多。

（2）腾讯电脑管家

腾讯电脑管家是腾讯公司出品的安全防护类软件，集专业病毒查杀、智能软件管理、系统安全防护于一身，同时还具有清理垃圾、电脑加速、修复漏洞、软件管理、电脑诊所等功能，能够满足用户杀毒防护和安全管理的双重需求，如下图所示。

6. 影音图像类

使用电脑办公时，用户有时需要作图、播放影音等，这时就需要使用影音图像类软件。常见的影音图像类软件有Photoshop、美图秀秀、爱奇艺、腾讯视频等。

Photoshop，简称PS，主要用于处理由像素构成的数字图像，如下图所示。使用其众多的编辑与绘图工具，Photoshop可以高效地进行图片编辑工作，是比较专业的图像处理软件，使用难度较大。

7.2 软件的获取方法

安装软件的前提是有软件安装文件，一般是EXE格式的文件，基本上都是以"setup.exe"命名的，还有不常用的MSI格式的大型安装文件和RAR、ZIP格式的文件，而这些文件的获取方法也是多种多样的，主要有以下几种。

7.2.1　在官方网站下载

官方网站是指一些公司或个人，建立的最具权威、最有公信力或唯一指定的网站，用于介绍和宣传产品。下面以微信为例进行介绍。

步骤 01 在浏览器地址栏中输入软件官方网站网址，按【Enter】键进入官方网站，如下图所示。

步骤 02 单击【立即下载】按钮后浏览器即会下载该软件，并显示下载进度，如下图所示。

> **小提示**
>
> 使用不同的浏览器操作过程可能稍有不同，有的浏览器会弹出【下载】对话框，用户单击【确定】按钮即可。

步骤 03 下载完毕后，单击【打开下载文件夹】按钮 □，如下图所示。

> **小提示**
>
> 单击【打开文件】超链接，可以直接打开该文件。

步骤 04 单击后即可打开文件所在的文件夹，查看下载的文件，如下图所示。

7.2.2　通过电脑管理软件下载

使用电脑管理软件也可以下载和安装软件，常用的电脑管理软件有360安全卫士、腾讯电脑管家等。右图所示为360安全卫士的360软件管家界面，在其中选择要下载的软件，单击【一键安装】或【安装】按钮即可下载并安装。

7.3 实战——安装软件的方法

使用安装光盘或者从官网下载软件后，需要对其进行安装；而在电脑管理软件中下载要安装的软件后，系统会自动安装。下面以微信为例介绍安装软件的方法。

步骤 01 打开上一节下载的文件所在的文件夹，双击名称为"WeChatSetup.exe"的文件，如下图所示。

步骤 02 此时弹出程序加载框，并显示加载进度，如下图所示。

Please wait while Setup is loading...
unpacking data: 81%

步骤 03 加载完毕后，弹出安装界面，单击【安装】按钮，如下图所示。

微信 3.4.0

安装

更多选项 ∨

步骤 04 软件开始安装，安装进度如下图所示。

微信 3.4.0

90%

步骤 05 安装完成后，单击【开始使用】按钮即可运行该软件，如下图所示，如不需要运行该软件，单击右上角的【关闭】按钮即可。

微信 3.4.0

已安装微信

开始使用

7.4 实战——软件的升级

软件不是一成不变的，而是一直处于升级状态，特别是杀毒软件的病毒库，必须不断升级。软件升级主要分为自动检测升级和使用第三方软件升级。

7.4.1 自动检测升级

下面以360安全卫士为例介绍自动检测升级软件的方法。

步骤01 右击桌面通知区域的【360安全卫士】图标，在弹出的界面中单击【升级】→【程序升级】选项，如下图所示。

步骤02 弹出【360安全卫士-升级】对话框，并自动检测新版本，如下图所示。

步骤03 检测到新版本后弹出可升级信息，选择要升级的版本，单击【升级】按钮，如右上图所示。

步骤04 弹出【下载新版本】对话框，显示下载的进度，如下图所示。

步骤05 下载完毕后即可进行安装，安装时界面会显示进度，如下图所示。

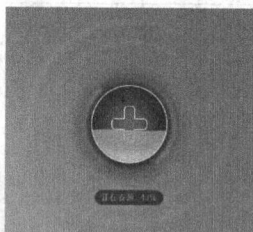

7.4.2 使用第三方软件升级

用户可以通过第三方软件升级软件，如360安全卫士和腾讯电脑管家等，下面以360安全卫士的360软件管家为例介绍如何使用第三方软件升级软件。

打开360软件管家，选择【升级】选项卡，在界面中会显示可以升级的软件，单击【升级】按钮即可升级软件，如右图所示。

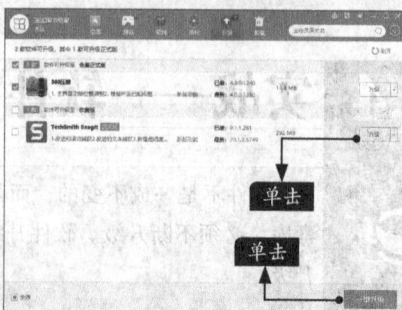

7.5 实战——软件的卸载

卸载软件主要有以下几种方法。

7.5.1 在【设置】面板中卸载

在Windows 11中包含【设置】面板，其中集成了控制面板的主要功能，用户可以在【设置】面板中卸载软件。

步骤01 按【Windows+I】组合键，打开【设置】面板，单击【应用】→【应用和功能】选项，如下图所示。

步骤02 进入【应用和功能】界面，即可看到应用列表，如下图所示。

步骤03 在应用列表中，选择要卸载的软件，单击软件右侧的：按钮，在弹出的菜单中单击【卸载】选项，如右上图所示。

步骤04 在弹出的提示框中，单击【卸载】按钮，如下图所示。

此应用及其相关的信息将被卸载。

卸载

步骤05 弹出【卸载向导】对话框，单击【直接卸载】按钮，如下图所示。

小提示

不同的软件卸载时的选项会稍有不同，请注意选择，按提示卸载即可。

步骤 06 单击【立即卸载】按钮，如下图所示。

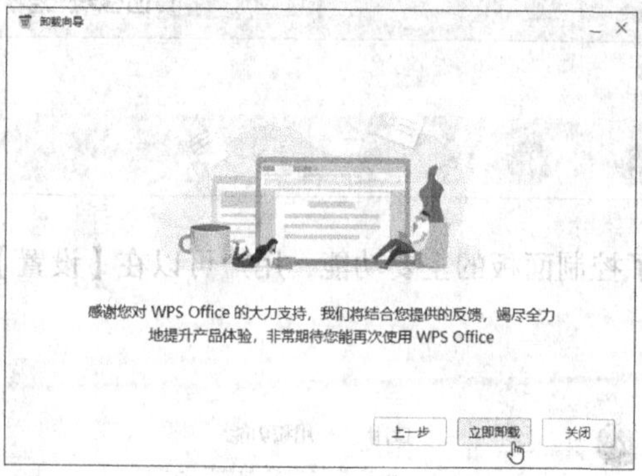
卸载向导
感谢您对 WPS Office 的大力支持，我们将结合您提供的反馈，竭尽全力地提升产品体验，非常期待您能再次使用 WPS Office
上一步
立即卸载
关闭

步骤 07 在弹出的【卸载时要清除数据吗？】对话框中，单击【确定】按钮，如右上图所示。

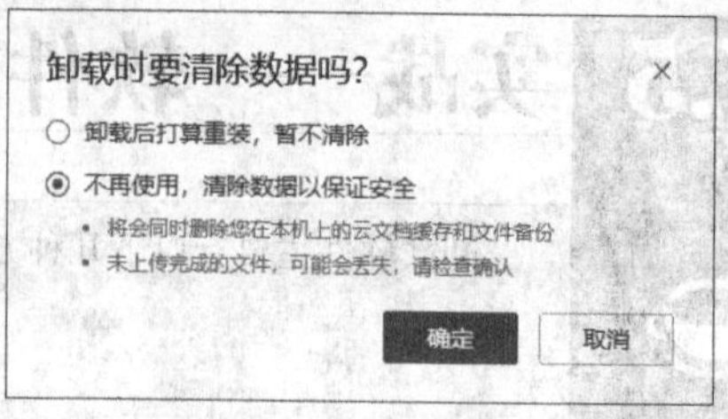
卸载时要清除数据吗?
卸载后打算重装，暂不清除
不再使用，清除数据以保证安全
将会同时删除您在本机上的云文档缓存和文件备份
未上传完成的文件，可能会丢失，请检查确认
确定
取消

步骤 08 单击后软件开始卸载，并显示进度，如下图所示。

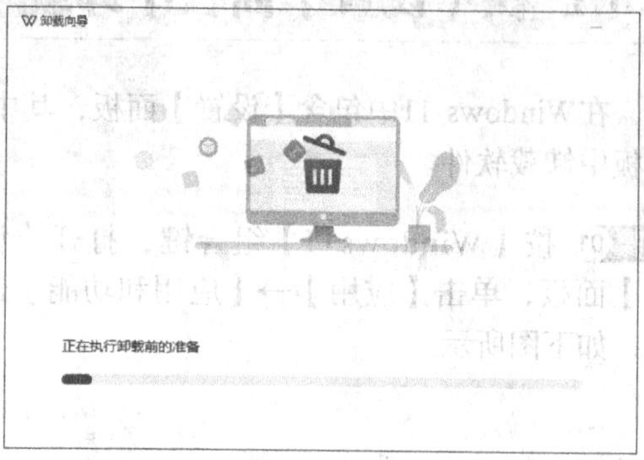
卸载向导
正在执行卸载前的准备

7.5.2 在【程序和功能】窗口中卸载

软件安装完成后，会自动显示在所有应用列表中，如果需要卸载，可以在所有应用列表中查找。

步骤 01 按【Windows】键，打开【开始】菜单，单击【所有应用】按钮，如下图所示。

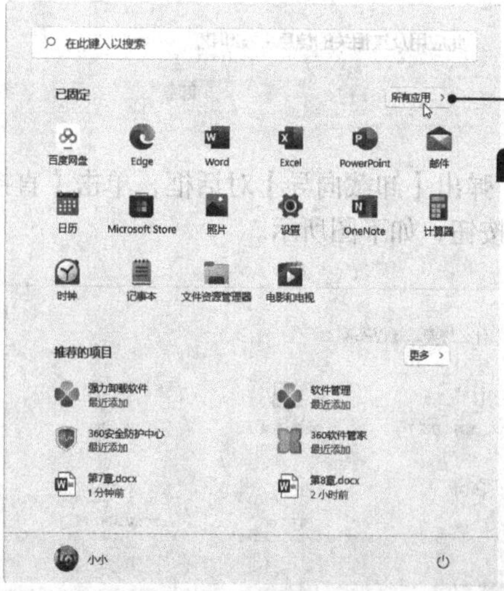
在此键入以搜索
已固定
所有应用
单击
百度网盘
Edge
Word
Excel
PowerPoint
邮件
日历
Microsoft Store
照片
设置
OneNote
计算器
时钟
记事本
文件资源管理器
电影和电视
推荐的项目
更多
小小

步骤 02 在【所有应用】列表中，右击要卸载的软件，在弹出的快捷菜单中单击【卸载】选项，如右图所示。

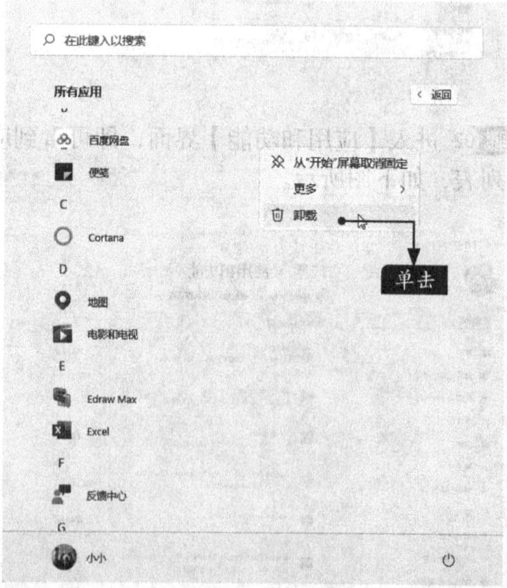
在此键入以搜索
所有应用
返回
百度网盘
便笺
从"开始"屏幕取消固定
更多
卸载
单击
Cortana
地图
电影和电视
Edraw Max
Excel
反馈中心
小小

步骤 03 弹出【程序和功能】窗口，选择需要卸载的软件，然后单击【卸载/更改】按钮，如下页图所示。

步骤 04 弹出软件卸载对话框，单击【卸载】按钮即可，如下图所示。

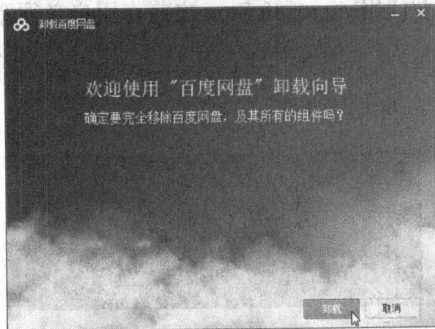

7.5.3 使用第三方软件卸载

用户还可以使用第三方软件，如360软件管家、腾讯电脑管家等卸载不需要的软件，具体操作步骤如下。

步骤 01 启动360软件管家，在打开的界面中单击【卸载】图标，进入【卸载】界面，可以看到计算机中已安装的软件，单击需要卸载的软件，单击【一键卸载】按钮，如下图所示。

步骤 02 等待提示卸载完成后即可，如下图所示。

7.6 实战——使用Microsoft Store

Microsoft Store即微软商店，用户可以在其中获取并安装软件。

在Windows 11中，微软对Microsoft Store进行了重新设计，其左侧为导航菜单，顶部是搜索栏，程序页面中的下载、评论、软件功能及其他信息的显示也更加清晰，能给用户带来更好的体验。本节主要介绍如何使用Microsoft Store。

7.6.1 搜索并下载软件

在使用Microsoft Store之前，用户必须登录Microsoft账户。

步骤 01 单击任务栏中的【Microsoft Store】图标，如下图所示。

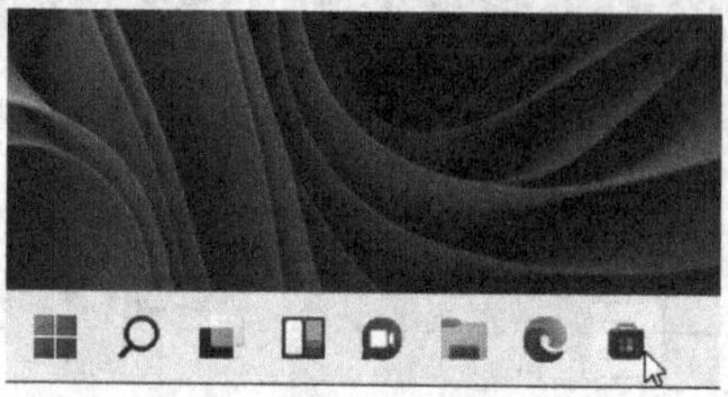

步骤 02 单击后即可打开Microsoft Store，其导航菜单包括主页、应用和游戏3个选项，默认打开的是【主页】页面，如下图所示。单击【应用】选项，则页面显示热门软件和详细的软件类别；单击【游戏】选项，则页面显示热门的游戏软件和详细的游戏软件分类。

步骤 03 在搜索框中输入要下载的软件名称，如"微信"，搜索框下方即会弹出相关的软件，选择符合的软件，如下图所示。

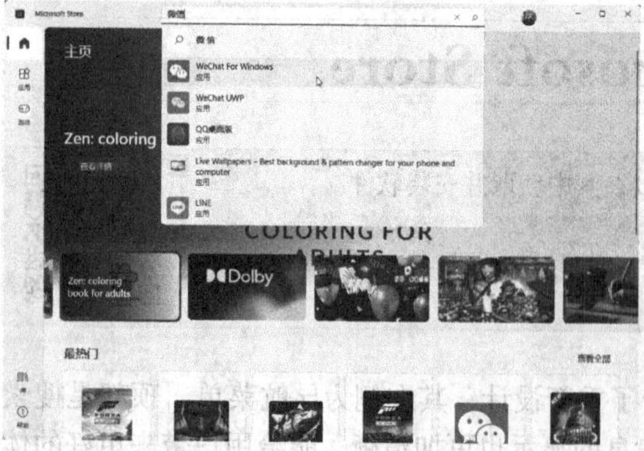

步骤 04 进入软件页面，单击【安装】按钮，如下图所示。

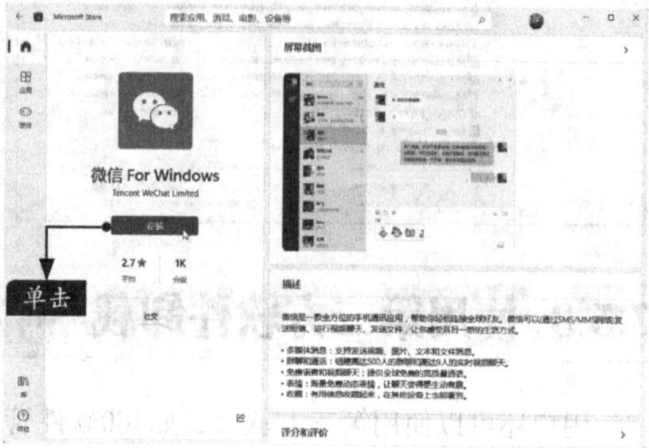

步骤 05 单击后即可下载软件，页面中会显示下载的进度，如下图所示。

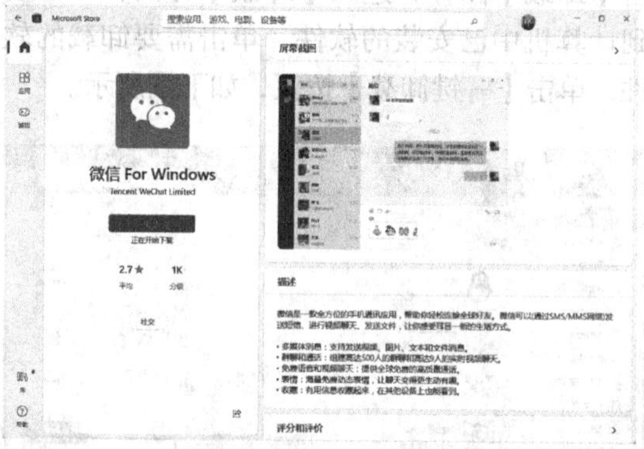

步骤 06 下载完成后，页面即会显示【打开】按钮，如下图所示，单击该按钮即可运行该软件。

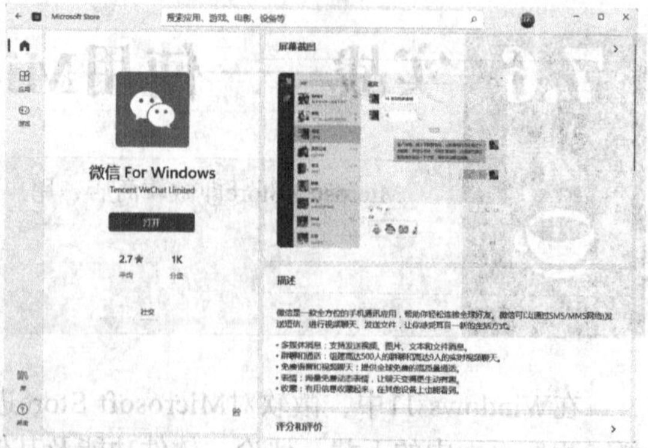

7.6.2 购买付费软件

在Microsoft Store中，有一部分软件是收费的，需要用户购买，其价格以人民币为结算单位，购买付费软件具体步骤如下。

步骤 01 选择要下载的付费软件，单击付费金额按钮，如下图所示。

步骤 02 首次购买付费软件，会弹出【Windows安全中心】对话框，用户需要在文本框中输入PIN，以确认用户身份，如下图所示。

小提示

如果未设置PIN，系统则会提示输入账户密码，以进行身份确认。

步骤 03 进入如下界面，单击【下一步】按钮，如下图所示。

步骤 04 进入【选取付款方式】界面，选择付款方式，如选择【支付宝】选项，如下图所示。

步骤 05 进入【添加你的支付宝账户】界面，单击【下一页】按钮，如下图所示。

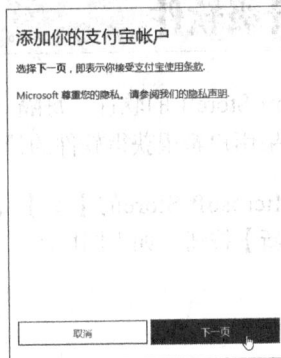

步骤 06 进入【使用支付宝电子钱包扫描QR码】页面，可以使用手机中的支付宝扫描页面中的二维码进行支付，如下图所示，也可以单击【登录到支付宝】超链接，输入支付宝账号登录后支付。支付完成后，该软件会开始下载。

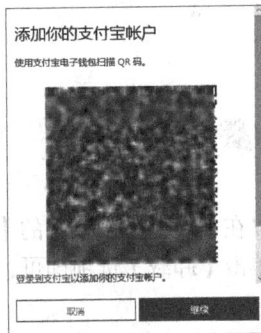

7.6.3 查看已购买的软件

在Microsoft Store中可以查看使用当前Microsoft账号购买或下载过的所有软件，具体步骤如下。

步骤01 打开Microsoft Store，单击导航菜单中的【库】按钮，如下图所示。

步骤02 进入【库】界面，在【全部】列表中可看到该账户拥有的软件，其后方显示为【打开】按钮，表示该软件已在当前设备

中安装；显示为【下载】按钮，表示该账户曾购买或下载过该软件，但当前设备未安装，如下图所示。

7.6.4 升级软件

Microsoft Store中的软件，每隔一段时间都会进行版本升级，以修补之前版本的问题或提升功能体验。如果用户希望获得软件的最新版本，可以通过查看更新来升级软件，具体步骤如下。

步骤01 在Microsoft Store的【库】界面中，单击【获取更新】按钮，如下图所示。

步骤02 Microsoft Store即会搜索并下载可更新的软件，如下图所示。

7.6.5 卸载软件

用户可以在【设置】面板中的【应用-应用和功能】卸载软件。单击软件右侧的：按钮，在弹出的菜单中单击【卸载】选项即可，如下页图所示。

高手私房菜

技巧1：安装更多字体

除了Windows 11中自带的字体外，用户还可以自行安装字体。安装字体的方法主要有3种。

（1）右键安装

右击要安装的字体，在弹出的快捷菜单中单击【显示更多选项】选项，然后单击【安装】选项即可，如下图所示。

（2）复制到系统字体文件夹中

复制要安装的字体，打开【此电脑】，在地址栏里输入"C:/WINDOWS/Fonts"，按【Enter】键，进入Windows字体文件夹，将字体粘贴到文件夹里即可，如右上图所示。

（3）右键作为快捷方式安装

步骤01 打开【此电脑】，在地址栏里输入"C:/WINDOWS/Fonts"，按【Enter】键，进入Windows字体文件夹，单击左侧的【字体设置】超链接，如下图所示。

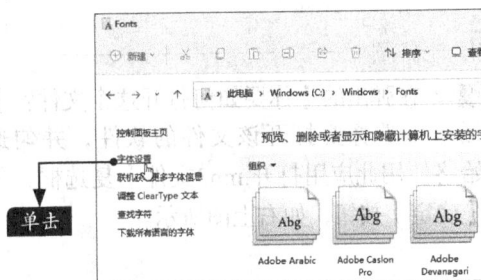

步骤 02 在打开的【字体设置】窗口中，勾选【允许使用快捷方式安装字体（高级）（A）】复选框，然后单击【确定】按钮，如下图所示。

步骤 03 右击要安装的字体，在弹出的快捷菜单中单击【显示更多选项】选项，然后单击【为所有用户的快捷方式】选项，即可进行安装，如下图所示。

小提示

第一种和第二种方法会将字体直接安装到Windows字体文件夹里，会占用系统盘空间，并影响开机速度，如果安装少量的字体，可使用这两种方法；而使用快捷方式安装字体，只是将字体的快捷方式保存到Windows字体文件夹里，可以达到节省系统盘空间的目的，但是不能删除字体或改变字体位置，否则字体将无法使用。

技巧2：在Windows 11中更改默认软件

在使用电脑时，用户如果不希望某个软件作为某个类型文件的默认打开软件，可以对其进行更改。下面以修改默认音乐播放器为例，介绍更改默认软件的方法。

步骤 01 右击电脑中的任一音乐文件，在弹出的快捷菜单中，单击【打开方式】→【选择其他应用】选项，如下图所示。

步骤 02 在弹出的【你要如何打开这个文件？】对话框中选择要打开该文件的软件，并勾选【始终使用此应用打开.mp3文件】复选框，单击【确定】按钮，如右上图所示。

步骤 03 返回文件所在的窗口，即可看到文件图标已被修改，这表示已经修改了默认软件，如下图所示。

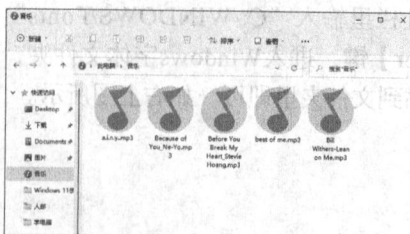

第 **8** 章

多媒体娱乐

学习目标

Windows 11提供了强大的多媒体娱乐功能，用户可以利用其充分放松身心。本章主要介绍如何使用电脑查看和编辑照片、听音乐、看视频和玩游戏。

学习效果

8.1 实战——查看和编辑图片

Windows 11自带的图片管理软件可以很方便地进行图片的查看与管理。除此之外，用户还可以使用美图秀秀和Photoshop美化、处理图片。本节以照片为例，介绍如何查看和编辑图片。

8.1.1 查看图片

在Windows 11中，默认的看图软件是"照片"，查看图片的具体操作步骤如下。

步骤 01 打开图片所在的文件夹，双击需要查看的图片，即可通过照片软件查看图片，如下图所示。

步骤 02 单击【照片】窗口中的【下一个】按钮，或单击窗口下方的缩略图，即可切换图片，如下图所示。

步骤 03 单击【放大】按钮或按住【Ctrl】键向上滚动鼠标滑轮，可以放大图片，如右上图所示。

步骤 04 如果要缩小图片，可以单击【缩小】按钮或按住【Ctrl】键向下滚动鼠标滑轮，如下图所示。

步骤 05 单击窗口中的【查看更多】按钮，在弹出的菜单中单击【幻灯片放映】选项，或直接按【F5】键，如下图所示。

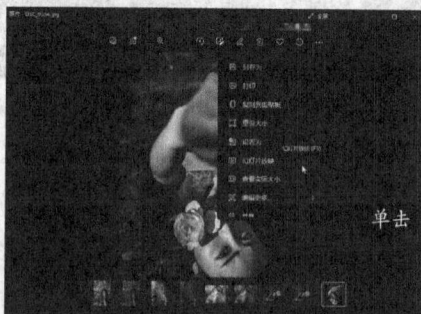

单击

步骤 06 可以幻灯片的形式查看图片，此时界面中无任何按钮，且自动播放该文件夹内的图片，如右图所示，如果想要退出幻灯片放映，可以按【Esc】键。

8.1.2 旋转图片

旋转图片可以纠正图片方向颠倒的问题，具体操作步骤如下。

步骤 01 打开要编辑的图片，单击【照片】窗口顶端的【旋转】按钮或按【Ctrl+R】组合键，如下图所示。

步骤 02 图片即会逆时针旋转90°，再次单击或按下则再次旋转，旋转至合适的方向即可，如下图所示。

8.1.3 裁剪图片

在编辑图片时，为了突出主体，可以将多余的部分裁掉，以达到更好的效果。裁剪图片的具体步骤如下。

步骤 01 打开要裁剪的图片，单击【照片】窗口顶端的【编辑图像】按钮，如下图所示。

步骤 02 单击后即可进入编辑界面，可以看到定界框的4个控制点，如下图所示。

步骤 03 将指针移至定界框的控制点上，拖曳控制点以调整定界框的大小，如下图所示。

步骤 04 也可以单击【纵横比】按钮，选择要使用的纵横比，左侧预览窗口显示了调整效果，如下图所示。

步骤 05 尺寸调整完毕后，单击【保存副本】

右侧的 ■ 按钮，弹出【保存】按钮，如下图所示，单击该按钮则将原有图片替换为编辑后的图片，单击【保存副本】按钮，将编辑后的图片另存为一张新图片，原图片会被保留。

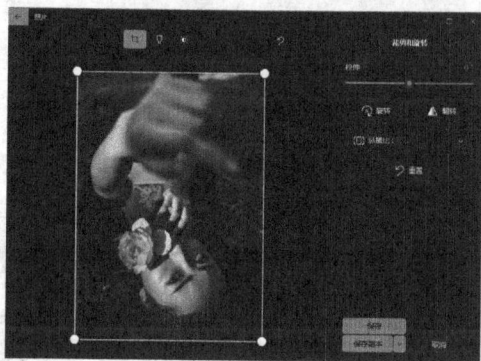

步骤 06 单击【保存副本】按钮后，即生成一张新图片，其文件名会发生改变，并进入图片预览模式，如下图所示。

8.1.4 美化图片

除了基本编辑操作外，照片软件还能增强图片的效果和调整图片的色彩等。

步骤 01 打开要编辑的图片，单击【照片】窗口顶端的【编辑图像】按钮 ，如下图所示。

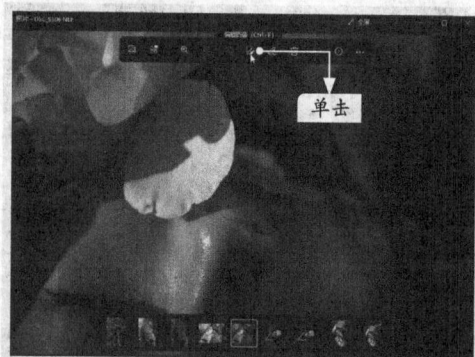

单击

步骤 02 单击【滤镜】按钮 ，如下图所示。

单击

步骤 03 单击后即可为图片应用滤镜，可以拖曳【滤镜强度】滑块调整滤镜强度，如下图所示。

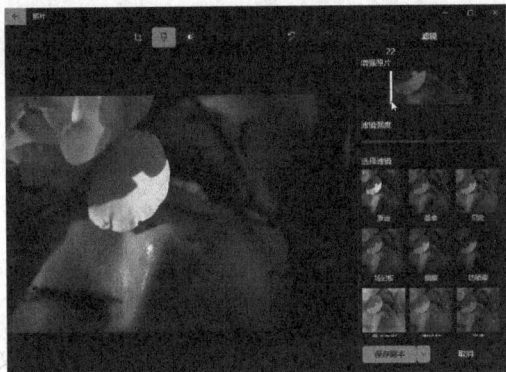

步骤 04 可以在【选择滤镜】列表中选择要应用的滤镜效果，图片即会自动调整，并显示调整后的效果，如下图所示。

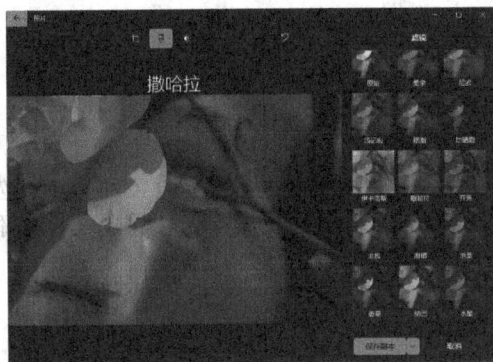

步骤 05 单击【调整】按钮，拖曳滑块可调整光线、颜色、清晰度及晕影等，如下图所示。

步骤 06 调整完成后，单击【保存副本】按钮即可，如下图所示。

8.2 实战——听音乐

Windows 11给用户带来了更好的音乐体验，本节主要介绍Groove音乐播放器的设置与使用、在线听音乐、下载音乐等内容。

8.2.1 Groove音乐播放器的设置与使用

Groove音乐播放器是Windows 11自带的音乐播放器，其界面简单干净，继承了Windows Media Player的优点，但初次接触它的用户，多少会感到有些陌生，本小节就介绍如何使用Groove音乐播放器。

1. 播放选取的音乐

如果电脑中没有安装其他音乐播放器，则Groove音乐播放器为打开音乐文件的默认软件，双击音乐文件即可播放。如果选取多首音乐，则需右击音乐文件，在弹出的快捷菜单中单击【打开】选项进行播放，如下图所示。

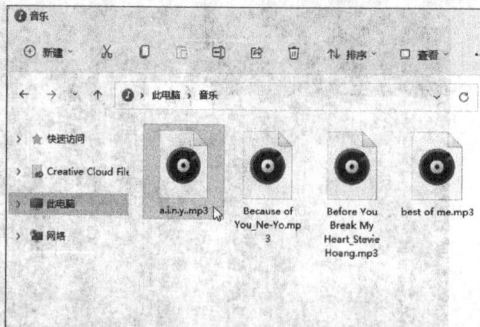

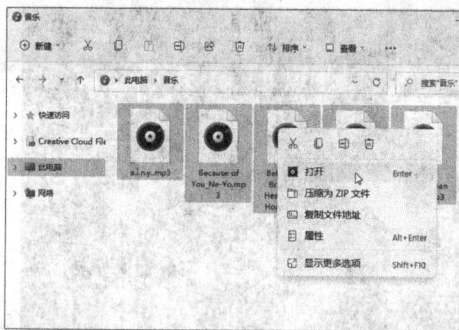

如果电脑中安装有多个音乐播放器，而用户想使用Groove音乐播放器，可以右击音乐文件，在弹出的快捷菜单中单击【打开方式】→【Groove音乐】选项，即可播放所选音乐，如下图所示。

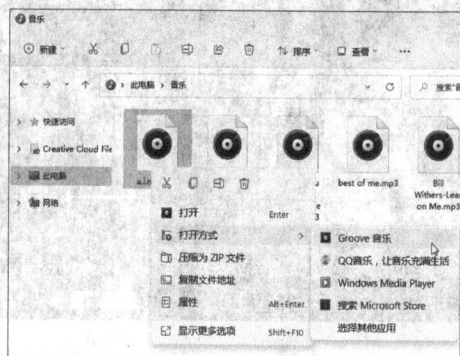

2. 在Groove音乐播放器添加音乐

用户可以在Groove音乐播放器中添加包含音乐的文件夹，以便快速将音乐添加到软件中，具体操作步骤如下。

步骤 01 打开Groove音乐播放器，单击【我的音乐】界面下的【显示查找音乐的位置】超链接，如下图所示。

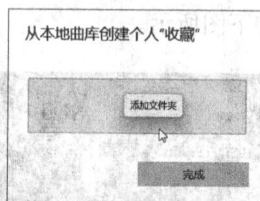

步骤 02 在弹出的【从本地曲库创建个人"收藏"】对话框中，单击【添加文件夹】按钮，如下图所示。

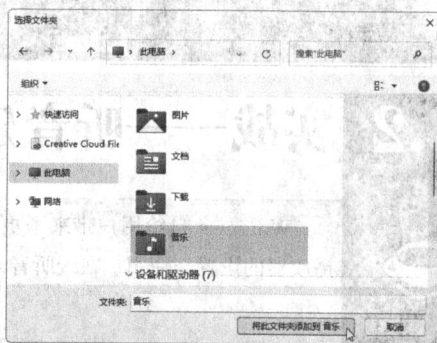

步骤 03 在弹出的【选择文件夹】对话框中，选择电脑中的音乐文件夹，单击【将此文件夹添加到 音乐】按钮，如下图所示。

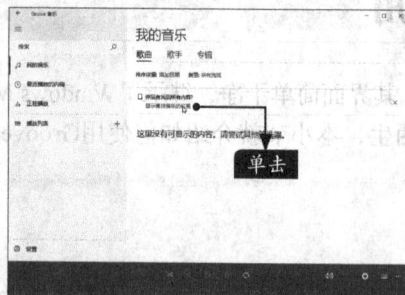

步骤 04 返回【从本地曲库创建个人"收藏"】对话框，单击【完成】按钮，如下图所示。

步骤 05 单击后播放器会扫描并添加该文件夹内

的音乐文件，如下图所示。

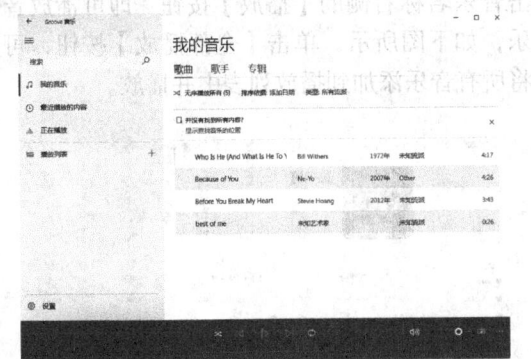

步骤 06 单击左侧的按钮，可以查看最近播放的内容、正在播放的音乐及播放列表，单击顶部的选项卡可以以专辑、歌手、歌曲等分类显示添加的音乐，下图为以"歌曲"列表显示，单击任一音乐即可播放列表中的所有音乐。

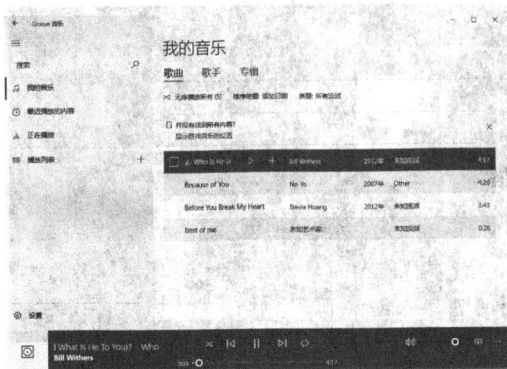

3. 建立播放列表

用户除了可以添加文件夹外，还可以建立播放列表，以对音乐进行分类，具体操作步骤如下。

步骤 01 勾选音乐左侧的复选框，选择要添加的音乐后，单击【添加到】按钮，在弹出的快捷菜单中，单击【新的播放列表】选项，如右上

图所示。

步骤 02 弹出对话框，在文本框中输入播放列表的名称，单击【创建播放列表】按钮，如下图所示。

步骤 03 在播放器左侧的导航菜单中，即可看到创建的播放列表，单击即可显示该播放列表，单击【播放】按钮即可播放音乐，如下图所示。

8.2.2 在线听音乐

用户除了可以听电脑上的音乐，也可以直接在线收听网上的音乐。用户可以直接在搜索引擎中查找想听的音乐，也可以使用音乐播放软件在线听音乐，如QQ音乐、酷我音乐盒、酷狗音乐、网易云音乐等。下面以QQ音乐为例，介绍如何在线听音乐。

步骤 01 下载并安装QQ音乐安装完成后启动软件，进入QQ音乐的主界面，如下页图所示。

步骤02 在【音乐馆】界面中，可选择【精选】【有声电台】【排行】【歌手】【分类菜单】【数字专辑】和【手机专享】等，这里选择【排行】，进入歌曲排行榜类别，然后选择【热歌榜】，如下图所示。

步骤03 在音乐列表中，选择要播放的音乐，单击音乐名称右侧的【播放】按钮▷即可播放音乐，如下图所示；单击【全部播放】按钮，可将所有音乐添加到播放列表中并播放。

步骤04 单击【展开歌曲详情页】按钮，即可显示歌词，如下图所示。

8.2.3 下载音乐

可以在网站和音乐软件下载音乐，而在音乐软件上下载音乐更为方便、快捷。

步骤01 在音乐软件顶部的搜索框中输入要下载的音乐名称，按【Enter】键进行搜索，然后在搜索出来的相关内容中选择要下载的音乐，单击对应音乐的【下载】按钮，在弹出的音质选项菜单中，单击要下载的音质，如下图所示。

步骤02 将歌曲添加到下载列表，单击【本地和下载】选项，即可看到下载的歌曲，如下图所示。

如果要同时下载多首音乐，可单击【批量操作】按钮，然后勾选音乐名前的复选框，进行批量下载；另外，部分音乐只有播放器的会员或付费后才能下载，而且下载后只能在本地播放。

8.3 实战——看视频

随着电脑及网络的普及，越来越多的人开始在电脑上观看视频。本节主要讲述如何使用电影和电视软件、在线看视频、下载视频等。

8.3.1 使用电影和电视软件

电影和电视是Windows 11默认的视频播放软件，以简洁的界面、简单的操作，给用户带来了不错的体验。

电影和电视软件和Groove音乐播放器的使用方法相似，具体如下。

步骤01 打开电影和电视软件，如果要添加视频，可单击【添加文件夹】选项，如下图所示。

步骤02 在弹出的对话框中，添加视频所在的文件夹，单击【完成】按钮，如下图所示。

步骤03 返回主界面，即可看到添加的文件夹和【所有视频】区域下的视频缩略图，如右上图所示。

步骤04 单击要播放的视频的缩略图即可播放，单击下方的控制按钮，可以调整视频的播放速度、声音大小、画面大小等，如下图所示。

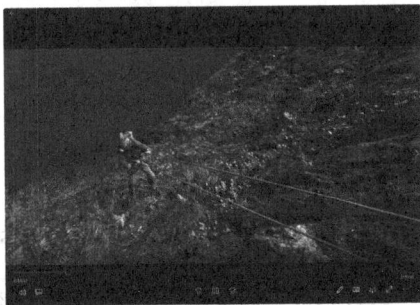

由于电影和电视软件支持的视频格式有限，若用户遇到无法播放的视频格式，可以下载其他播放软件观看视频。

8.3.2 在线看视频

在网速允许的情况下，用户可以在线看视频，不需要将其缓存下来，极其方便。一般可以通过视频客户端和浏览器在线观看视频。使用视频客户端是较为常用的方式，可以随看随播，常用的视频客户端有爱奇艺、腾讯、优酷和芒果TV等。下面以爱奇艺为例，讲述如何在线观看视频。

步骤 01 打开浏览器，在地址栏中输入爱奇艺的网址，然后按【Enter】键，进入爱奇艺主页，如下图所示。

步骤 02 如果要观看指定的视频，可以在搜索框中输入视频名称，然后在搜索结果中选择要播放的视频，如下图所示。

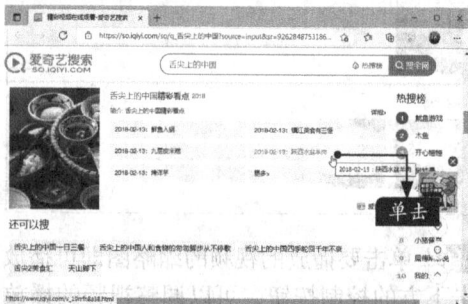

步骤 03 选择后即可观看视频，效果如右上图

所示。

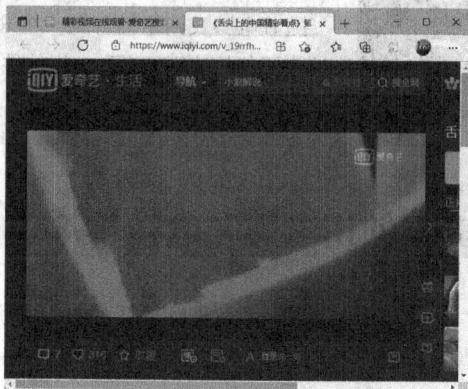

步骤 04 单击【导航】选项，在弹出的导航栏中，可选择要看的视频分类，如下图所示。

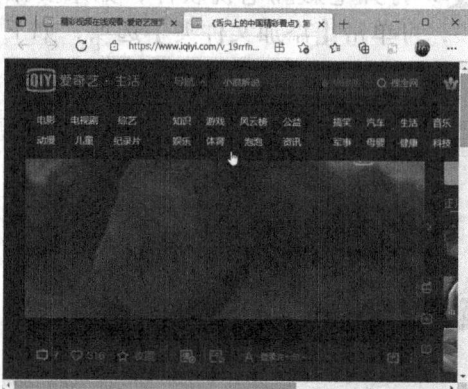

8.3.3 下载视频

将视频下载到电脑中，可以随时观看。而下载视频的方法也有多种，用户可以使用下载软件下载，也可以使用视频客户端离线下载。下面以腾讯视频客户端为例，讲述如何离线下载视频。

步骤 01 打开软件主界面，在搜索框中输入想看的视频名称，在搜索的结果中单击要下载的视频，如右图所示。

步骤 02 进入播放页面，单击【下载】按钮↓，如下图所示。

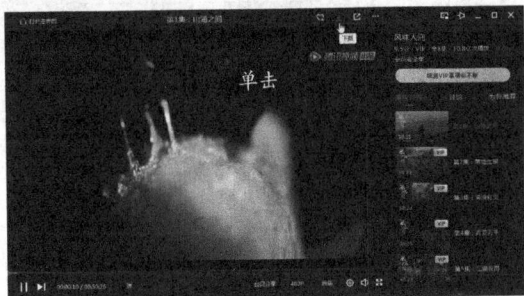

步骤 03 在弹出的【新建下载任务】对话框中，选择要下载的视频及其清晰度，然后单击【确定】按钮，如下图所示。

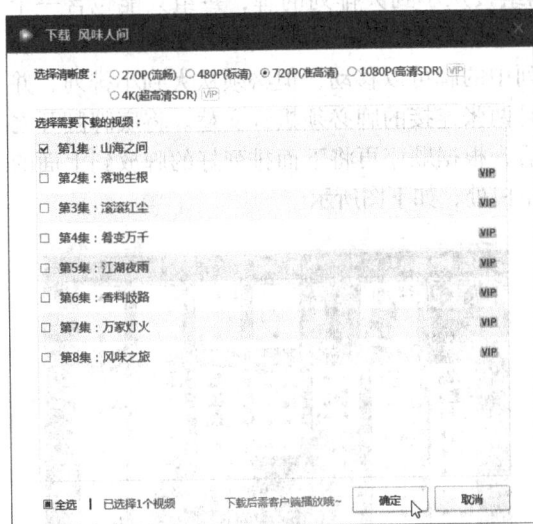

步骤 04 弹出如右上图所示提示框，则表示已添加

下载，单击右上角的【关闭】按钮，可以查看其他内容。

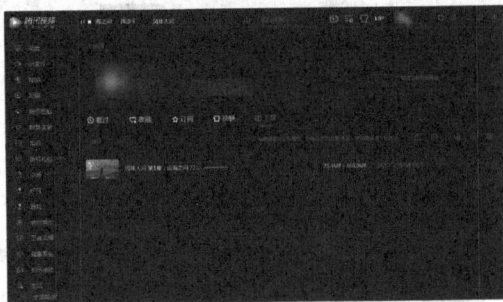

步骤 05 单击【查看列表】按钮即可查看下载情况，如下图所示。

步骤 06 下载完成后，即可播放该视频，如下图所示。

8.4 实战——玩游戏

Windows 11附带了可供用户娱乐的小游戏，用户还可以在Microsoft Store中下载更多的游戏。

8.4.1 单机游戏——纸牌游戏

Windows 11自带了多种纸牌游戏，每种游戏又分为简单、困难等级别，可以给用户带来不同的休闲娱乐体验。下面简单介绍Windows 11自带的纸牌游戏的玩法。

步骤 ⑴ 在所有应用列表中选择"Microsoft Solitaire Collection"选项，如下图所示。

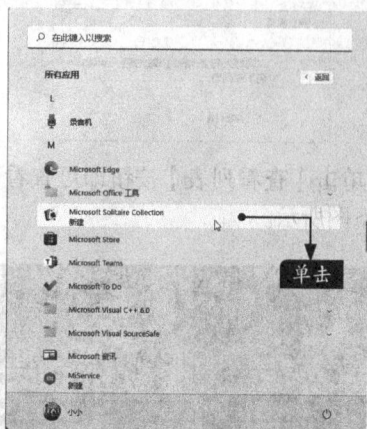

小提示

如果系统中无该软件，用户可以从Microsoft Store中下载。

步骤 ⑵ 打开【Microsoft Solitaire Collection】主界面，如下图所示。

步骤 ⑶ 单击【纸牌】图标，即可打开【纸牌】游戏，如下图所示。

步骤 ⑷ 单击左上角的【菜单】按钮，可以对游戏进行设置，如下图所示。

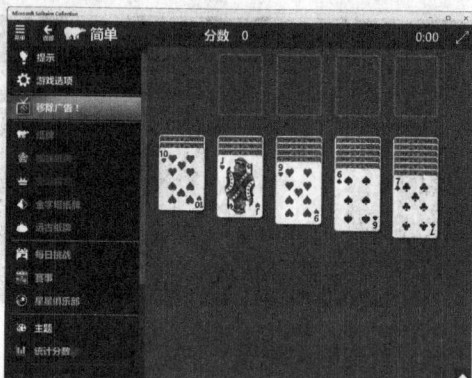

步骤 ⑸ Klondike纸牌的目标是在右上角构建4组按从小到大排列的牌，每组只能包含一个花色。4组牌必须从A开始，以K结束。下方各列中的牌可以移动，但必须从大到小排列，并且两张连接的牌必须黑红交替。将底牌翻开之后，根据顺序再将下面排列好的牌放到上面的空白处，如下图所示。

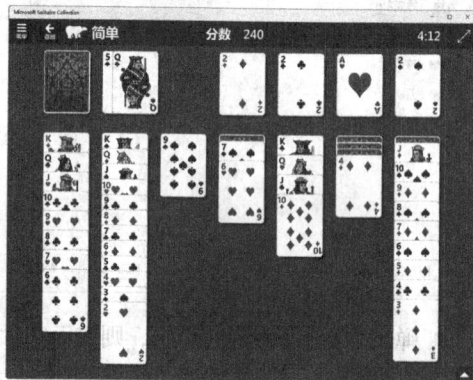

步骤 ⑹ 如果全部排列完成，则会弹出如下对话框，单击【新游戏】按钮可以重新开始，如下图所示。

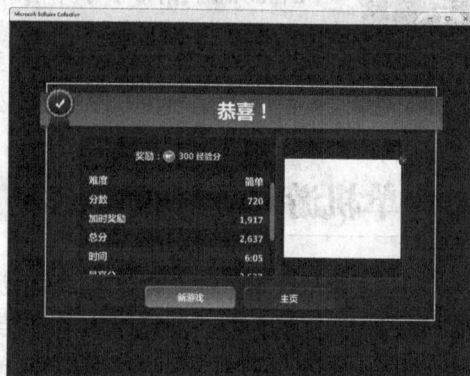

8.4.2 联机游戏——Xbox

Xbox是微软开发的一款家用游戏机。在Windows 11中，微软将旗下各个平台的设备通过Microsoft账户进行统一，同时推出了Windows 11版的Xbox软件，将Xbox的游戏体验融入Windows 11中。用户可以通过Wi-Fi将Xbox游戏串流到Windows 11设备中，如台式机、笔记本电脑或平板电脑上，也可以同步游戏记录、好友列表、成就点数等信息。

1. 登录Xbox软件

用户使用Microsoft账户即可登录Xbox软件，具体操作步骤如下。

步骤 01 打开所有应用列表，单击Xbox软件，如下图所示。

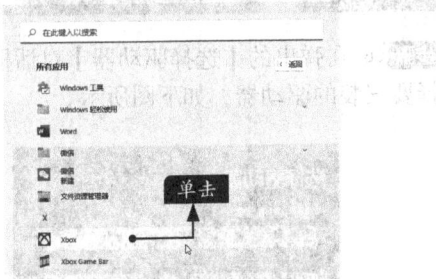

步骤 02 弹出Xbox登录界面，单击【已经是会员？登录】按钮，如下图所示。

步骤 03 首次登录后，会弹出如下对话框，输入用户名称后，单击【创建账户】按钮，如下图所示。

步骤 04 连接成功后，即可进入Xbox的主界面，如下图所示。

2. 添加游戏

用户可以将游戏添加到Xbox软件中，这样可以储存游戏记录、记录游戏成就及分享游戏片段等。

步骤 01 在Xbox软件中，单击【所有电脑游戏】按钮，即可查看所有电脑游戏，如下图所示。

步骤 02 进入游戏页面，单击【获取】按钮，如下页图所示。

步骤 03 在弹出的对话框中，单击【获取】按钮，如下图所示。

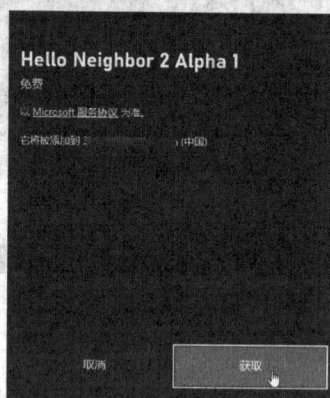

小提示

如果是付费游戏，根据提示进行购买即可。

步骤 04 提示购买完成后，单击【关闭】按钮，如下图所示。

步骤 05 返回游戏页面，单击【安装】按钮，如下图所示。

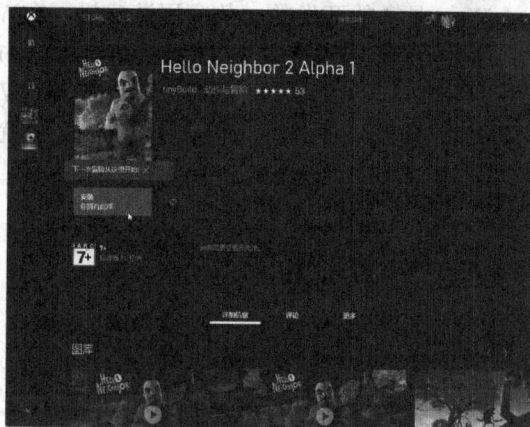

步骤 06 在弹出的【选择驱动器】对话框中，选择要安装的驱动器，如下图所示。

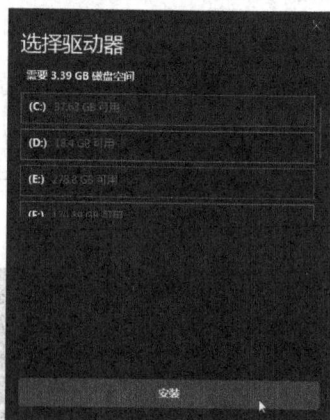

步骤 07 单击后即可下载该游戏，如下图所示。

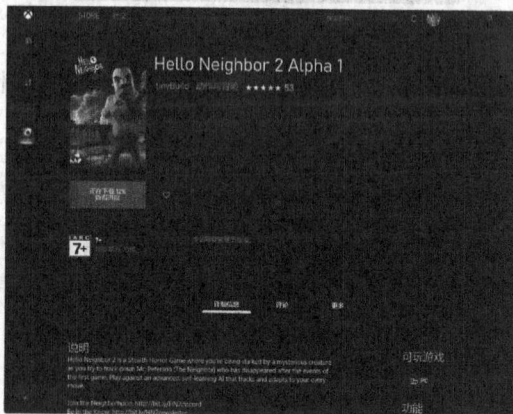

高手私房菜

技巧1：创建图片相册

在照片软件中，用户可以创建图片相册，将同一主题或同一时间段的图片，添加到一个相册中，并为其设置封面，以方便查看。创建图片相册的具体操作步骤如下。

步骤 01 打开照片软件，单击【相册】选项，进入相册页面，然后单击【新建相册】按钮，如下图所示。

步骤 02 进入【新建相册】界面，选择要添加到相册的图片，单击【创建】按钮，如下图所示。

步骤 03 进入相册编辑页面，可以编辑相册标题、设置相册封面、添加或删除图片，编辑完成后单击【完成】按钮，如右上图所示。

步骤 04 编辑完成后，也可以单击【编辑】按钮，如下图所示。

步骤 05 进入视频编辑器界面，可以设置主题、旁白、纵横比及文字等，如下图所示。

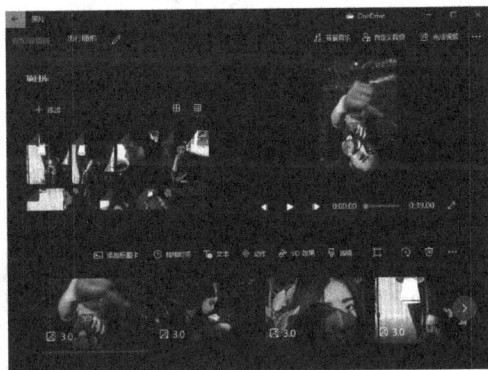

技巧2：标记图片中的人物

在Windows 11的照片软件中，用户可以开启"人物"功能，开启后软件可以对图片进行人脸识别，并以此对图片进行分组，这样能提高用户查找和整理图片的效率。

步骤 01 打开照片软件，单击【人物】选项卡，单击其中的【是】按钮，如下图所示。

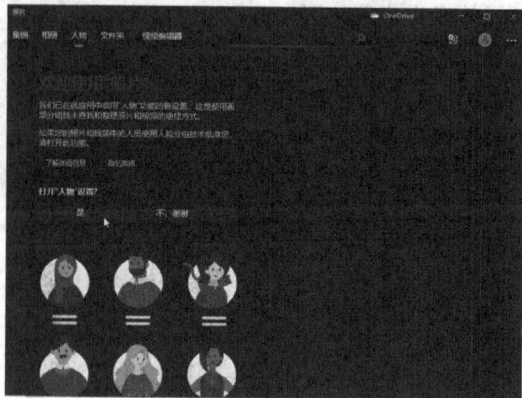

步骤 02 进入【标记朋友和家人】界面，单击【开始标记】按钮，如下图所示。

步骤 03 在显示的人物图片中，单击【添加姓名】按钮，如右上图所示。

步骤 04 在弹出的对话框中输入图片中人物的名字，单击【保存】按钮即可，如下图所示。

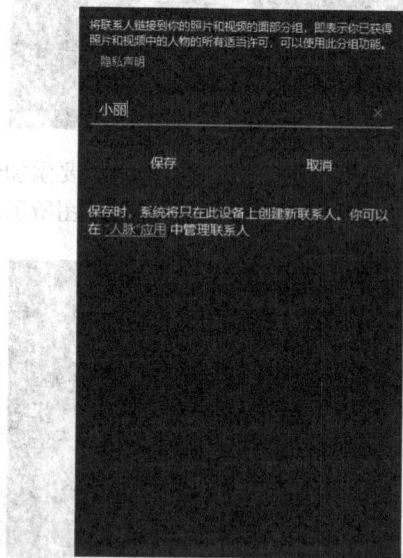

第9章

使用电脑上网

学习目标

使用电脑上网已成为人们学习和工作的重要组成部分。用户可以在网上查看信息、下载需要的资源、购物等，极为便利。

学习效果

9.1 实战——使用Microsoft Edge上网

Microsoft Edge是微软推出的一款轻量级的浏览器，是Windows 11的默认浏览器。

与IE相比，Microsoft Edge在媒体播放、扩展性和安全性上都有了很大提升，又集成了集锦、共享和阅读视图等众多功能，是浏览网页的不错选择。

9.1.1 认识Microsoft Edge

Microsoft Edge简单整洁的界面设计风格，使其更具现代感，下图即为其主界面，主要由标签栏、工具栏和浏览区3部分组成。

标签栏中显示当前打开的网页标签，如上图显示了百度的网页标签，单击【新建标签页】按钮➕即可新建一个标签页，在Web地址栏中输入网址即可访问，如下图所示。

工具栏中包含了后退、前进、刷新、地址栏、将此页面添加到收藏夹、收藏夹、集锦、在IE模式下的重新加载选项卡、账户、设置及其他按钮。

单击【设置及其他】按钮 … ，可以打开Microsoft Edge的设置菜单，用户可以设置浏览器的主题、显示收藏夹栏、默认主页、清除浏览数据、阅读视图风格及进行高级设置等。

9.1.2 设置主页

用户可以根据需求设置启动Microsoft Edge后显示的主页，具体操作步骤如下。

步骤01 单击【设置及其他】按钮⋯，在弹出的菜单中单击【设置】选项，如下图所示。

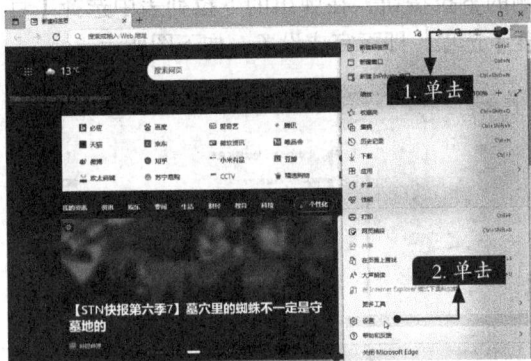

步骤02 打开Microsoft Edge的【设置】页面，单击【开始、主页和新建标签页】选项，然后在右侧的【Microsoft Edge启动时】区域中，选择【打开以下页面】单选项，再单击【添加新页面】按钮，如下图所示。

步骤03 弹出【添加新页面】对话框，输入要设置的网址，并单击【添加】按钮，如下图所示。

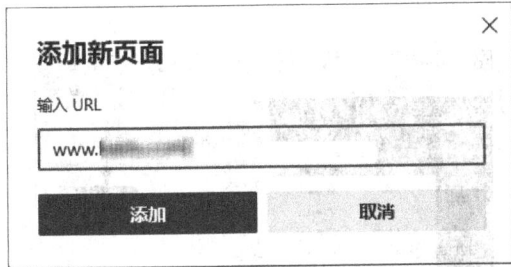

步骤04 单击后即可看到添加的页面，如下图所示。用户也可以添加多个页面，启动浏览器会打开所有添加的页面。

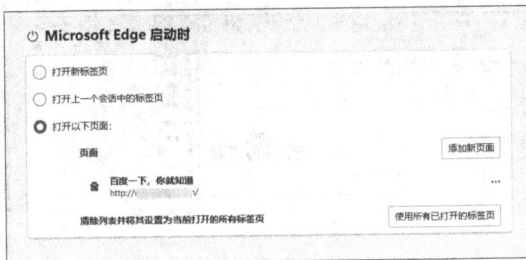

用户还可以在工具栏上添加【首页】按钮，单击该按钮即可打开设置的首页。

步骤01 在【"开始"按钮】区域下，将【将工具栏上显示"首页"按钮】的开关按钮设置为"开"，并在文本框中输入网址，单击【保存】按钮，如下图所示。

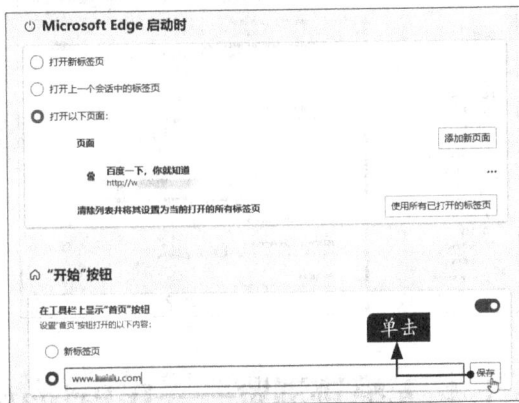

步骤02 工具栏中会显示【首页】按钮，单击即可转向设置的首页，如下图所示。

9.1.3 设置地址栏的搜索引擎

在Microsoft Edge地址栏中可以输入网址并访问，也可以输入要搜索的关键词或其他内容进行搜索，默认搜索引擎为必应，另外也提供其他搜索引擎，用户可以根据需要对其进行修改。

步骤01 单击【设置及其他】按钮…，在弹出的菜单中单击【设置】选项，如下图所示。

步骤02 打开【设置】页面，单击【隐私、搜索和服务】选项，单击【服务】区域下的【地址栏和搜索】选项，如下图所示。

步骤03 单击【在地址栏中使用的搜索引擎】右侧的下拉按钮，在弹出的下拉列表中选择【百度】选项，即可完成设置，如下图所示。

步骤04 退出【设置】页面，在地址栏中输入关键词，按【Enter】键即可显示搜索结果，如下图所示。

9.1.4 无痕迹浏览——InPrivate

Microsoft Edge支持InPrivate浏览，用户在使用该功能时，在浏览完关闭InPrivate标签页后，会删除浏览的数据，不留任何痕迹。这些数据包括Cookie、历史记录、临时文件、表单数据及用户名和密码等。

步骤01 在Microsoft Edge中，单击【设置及其他】按钮…，在打开的菜单中单击【新建InPrivate窗口】选项，如右图所示。

步骤 02 此时即可启用InPrivate浏览，打开一个新的浏览窗口，在该窗口下浏览任何网页，都不会产生记录，如右图所示。

9.2 实战——网上购物

在网上购买手机、订车票、团购酒店等，都属于网上购物的范畴。

用户可以通过电脑、手机、平板电脑等，到电子商务网站搜索喜欢的商品，然后使用银联、支付宝、微信、云闪付或货到付款等支付方式进行网上购物。网上购物以其购买方便、无区域限制、价格低等优点，深受广大用户的喜爱。

9.2.1 网上购物流程

网上购物不同于传统购物，用户只要掌握了它的流程，就可以快速完成。不管在哪个购物平台进行网上购物，其操作流程基本一致，如下图所示。

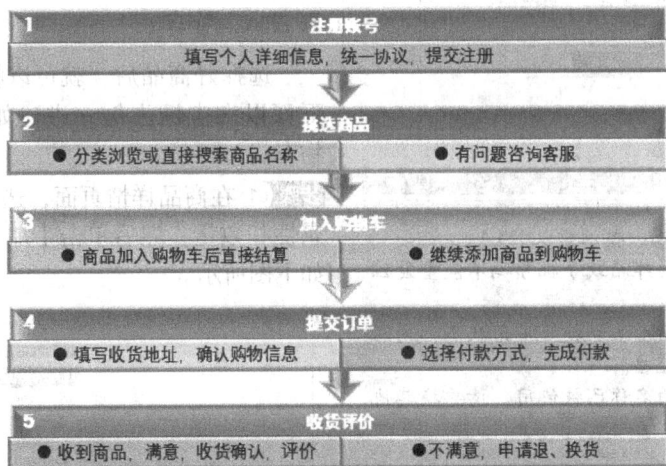

9.2.2 在淘宝网购物

本小节将详细介绍如何在网上购物，具体步骤如下。

1. 注册账号

注册账号是网上购物的前提，购买任何商品都需要先登录账号，这样不仅能方便用户查询相关信息，还能确保其隐私安全。下面以淘宝网为例，讲述如何注册账号。

步骤 01 打开淘宝网主页，单击顶部的【免费注册】超链接，在弹出的【注册协议】对话框中，单击【同意协议】按钮，进入【账户注册】页面，可以选择使用手机号码或邮箱进行注册，根据提示在文本框中输入对应的信息即可，如下图所示。

步骤 02 进入【验证手机】页面，将手机获取的验证码输入文本框中，单击【确定】按钮，即可完成账号注册，如下图所示。

小提示

如果没有注册成功，要注意以下3点。

（1）已注册过的邮箱或手机号码不能重复注册。

（2）请注意将输入法切换为半角状态，内容输入完毕后不要输入空格。

（3）如果注册的名称已被使用，请更换其他名称，其具有唯一性。

2. 挑选商品

注册账号后，用户就可以登录该账号，在网站上挑选并购买自己喜欢的商品。下面以淘宝为例，介绍其具体操作步骤。

步骤 01 打开淘宝网主页，在搜索框中输入商品的名称及信息，这里输入"无线路由器"，单击【搜索】按钮，如下图所示。

步骤 02 弹出搜索结果页面，如下图所示，用户可筛选商品的属性、人气、价格等，然后单击喜欢的商品，即可进入商品详情页面。

3. 加入购物车

选择好商品后，就可以将其加入购物车。下面以淘宝网为例，讲述如何将商品加入购物车。

步骤 01 在商品详情页面，选择要购买的商品的属性和数量，然后单击【加入购物车】按钮，如下图所示。

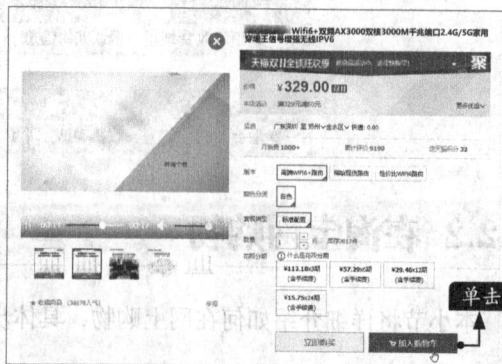

在购买商品前，建议联系客服咨询商品的情况、运费及优惠信息等，例如淘宝网使用旺旺联系客服；如果仅购买一件商品，在淘宝网、苏宁易购等平台，可单击【立刻购买】按钮直接下单，京东等平台则需要加入购物车才可以提交订单。

步骤02 单击后会提示【添加成功】。如需继续挑选商品，则关闭该页面，继续将需要购买的商品添加至购物车。挑选完毕后，单击顶部的【购物车】超链接查看挑选的商品。

4. 提交订单

挑选好要购买的商品后，即可提交订单进行支付。

步骤01 单击顶部右侧的【购物车】超链接，进入【购物车】页面，勾选要结算的商品，如需删除商品，可单击商品右侧的【删除】按钮，确定无误后，单击【结算】按钮，如下图所示。

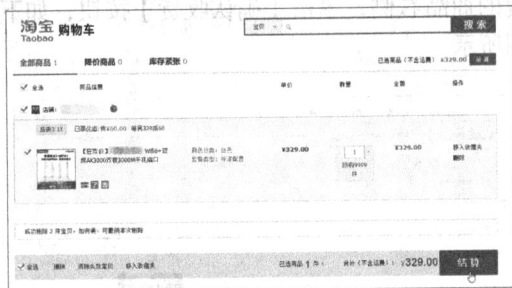

步骤02 如果未设置收货地址，会弹出【创建地址】对话框，如下图所示，在文本框中对应填写收货地址信息，然后单击【保存】按钮即可。

步骤03 确认信息无误后，单击【提交订单】按钮，如右上图所示。

步骤04 转到支付宝付款页面，在页面中选择付款的方式，如果选用账号余额支付，在文本框中输入支付密码，单击【确认付款】按钮即可。如果选用储蓄卡或信用卡，可单击【添加快捷/网银付款】按钮，根据提示添加银行卡即可，如下图所示。

用户不管是使用余额支付还是银行卡支付，都需要提前开通支付宝业务。支付宝可使用邮箱或手机号注册并与淘宝网账号绑定。支付宝是第三方支付平台，使用方便快捷，购买淘宝网的商品都需要用它担保交易，以保障用户的权益。如果收到的商品没问题，支付宝会将交易款项打给卖家。如果有问题，用户可以和卖家协商退、换货，或者进行消费维权。与支付宝相似的还有财付通等。

步骤05 如果填写的支付密码无误，会提示成功付款，如下图所示。单击【查看已买到的宝贝】超链接，可查看已购买商品的信息。

步骤 06 在【已买到的宝贝】页面，可以看到已付款的订单，该订单正等待卖家发货。如果对于购买的商品不满意或不想要了，可单击【退款/退货】超链接，如下图所示。

小提示

用户也可单击网页顶部的【我的淘宝】超链接，单击【已买到的宝贝】超链接进入该页面。

步骤 07 进入【选择服务类型】页面，单击【我要退款（无需退货）】超链接，如下图所示。

小提示

如果已收到商品，则该处应单击【我要退货退款】超链接。

步骤 08 进入申请退款页面，单击【退款原因】的下拉按钮，选择退款原因，在退款说明文本框内可填写退款说明，然后单击【提交】按钮，如下图所示。

步骤 09 提交申请后，需要等待卖家处理，如下图所示，此时可以联系卖家告知退款理由，以快速退款。

5. 收货及评价

确认收货是用户在确认商品没问题后，同意把交易款项支付给卖家；如果没有收到商品或商品有问题，请不要进行收货操作。下面以淘宝网为例，介绍如何确认收货及进行评价。

步骤 01 如果收到卖家发的商品，且确认没有问题，可登录淘宝网，单击顶部的【我的淘宝】→【已买到的宝贝】超链接，在需确认收货的商品右侧，单击【确认收货】按钮，如下图所示。

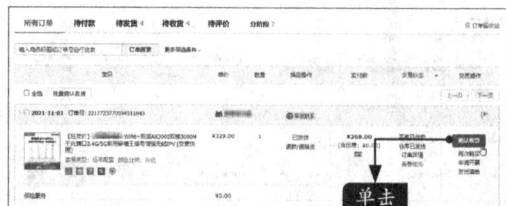

步骤 02 跳转至确认收货页面，在该页面输入支付密码，单击【确定】按钮，如下图所示。

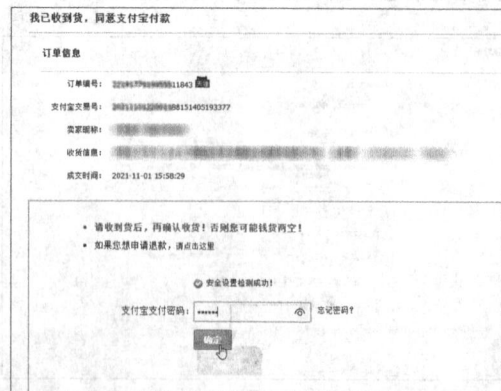

步骤 03 弹出下页图所示的对话框，单击【确定】按钮，即会将交易款项打给卖家，如不确

定，请单击【取消】按钮。

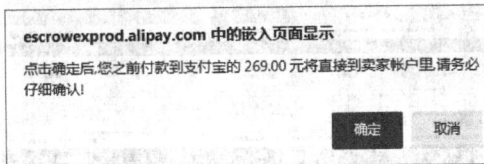

escrowexprod.alipay.com 中的嵌入页面显示

点击确定后，您之前付款到支付宝的 269.00 元将直接到卖家帐户里请务必仔细确认！

确定　取消

步骤 04 单击【确定】按钮后，转入如下图所示的页面，提示"交易已经成功"，这表示交易款项已经打给卖家。

步骤 05 交易成功后，可对商品进行评价。在交易成功页面，拖曳右侧的下拉滑块到页面底部，即可对商品进行评价。用户可以根据自己的购买体验对商品进行中肯的评价，如下图所示。

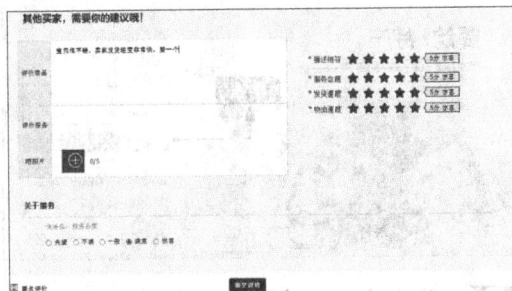

小提示

在网上购买商品，如果买家对商品不满意，在不影响二次销售的情况下，卖家不得以任何理由拒绝买家的退、换货要求；网上购物同样享有7天无条件退款服务，如果遇到不能退、换货的情况，买家可向网购平台投诉卖家。

在网上购物时，商品交易都有固定的交易时长，如果用户在交易时间内未对交易做出任何操作，交易超时后，购物平台会将款项自动打给卖家。例如淘宝网的虚拟交易时间为3天，实物交易时间为10天，其他平台各不相同，用户可在交易详情页面查看。如果需要退、换货，用户可申请延长收货收货时间或联系卖家延长收货时间，以保护自己的权益。

如果用户在规定时间内未对商品做出评价，购物平台将默认给出好评，如淘宝网评价的时间为确认收货后15天。

9.3 实战——网上购买火车票

用户可以根据行程在网上购买火车票，这样可以减少排队购票的时间。本节将讲述如何在网上购买火车票。

步骤 01 进入中国铁路12306网站，单击网页右上角的【登录】超链接，如右图所示。

小提示

如无该网站账号，可单击【注册】超链接注册。

步骤02 进入登录页面，选择登录方式，如这里选择【账号登录】，输入账号和密码，单击【立即登录】按钮，如下图所示。

步骤03 弹出【选择验证方式】对话框，选择一种验证方式，这里选择滑动验证，如下图所示。

步骤04 进入网站首页，填写【出发地】【到达地】和【出发日期】，然后单击【查询】按钮，如下图所示。

步骤05 单击后即会显示相关的车次信息，也可以选择【车次类型】【出发车站】及【发车时间】等，选择要购买的车次，单击【预订】按

钮，如下图所示。

步骤06 选择乘车人和席别，然后单击【提交订单】按钮，如下图所示。

小提示

如果要添加新的乘车人，可单击【我的12306】→【乘车人】选项。

步骤07 弹出【请核对以下信息】对话框，确认车次信息无误后，选择座位，并单击【确认】按钮，如下图所示。

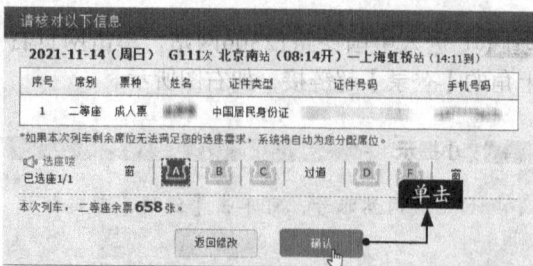

步骤08 进入【订单信息】页面，可以看到车厢和座位信息，确定无误后，单击【网上支付】按钮，然后选择支付方式进行支付即可，如下页图所示。

需要在订单生成后的30分钟内完成支付，否则订单将被取消。

支付完成后，页面提示"交易已成功"。单击【查看车票详情】按钮，可查看已完成订单，也可对未出行订单进行改签、变更到站和退票等操作。

高手私房菜

技巧1：删除上网记录

用户使用浏览器上网时会产生很多上网记录，这些上网记录不但会随着时间的增加而越来越多，而且有可能泄露用户的隐私信息。用户如果不想让别人看见自己的上网记录，则可以把上网记录删除。具体的操作步骤如下。

步骤 01 打开Microsoft Edge，单击【设置及其他】按钮…，在弹出的菜单中单击【历史记录】选项，如下图所示。

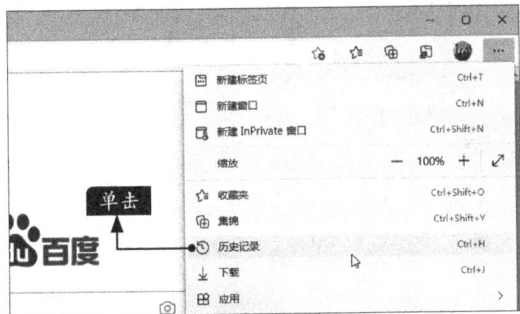

步骤 02 弹出【历史记录】面板，单击【更多设置】按钮…，在弹出的菜单中单击【清除浏览数据】选项，如下图所示。

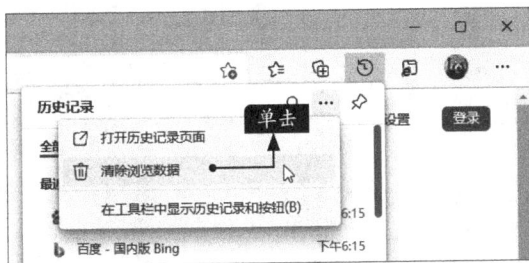

步骤 03 弹出【清除浏览数据】对话框，单击【时间范围】区域下的下拉按钮，在弹出的列表中选择要清除的时间段，如下图所示。

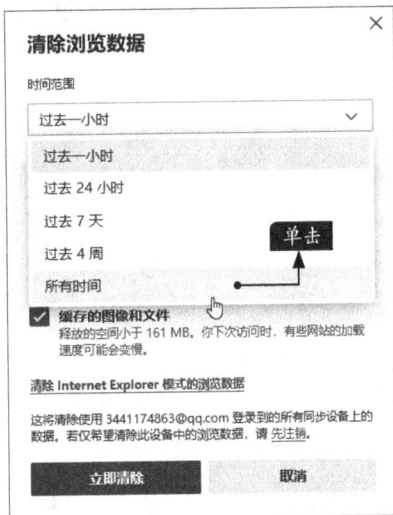

步骤 04 勾选想要删除的内容，单击【立即清除】按钮，即可删除上网记录，如下页图所示。

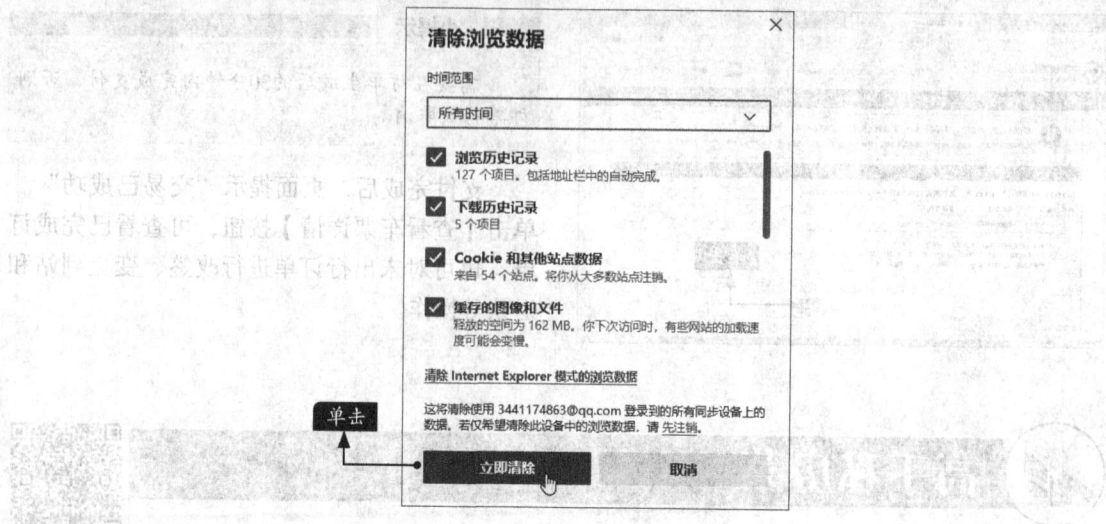

清除浏览数据

时间范围

所有时间

☑ **浏览历史记录**
127 个项目。包括地址栏中的自动完成。

☑ **下载历史记录**
5 个项目

☑ **Cookie 和其他站点数据**
来自 54 个站点。将你从大多数站点注销。

☑ **缓存的图像和文件**
释放的空间为 162 MB。你下次访问时，有些网站的加载速度可能会变慢。

清除 Internet Explorer 模式的浏览数据

这将清除使用 3441174863@qq.com 登录到的所有同步设备上的数据。若仅希望清除此设备中的浏览数据，请 先注销。

单击 ← **立即清除**　　　　取消

技巧2：了解网购交易中的卖家骗术

随着网络交易的增多，网络诈骗也越来越多。

骗子卖家常会采用以下几种手段欺骗买家。

（1）买家拍下商品并付款后，骗子卖家会以各种理由让买家尽快确认收货。此时，买家千万不能听信骗子卖家的花言巧语，一定要等到收到货后再确认收货。

（2）骗子卖家会以各种手段引诱买家使用银行汇款，买家一定要使用支付宝交易，以防上当。

（3）骗子卖家会引诱买家使用支付宝的即时到账功能进行支付，买家应谨慎使用这种支付方式。

第 **10** 章

在网上与他人互动

学习目标

网络已成为人们交流的主要媒介之一。无论是在工作、学习还是生活中，用户利用社交软件，都可以简单、高效地实现信息传递。

学习效果

10.1 聊QQ

QQ不仅支持显示朋友在线信息、即时传送信息、即时传输文件，还具有发送离线文件、聊天室、共享文件、QQ邮箱、游戏、网络收藏夹和发送贺卡等功能。

10.1.1 注册QQ账号

在使用QQ聊天之前，需要注册QQ账号。

步骤01 下载并安装QQ，安装完成后，打开QQ的登录界面，单击【注册账号】超链接，如下图所示。

步骤02 打开默认浏览器，并进入【欢迎注册QQ】页面，在其中输入昵称、密码、手机号码等信息，单击【发送短信验证码】按钮，如下图所示。

步骤03 弹出【拖动下方滑块完成拼图】对话框，拖动滑块进行验证，如右上左图所示。

步骤04 验证完成后，根据弹出的提示框，编辑并发送短信，然后单击【我已发送短信，下一步】按钮，如下右图所示。

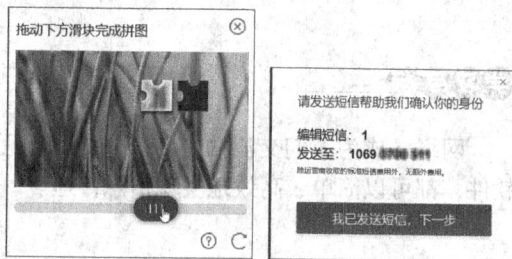

小提示

使用部分手机号注册会收到短信验证码，将其输入文本框后，单击【立即注册】按钮进行注册。

步骤05 单击后跳转至"注册成功"页面，页面上显示注册的QQ号码，如下图所示。单击【立即登录】按钮，则会打开QQ登录界面，如下图所示。

10.1.2 登录QQ

注册QQ账号后，用户即可登录QQ。

步骤 01 打开QQ登录界面，输入QQ账号及密码，并单击【安全登录】按钮，如下图所示。

步骤 02 登录成功后，会显示 QQ 的主界面，如下图所示。

小提示

勾选【记住密码】复选框，下次登录的时候就不需要再输入密码，不建议在陌生电脑中勾选该项；勾选【自动登录】复选框，下次启动QQ时会自动登录这个QQ账号。

10.1.3 添加QQ好友

新注册的QQ账号是没有好友的，用户需要添加好友并得到对方同意之后，才可以与好友交流。

步骤 01 在QQ的主界面中，单击【加好友/群】按钮 👤，如下图所示。

步骤 02 弹出【查找】窗口，单击【找人】选项卡，在文本框中输入账号或昵称，单击【查找】按钮，如右图所示。

步骤 03 在【查找】窗口下方将显示查询结果，单击【添加好友】按钮 ＋好友，如下页图所示。

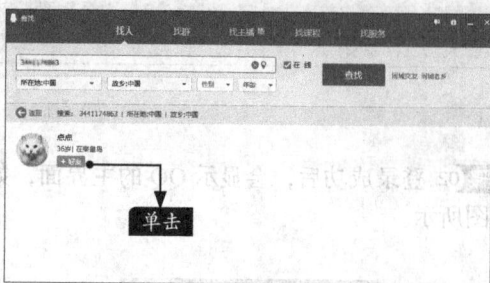

步骤 04 单击后弹出【添加好友】对话框，输入验证信息，单击【下一步】按钮，如下图所示。

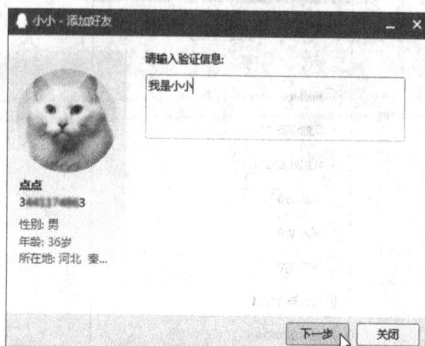

步骤 05 在对话框中单击【分组】文本框右侧的下拉按钮，在弹出的下拉列表中选择好友的分组。单击【下一步】按钮，如下图所示。

步骤 06 好友添加请求将会自动发送，单击【完成】按钮，如下图所示。

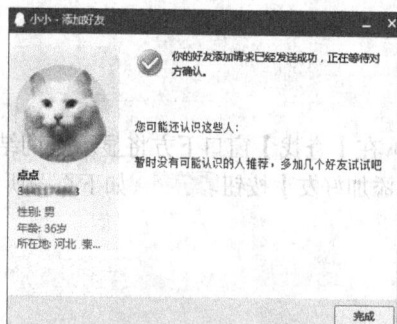

步骤 07 好友添加请求发送后，对方QQ的任务栏中的【验证消息】图标会不停跳动，单击该图标，如下图所示。

步骤 08 弹出【验证消息】页面，在【好友验证】列表中单击【同意】按钮，如下图所示。

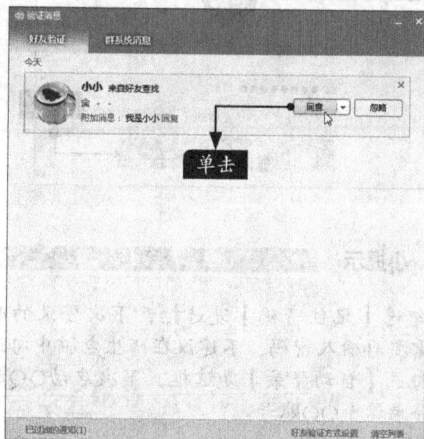

步骤 09 弹出【添加】对话框，在对话框中对好友进行分组，然后单击【确定】按钮，如下图所示。

步骤 10 好友接受添加请求后系统将会给出提示，打开即时聊天窗口可与好友开始聊天，如下图所示。

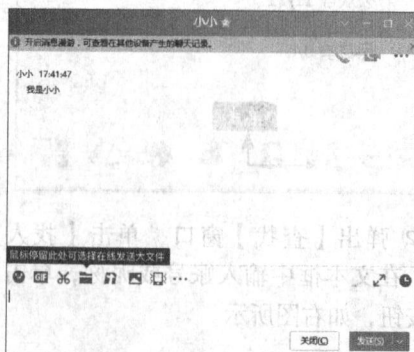

10.1.4 与好友聊天

好友添加完成后，用户即可与之聊天。

1. 发送文字信息

收发信息是QQ最常用和最重要的功能，实现信息收发的前提是用户拥有一个自己的QQ号和至少一个发送对象（即QQ好友）。

步骤01 双击好友头像，打开即时聊天窗口，输入要发送的文字信息，如下图所示。

步骤02 单击【发送】按钮即可发送消息，并且消息会显示在即时聊天窗口中，如下图所示。

2. 发送表情

发送表情的操作步骤如下。

步骤01 在即时聊天窗口中单击【选择表情】按钮，弹出默认表情库，如右上图所示。

步骤02 单击需要发送的表情，表情会显示在聊天输入框中，单击【发送】按钮即可发送表情，如下图所示。

3. 发送图片

在QQ上，我们可以将电脑或相册中的图片分享给好友，发送图片的具体步骤如下。

步骤01 在即时聊天窗口中单击【发送图片】按钮，在弹出的菜单中单击【发送本地图片】选项，如下页图所示。

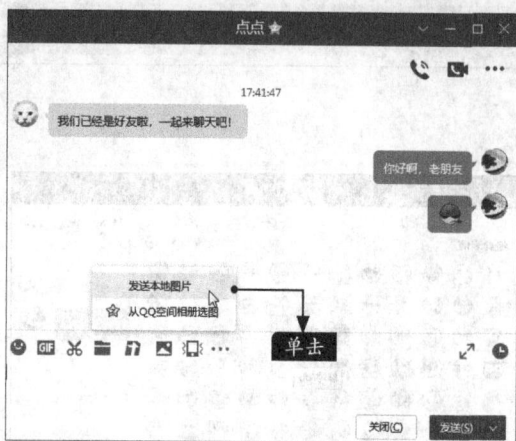

步骤 02 单击后即可打开【打开】对话框，选择

图片后，单击【发送】按钮即可，如下图所示。

10.1.5 语音和视频聊天

用户使用QQ不仅可以通过文字和图片与好友进行交流，还可以通过语音与视频与好友进行沟通。

1. 语音聊天

在双方的电脑都安装了声卡及其驱动程序，并配备音箱或者耳机、话筒的情况下，双方才可以进行语音聊天。语音聊天的具体操作步骤如下。

步骤 01 双击要进行语音聊天的QQ好友的头像，在即时聊天窗口中单击【发起语音通话】按钮，如下图所示。

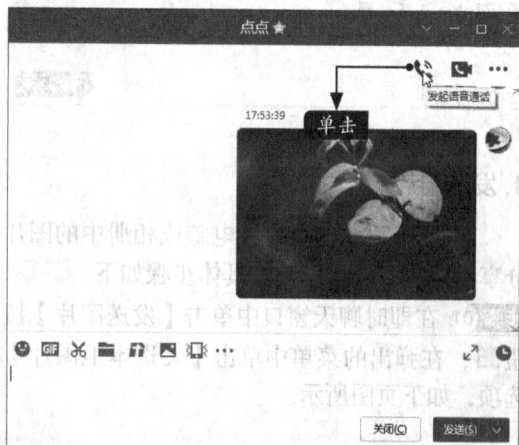

步骤 02 单击后会向对方发送语音聊天请求。如果对方同意语音聊天，会提示已经和对方建立了连接，此时用户可以调整麦克风和扬声器的

音量大小，并进行通话。单击【挂断】按钮即可结束语音聊天，如下图所示。

2. 视频聊天

在双方的电脑安装好摄像头及配备语音设备的情况下，双方才可以进行视频聊天。视频聊天的具体操作步骤如下。

步骤 01 双击要进行视频聊天的QQ好友的头像，在打开的即时聊天页面中单击【发起视频通话】按钮，如下页图所示。

经和对方建立了连接，并显示出对方的页面。如果没有安装好摄像头，则不会显示任何内容，但可以进行语音聊天。

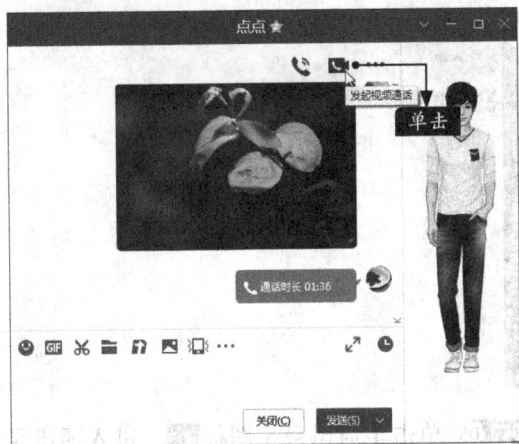

步骤 02 单击后会向对方发送视频聊天请求，如右图所示。如果对方同意视频聊天，会提示已

10.1.6 使用QQ发送文件

用户使用QQ可以给好友传送文件，具体操作步骤如下。

步骤 01 打开即时聊天窗口，将要发送的文件拖曳到信息输入框中，如下图所示。

步骤 02 单击【发送】按钮即可将文件发送给对方，如下图所示，发送时间取决于文件的大小和网速。此时，对方会收到传送文件的待接收信息。

10.2 玩微信

微信是腾讯公司推出的一款即时聊天工具，可以发送语音、视频、图片和文字等。用户除了可以在手机上使用微信外，也可以通过电脑使用微信，在学习、办公方面实现高效的沟通。

微信客户端版和网页版功能基本相同，只是一个是在客户端中登录，另一个是在网页中登录。下面介绍微信客户端版的使用步骤。

步骤 01 打开微信网站，下载并安装微信客户端，然后运行软件，显示如下二维码验证界面。

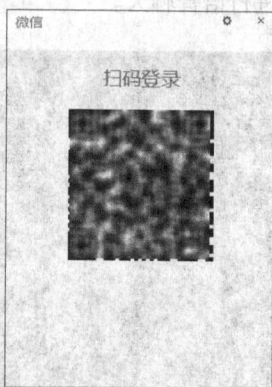

步骤 02 在手机版微信中，点击⊕按钮，在弹出的菜单中选择【扫一扫】选项，如下图所示。

步骤 03 扫描桌面上的二维码，提示用户在手机上确认登录，单击【登录】按钮，如下图所示。

步骤 04 验证通过后，电脑端即可进入微信主界面，如右上图所示。

步骤 05 单击【通讯录】图标，进入通讯录页面，单击选择要发送消息的好友，并单击【发消息】按钮，如下图所示。

步骤 06 进入即时聊天窗口，在文本框中输入要发送的信息，如下图所示。

步骤 07 单击【发送】按钮或按【Enter】键即可发送消息，如下页图所示，另外也可以单击窗口中的【表情】按钮☺发送表情，还可以发送文件、截图等，其方法与QQ相似。

步骤 08 如果要退出微信，在任务栏中右击【微信】图标，在弹出的快捷菜单中单击【退出微信】选项即可，如下图所示。

10.3 刷微博

如果说博客相当于日记本，那么微博就相当于便利贴。用户可以通过微博随时随地记录生活、分享新鲜事。

下面以新浪微博为例，介绍微博的使用方法。

10.3.1 发布微博

用户在开通了微博之后，就可以用微博发表言论了。在新浪微博中发表自己的言论的操作步骤如下。

步骤 01 登录自己的微博，在【有什么新鲜事想分享给大家？】文本框中输入自己想要发表的言论，如最近的心情、遇到的有趣的事情等，如下图所示。

步骤 02 单击【发送】按钮即可发布微博，并在【全部】下方显示出来，如下图所示，用户也可以在个人主页中查看发布的微博。

10.3.2 添加关注

开通微博之后，用户可以添加自己想要关注的人，具体的操作步骤如下。

步骤 01 打开新浪微博首页，在顶部搜索框中，输入要关注的人的昵称或微博账号，按【Enter】键，如下页图所示。

项，在需要关注的账号后面，单击【关注】按钮即可，如下图所示。

步骤 02 在搜索结果页面中，单击【用户】选

10.3.3 转发并评论

用户可以评论并转发自己感兴趣的微博，具体操作步骤如下。

步骤 01 找到要转发的微博，单击微博内容下面的【转发】按钮，在弹出的菜单中单击【转发】选项，如下图所示。

图所示。

步骤 03 此时在【我的主页】页面中，即可看到转发的微博，如下图所示。

小提示

单击【快转】选项，可直接转发。

步骤 02 在该微博下方的文本框中输入要评论的内容，然后单击【转发】按钮，如右上

10.3.4 发起话题

用户可以在微博中发起话题并与好友一起讨论，具体操作步骤如下。

步骤 01 登录微博，单击【有什么新鲜事想分享给大家？】文本框下面的【话题】按钮#，如下页图所示。

步骤02 在【有什么新鲜事想分享给大家？】文本框中插入话题符号"#"，如下图所示。

步骤03 在"#"后，输入想要发起的话题，并以"#"结束，如右上图所示。

步骤04 单击【发布】按钮即可完成话题的发布。单击头像，可以在个人主页查看发布的话题，如下图所示。

高手私房菜

技巧1：一键锁定QQ

离开电脑时，如果担心别人看到自己的QQ聊天信息，除了可以关闭QQ外，还可以将其锁定，下面介绍操作方法。

1. 锁定QQ

打开QQ，按【Ctrl+Alt+L】组合键，弹出对话框，如下图所示，选择锁定QQ的方式，可以使用QQ密码锁定，也可以使用独立密码锁定，选择后单击【确定】按钮，即可锁定QQ。

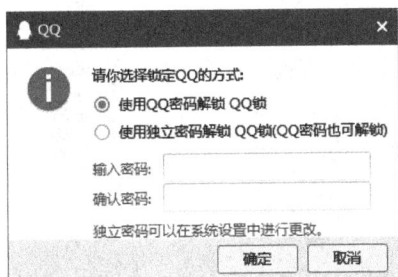

2. 解锁QQ

QQ在锁定状态下不会弹出新消息，用户单击【解锁】图标或按【Ctrl+Alt+L】组合键，在密码框中输入解锁密码，按【Enter】键即可解锁，如下图所示。

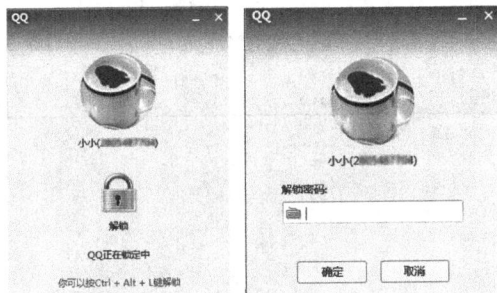

技巧2：备份及还原QQ消息记录

QQ是最为常用的聊天工具之一，所以QQ消息记录是极为重要的数据，用户可以将其导入电脑中进行备份，这样可以在资料因软件卸载、系统重装等丢失时，重新将其恢复。

步骤01 打开并登录QQ，单击底部的【主菜单】按钮 ≡，在弹出的列表中单击【消息管理】选项，如下图所示。

步骤02 弹出【消息管理器】，单击右上角的【工具】按钮 ▼，在弹出的菜单中，单击【导出全部消息记录】选项，如下图所示。

步骤03 在弹出的【另存为】对话框中，选择要保存的路径及设置文件名等，如下图所示，然后单击【保存】按钮，即可将消息记录保存至电脑中，在电脑中打开保存的路径，可以看到保存的消息记录文件。

如果要恢复消息记录，打开【消息管理器】，单击右上角的【工具】按钮 ▼，在弹出的菜单中，选择【导入消息记录】选项。根据提示进行导入操作，选择备份的文件，然后单击【导入】按钮，即可将消息记录导入QQ中。

第 11 章

使用Word 2021制作文档

学习目标

Word是最常用的办公软件之一，也是目前被广泛使用的文字处理软件，用户可以用它方便地完成各种办公文档的制作、编辑及排版等。

学习效果

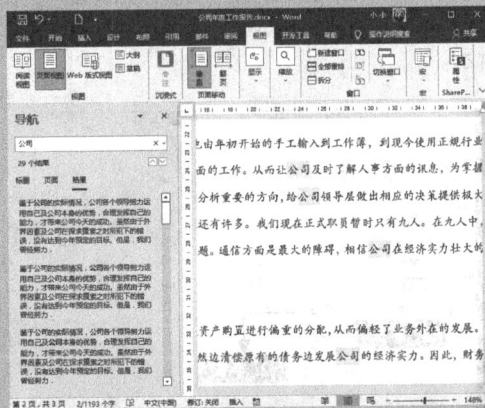

11.1 实战——制作公司内部通知

通知是学校、单位等经常用到的一种知照性公文。公司内部通知是一种仅限于公司内部，为实现某一项活动或决策制定的说明性文件，常用的通知有会议通知、比赛通知、放假通知、任免通知等。

11.1.1 创建并保存Word文档

在制作公司内部通知前，首先需要创建一个Word文档，具体操作步骤如下。

步骤 01 在打开的Word中单击【文件】选项卡，在其列表中单击【新建】选项，在【新建】区域单击【空白文档】选项，即可新建空白文档，如下图所示。

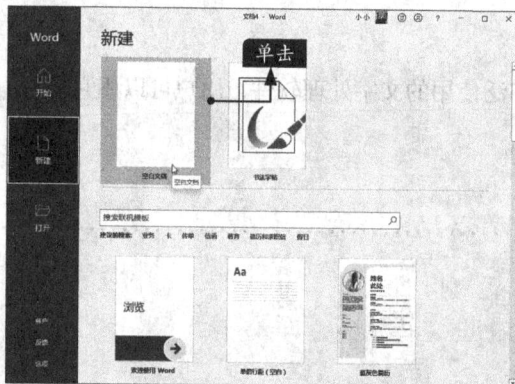

步骤 02 新建空白文档后，按【Ctrl+S】组合键进入【另存为】界面，单击【浏览】选项，如下图所示。

步骤 03 弹出【另存为】对话框，选择要保存的路径，在【文件名】文本框中输入"公司内部通知"，并单击【保存】按钮，如下图所示。

步骤 04 返回Word工作界面，当前文档即被保存为"公司内部通知"，如下图所示。

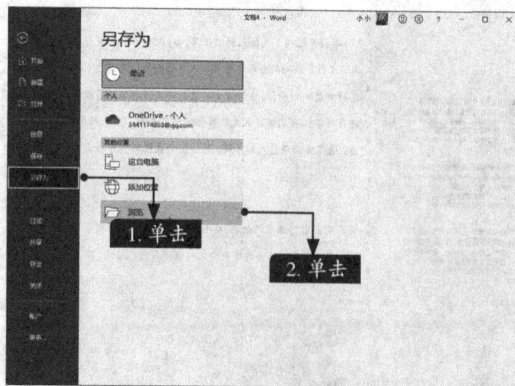

11.1.2 设置文本字体

字体外观的设置将直接影响文本的阅读效果，美观大方的文本可以给人以简洁、清新、赏心悦目的感觉。

步骤01 打开"素材\ch11\公司内部通知.txt"，将全部内容复制到新建的文档中，如下图所示。

步骤02 选中"公司内部通知"文本，在【开始】选项卡中将【字体】设为"华文楷体"，将【字号】设为"二号"，并设置其"加粗"和"居中"显示，如下图所示。

步骤03 使用同样方式分别设置"细则"和"责任"，【字体】为"华文楷体"，【字号】为"小三"，并设置其"加粗"和"居中"显示，如下图所示。

11.1.3 设置文本的段落样式

段落样式是段落的格式。本小节主要讲解设置段落的缩进、行距等。

步骤01 选中正文第一段内容，单击【开始】选项卡下的【段落】选项组中的【段落设置】按钮，如下图所示。

步骤02 弹出【段落】对话框。设置【特殊】为"首行"，【缩进值】为"2字符"，【行距】为"1.5

倍行距"，单击【确定】按钮，如下图所示。

设置，效果如下图所示。

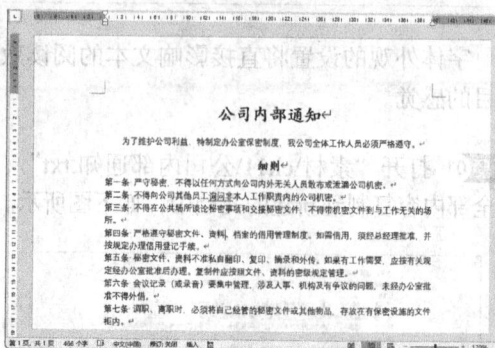

步骤 04 使用同样的方法设置其他段落的格式，最终效果如下图所示。

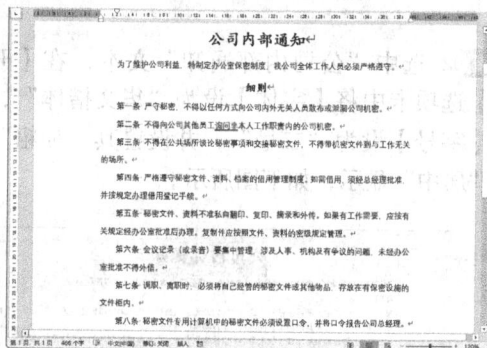

步骤 03 这样即可对所选文本的缩进和行距进行

11.1.4 添加边框和底纹

边框是指在一组字符或句子周围应用边框，底纹是指为所选文本添加背景。在文档中，为选定的字符、段落、页面及图形添加各种颜色的边框和底纹，可以达到美化文档的效果。具体操作步骤如下。

步骤 01 按【Ctrl+A】组合键，选中所有文本，单击【开始】选项卡下【段落】选项组中的【边框】按钮右侧的下拉按钮，在弹出的下拉列表中单击【边框和底纹】选项，如下图所示。

步骤 02 弹出【边框和底纹】对话框，在【设置】列表中单击【三维】选项，在【样式】列表中选择一种线条样式，如下图所示。

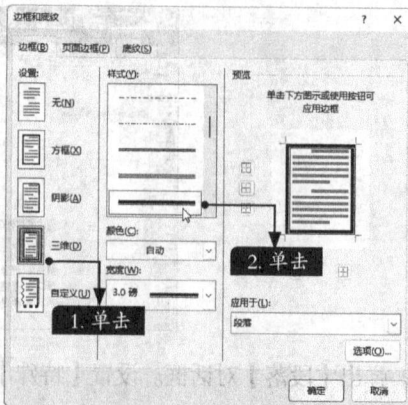

步骤03 在【颜色】区域下，单击【下拉】按钮，在弹出的颜色下拉列表中单击【浅蓝】选项，如下图所示。

步骤04 在【宽度】列表中单击【1.5磅】选项，如下图所示。

步骤05 单击【底纹】选项卡，单击【填充】区域下的下拉按钮，在弹出的颜色下拉列表中

单击【金色，个性色4，淡色80%】选项，如下图所示。

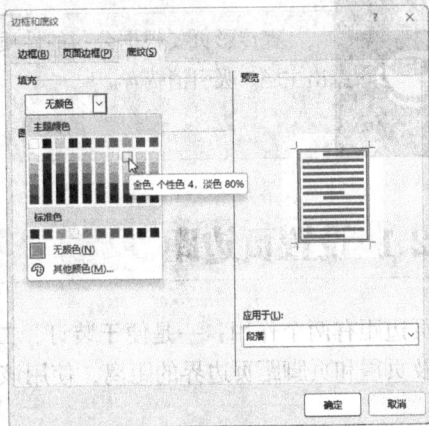

步骤06 设置完成后，单击【确定】按钮，如下图所示。

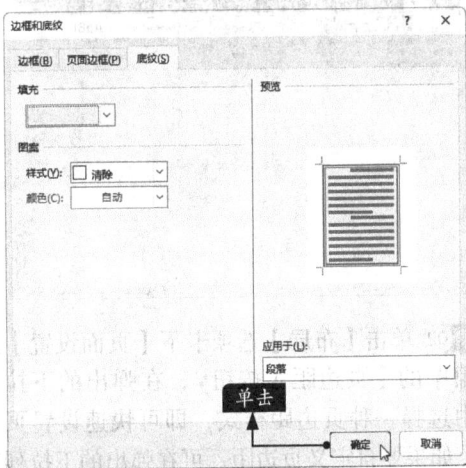

步骤07 最终效果如下图所示，按【Ctrl+S】组合键保存即可。

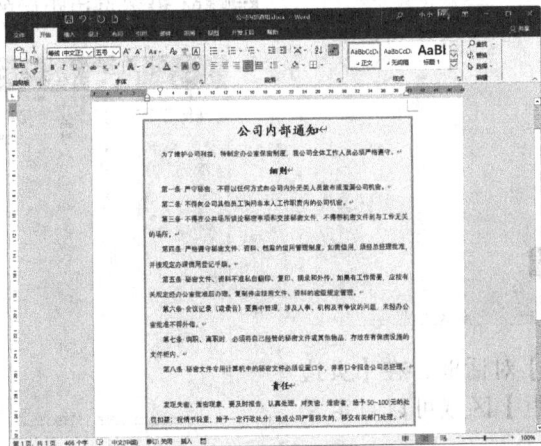

11.2 实战——制作公司宣传彩页

宣传彩页要根据公司的性质确定主体色调和整体风格，这样才更能突出主题、吸引消费者。

11.2.1 设置页边距

页边距有两个作用：一是便于装订，二是可使文档更加美观。页边距包括上、下、左、右边距以及页眉和页脚距页边界的距离，使用该功能设置的页边距十分精确。

步骤 01 新建空白Word文档，并将其另存为"公司宣传彩页.docx"，如下图所示。

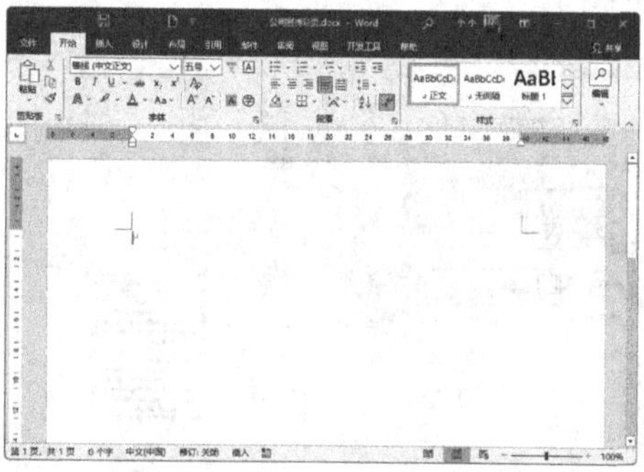

步骤 02 单击【布局】选项卡下【页面设置】选项组中的【页边距】按钮，在弹出的下拉列表中选择一种页边距样式，即可快速设置页边距。如果要自定义页边距，可在弹出的下拉列表中单击【自定义页边距】选项，如下图所示。

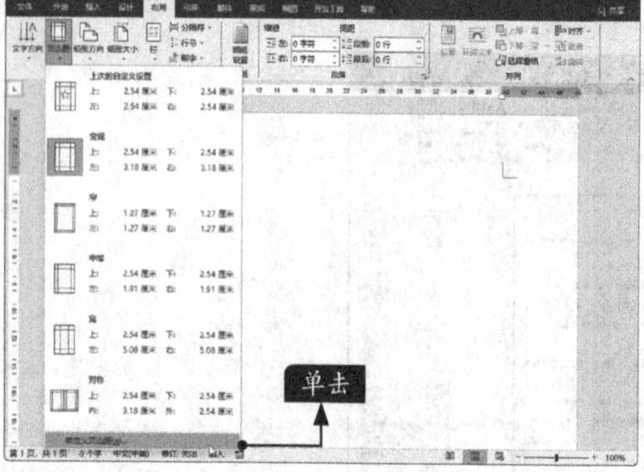

步骤 03 弹出【页面设置】对话框，在【页边距】选项卡下的【页边距】区域可以自定义

【上】【下】【左】【右】的页边距，如将【上】【下】【左】【右】页边距都设置为"2厘米"，单击【确定】按钮，如下图所示。

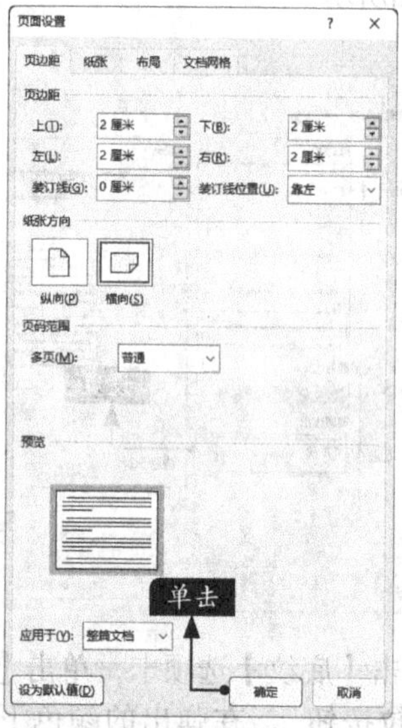

步骤 04 设置页边距后的页面效果如下图所示。

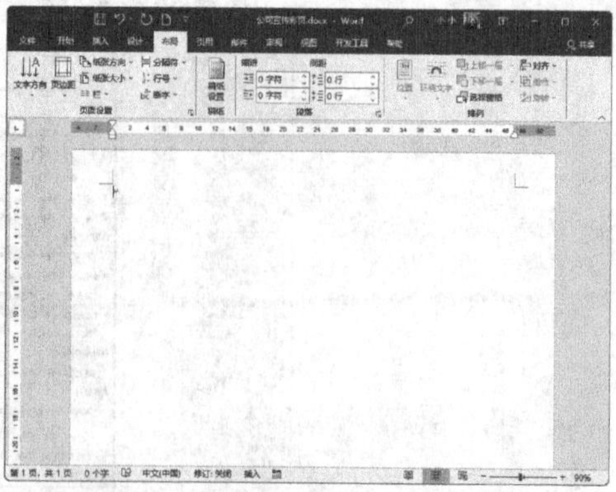

11.2.2 设置纸张的方向和大小

纸张的方向和大小，影响着文档的打印效果，因此设置合适的纸张方向和大小在Word文档制作过程中非常重要。具体操作步骤如下。

步骤 01 单击【布局】选项卡下【页面设置】选项组中的【纸张方向】按钮，在弹出的下拉列表中可以设置纸张方向为【横向】或【纵向】，如单击【横向】选项，如下图所示。

步骤 02 单击【布局】选项卡下【页面设置】选项组中的【纸张大小】按钮，在弹出的下拉列表中可以选择纸张的大小。如果要将纸张设置为其他大小，可单击【其他纸张大小】选项，如下图所示。

步骤 03 弹出【页面设置】对话框，在【纸张】选项卡下的【纸张大小】区域中选择"自定义

大小"，并将【宽度】设置为"32厘米"，高度设置为"24厘米"，单击【确定】按钮，如下图所示。

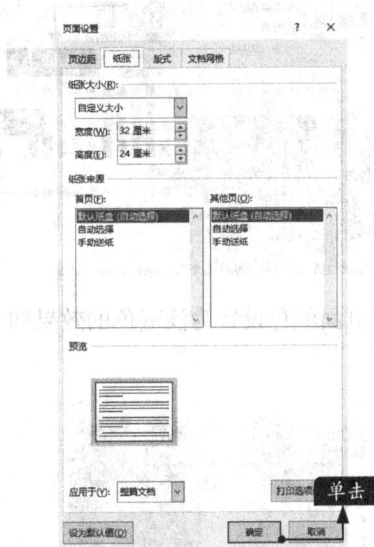

步骤 04 设置纸张的方向和大小的效果如下图所示。

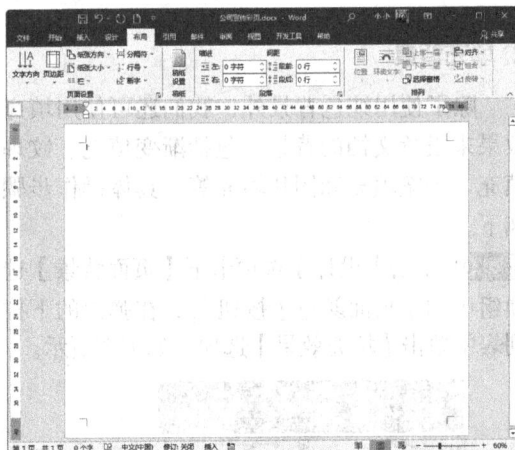

11.2.3 设置页面背景

Word 2021中可以设置页面背景，使文档更加美观，如设置纯色背景填充、填充效果、水印填充及图片填充等。

1. 纯色背景

下面介绍设置页面为纯色背景的方法，具体操作步骤如下。

步骤01 单击【设计】选项卡下【页面背景】选项组中的【页面颜色】按钮，在下拉列表中选择背景颜色，这里选择"浅蓝"，如下图所示。

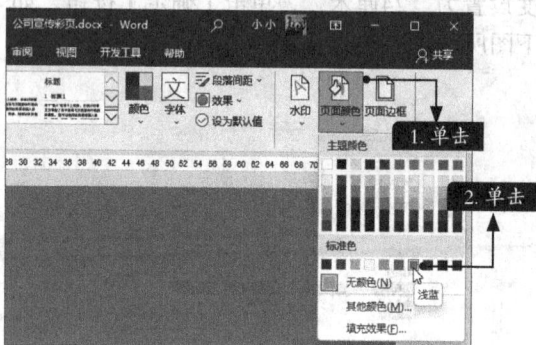

步骤02 将页面颜色设置为浅蓝色的效果如下图所示。

2. 填充背景

除了使用纯色背景外，我们还可使用填充效果来设置文档的背景，包括渐变填充、纹理填充、图案填充和图片填充等。具体操作步骤如下。

步骤01 单击【设计】选项卡下【页面背景】选项组中的【页面颜色】按钮，在弹出的下拉列表中单击【填充效果】选项，如下图所示。

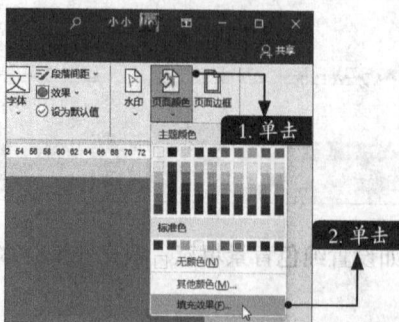

步骤02 弹出【填充效果】对话框，单击选中【双色】单选项，分别设置右侧的【颜色1】和【颜色2】的颜色，这里将【颜色1】设置为"蓝色，个性色5，淡色80%"，【颜色2】设置为"白色"，如下图所示。

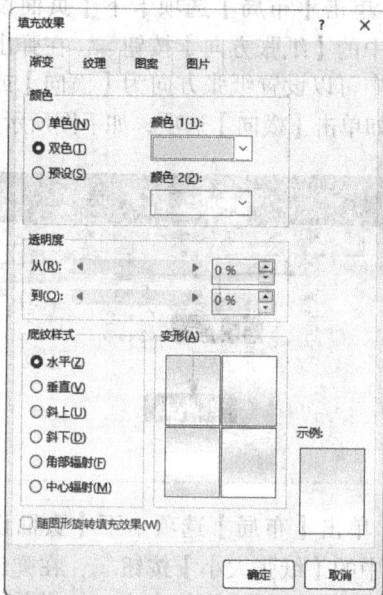

步骤03 在下方的【底纹样式】列表中，单击选中【角部辐射】单选项，然后单击【确定】按钮，如下图所示。

步骤04 设置渐变填充后的页面效果如下页图所示。

小提示

设置纹理填充、图案填充和图片填充的操作与上述操作类似，这里不再赘述。

11.2.4 使用艺术字美化宣传彩页

艺术字是具有特殊效果的字体。艺术字不是普通的文字，而是图形对象，用户可以像处理其他图形那样对其进行处理。Word 2021的插入艺术字功能可以制作出美观的艺术字，并且操作非常简单。

创建艺术字的具体操作步骤如下。

步骤01 单击【插入】选项卡下【文本】选项组中的【艺术字】按钮，在弹出的下拉列表中选择一种艺术字样式，如下图所示。

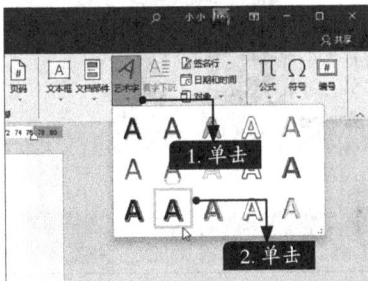

步骤02 在文档中插入"请在此放置您的文字"艺术字文本框，如下图所示。

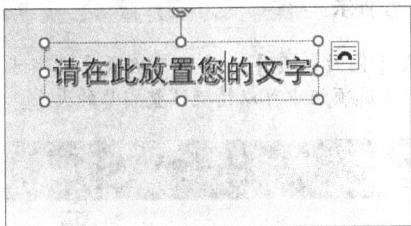

步骤03 在艺术字文本框中输入"龙马电器销售公司"，即可完成艺术字的创建，如下图所示。

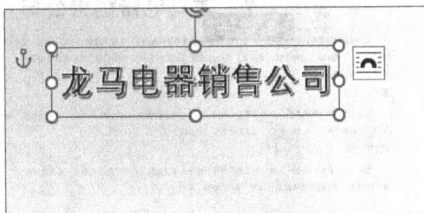

步骤04 将鼠标指针放置在艺术字文本框上，拖曳文本框，将艺术字文本框调整至合适的位置，如下图所示。

11.2.5 插入图片

图片可以使文档更加美观。在Word 2021中，用户可以在文档中插入本地图片，还可以插入联机图片。在Word中插入保存在电脑硬盘中的图片，其具体操作步骤如下。

步骤01 打开"素材\ch11\公司宣传彩页文本.docx"，将其中的内容粘贴至"公司宣传彩页.docx"文档中，并根据需要调整字体、段落格式，如下页图所示。

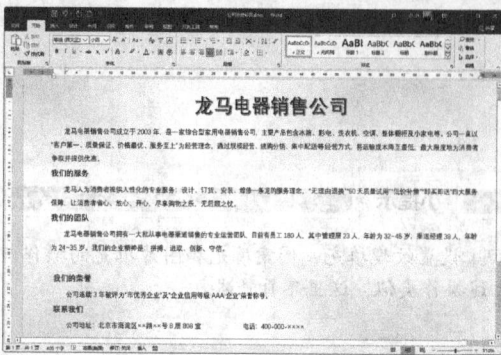

步骤 02 将光标定位于要插入图片的位置，单击【插入】选项卡下【插图】选项组中的【图片】按钮，在弹出的列表中单击【此设备】选项，如下图所示。

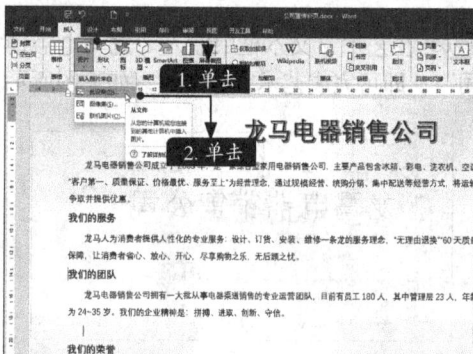

步骤 03 在弹出的【插入图片】对话框中选择需要插入的"素材\ch11\01.png"，单击【插入】按钮，如下图所示。

步骤 04 此时，Word文档中光标所在的位置就插入了选择的图片，如下图所示。

11.2.6 设置图片的格式

图片插入Word文档中后，其格式不一定符合要求，这时就需要对图片的格式进行适当的设置。

1. 调整图片的大小及位置

插入图片后可以根据需要调整图片的大小及位置，具体操作步骤如下。

步骤 01 选中插入的图片，将鼠标指针放在图片4个角的控制点上，当鼠标指针变为形状或形状时，拖曳调整图片的大小，效果如下图所示。

> **小提示**
>
> 在【图片工具】→【图片格式】选项卡下的【大小】选项组中可以精确调整图片的大小。

步骤 02 将光标定位至该图片后面，插入"素材\ch11\02.png"，并根据上述步骤调整图片的大小，如下页图所示。

步骤 03 选中插入的两张图片，将其设置为居中，如下图所示。

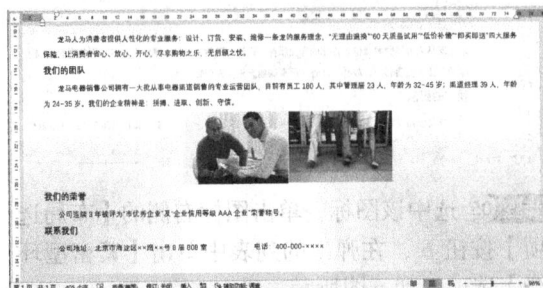

步骤 04 可以通过按【空格】键，使两张图片间留有空白，如下图所示。

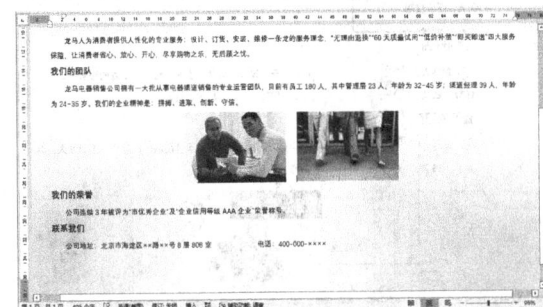

2. 美化图片

插入图片后，用户还可以调整图片的颜色、设置艺术效果、修改图片的样式，使图片更美观。美化图片的具体操作步骤如下。

步骤 01 选中要编辑的图片，单击【图片工具】→【格式】选项卡下【图片样式】选项组中的【其他】按钮▽，在弹出的下拉图片样式列表中选择一种样式，即可改变图片样式，如这里选择【居中矩形阴影】，如右上图所示。

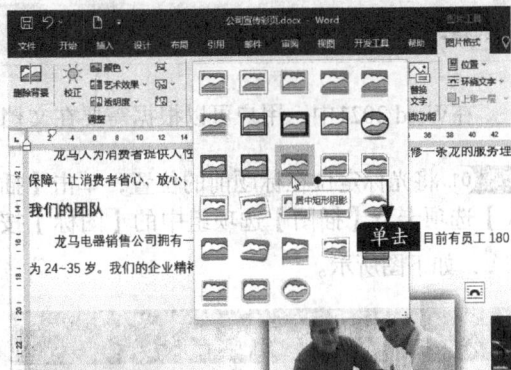

步骤 02 应用图片样式的效果如下图所示。

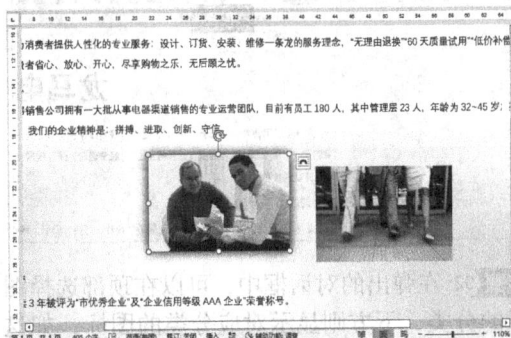

步骤 03 使用同样的方法，为第二张图片应用【居中矩形阴影】效果，如下图所示。

步骤 04 根据情况调整图片的位置及大小，最终效果如下图所示。

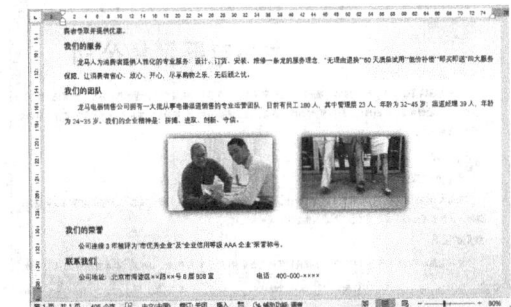

11.2.7 插入图标

在Word 2021中，用户可以根据需要在文档中插入系统自带的图标。

步骤01 将光标定位在标题前的位置，单击【插入】选项卡下【插图】选项组中的【图标】按钮，如下图所示。

步骤02 在弹出的对话框中，可以在顶部选择图标的分类，下方则显示对应分类的图标，如这里选择"业务"分类下的图标，然后单击【插入】按钮，如下图所示。

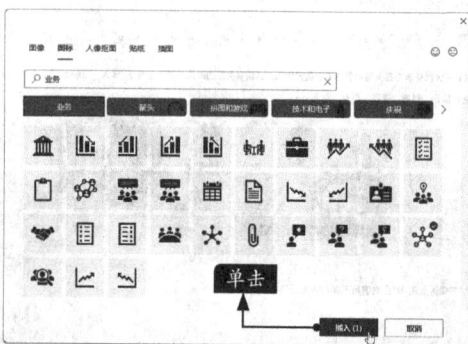

步骤03 在光标位置即会插入所选图标，效果如下图所示。

步骤04 选中插入的图标，将鼠标指针放置在图标的右下角，指针变为形状，拖曳调整其大小，如下图所示。

步骤05 选中该图标，单击图标右侧的【布局选项】按钮，在弹出的列表中单击【紧密型环绕】选项，如下图所示。

步骤06 设置图标布局的，效果如下图所示。

步骤07 使用同样的方法设置其他标题的图标，

效果如下图所示。

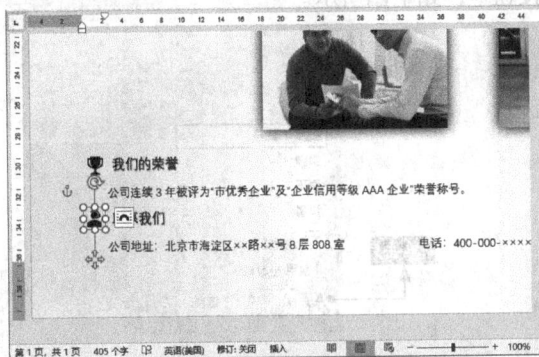

步骤 08 图标设置完成后，可根据情况调整文档

的细节并保存，最终效果如下图所示。

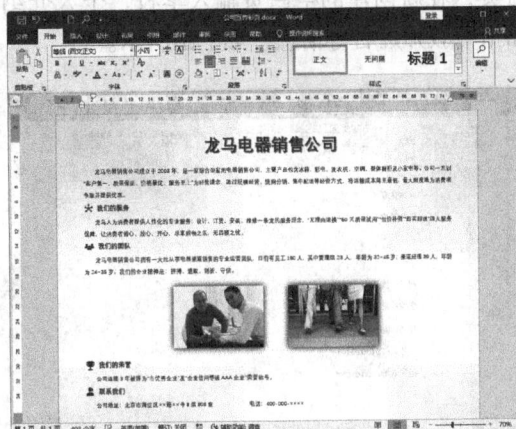

11.3 实战——排版毕业论文

用户排版毕业论文时需要注意，文档中同一类别的文本的格式要统一，层次要有明显的区分，对同一级别的段落应设置相同的大纲级别，此外某些页面还需要单独显示。

下图为常见的毕业论文结构。

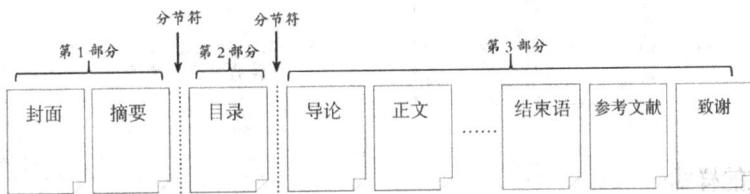

11.3.1 为标题和正文应用样式

排版毕业论文时，用户通常需要先制作毕业论文首页，然后为标题和正文内容设置并应用样式。

1. 设计毕业论文首页

在排版毕业论文的时候，首先需要为其设计首页，以描述个人信息。

步骤 01 打开"素材\ch11\毕业论文.docx"，将光标定位至文档的最前面，如右图所示。

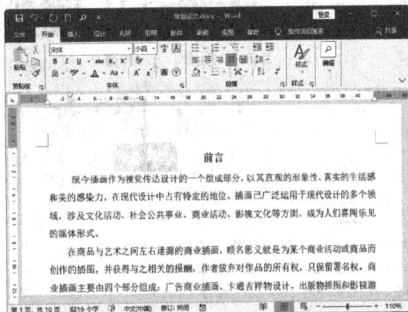

步骤 02 按下【Ctrl+Enter】组合键即可插入空白页，在新创建的空白页输入学校、个人介绍和指导教师姓名等信息，如下图所示。

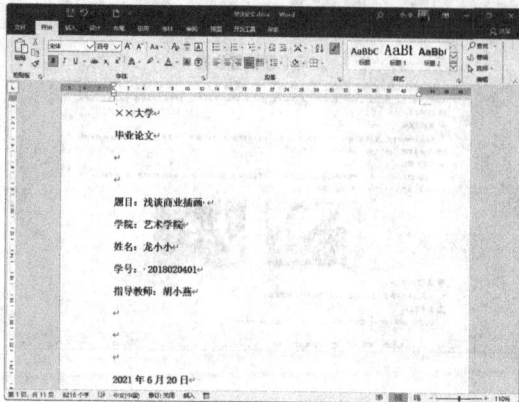

步骤 03 根据需要为不同的信息设置不同的格式，如下图所示。

2. 设置毕业论文的样式

毕业论文通常会要求统一样式，用户需要根据学校提供的样式信息来统一设置。

步骤 01 选中需要应用样式的文本，单击【开始】选项卡下【样式】选项组中的【样式】按钮，如下图所示。

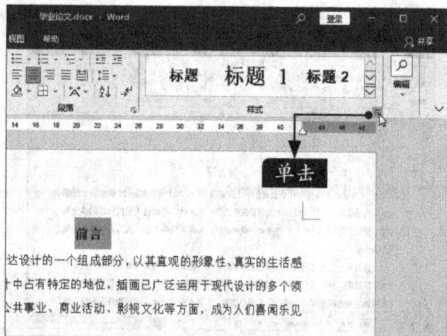

步骤 02 弹出【样式】窗格，单击【新建样式】按钮，如下图所示。

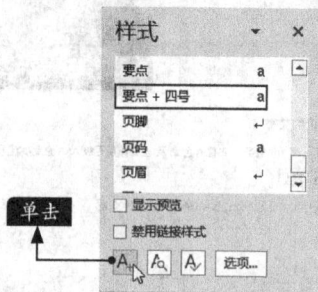

步骤 03 弹出【根据格式化创建新样式】对话框，在【名称】文本框中输入新建样式的名称，例如输入"论文标题1"，在【格式】区域根据规定设置字体样式，如下图所示。

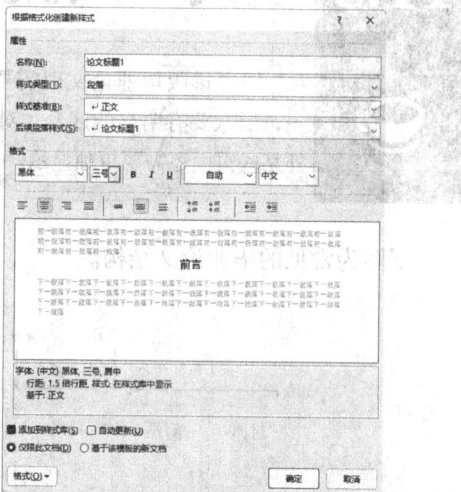

步骤 04 单击左下角的【格式】按钮，在弹出的下拉列表中单击【段落】选项，如下图所示。

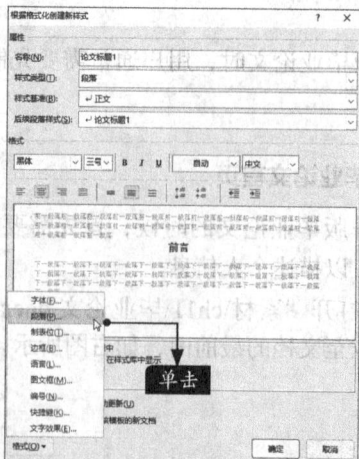

步骤 05 单击后即可打开【段落】对话框，根据要求设置段落样式，在【缩进和间距】选项卡下的【常规】选项组中单击【大纲级别】文本框后的下拉按钮，在弹出的下拉列表中单击【1级】选项，然后设置【间距】，设置完成后，单击【确定】按钮，如下图所示。

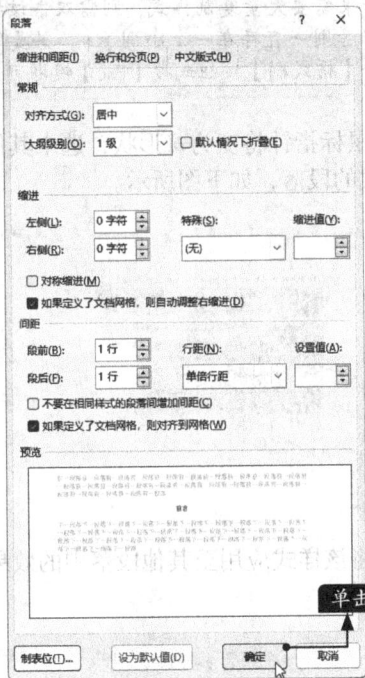

步骤 06 返回【根据格式化创建新样式】对话框，在中间区域浏览效果，单击【确定】按

钮，如下图所示。

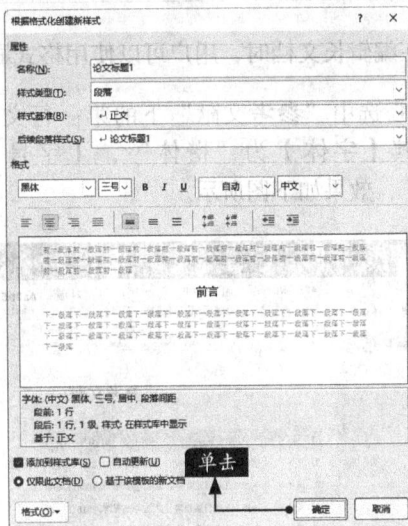

步骤 07 在【样式】窗格中可以看到创建的新样式，Word文档中会显示设置后的效果，如下图所示。

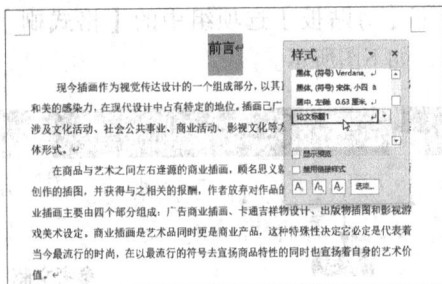

步骤 08 选中其他需要应用该样式的段落，单击【样式】窗格中的【论文标题1】样式，即可应用该样式。使用同样的方法为其他标题及正文设置样式。最终效果如下图所示。

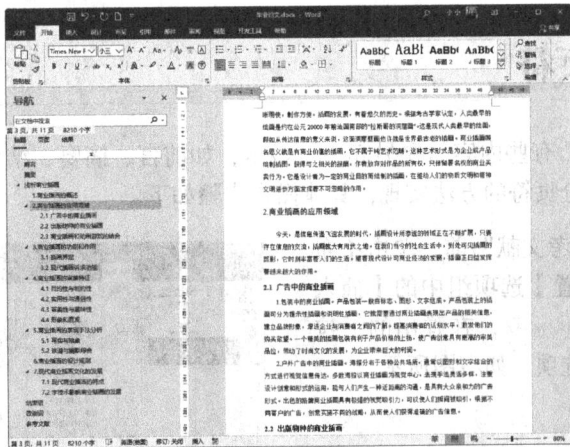

11.3.2 使用格式刷

在编辑长文档时，用户可以使用格式刷快速应用样式。具体操作步骤如下。

步骤01 选中"参考文献"下的第一行文本，设置其【字体】为"楷体"，【字号】为"12"，效果如下图所示。

步骤02 选中设置后的段落，单击【开始】选项卡下【剪贴板】选项组中的【格式刷】按钮，如下图所示。

小提示

单击【格式刷】按钮，可执行一次样式复制操作；如果需要大量复制样式，则需双击该按钮，鼠标指针旁则一直存在一个小刷子，若要取消操作，单击【格式刷】按钮或按【Esc】键即可。

步骤03 鼠标指针将变为刷形状，选中其他要应用该样式的段落，如下图所示。

步骤04 将该样式应用至其他段落中的效果如下图所示。

11.3.3 插入分页符

在排版毕业论文时，有些内容需要另起一页显示，如前言、摘要、结束语、致谢词、参考文献等。这可以通过插入分页符的方法实现，具体操作步骤如下。

步骤01 将光标放在"参考文献"前，单击【布局】选项卡下【页面设置】选项组中的【插入分页符和分节符】按钮，在弹出的下拉列表中单击【分页符】选项，如右图所示。

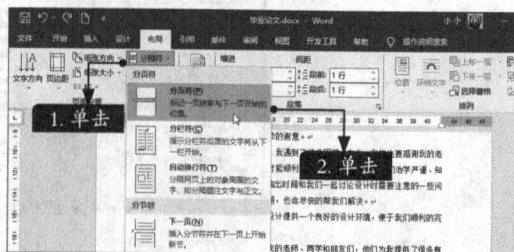

步骤02 单击后，"参考文献"及其下方的内容将另起一页显示，如下图所示。

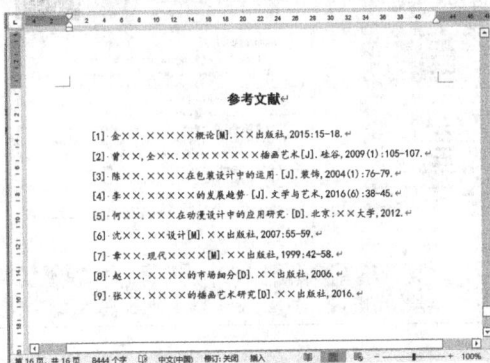

步骤03 使用同样的方法，为前言、摘要、结束语及致谢词设置分页，如下图所示。

11.3.4 设置页眉和页码

毕业论文可能需要插入页眉，使其看起来更美观。如果要生成目录，还需要在文档中插入页码。设置页眉和页码的具体操作步骤如下。

步骤01 单击【插入】选项卡下【页眉和页脚】选项组中的【页眉】按钮，在弹出的【页眉】下拉列表中选择【空白】页眉样式，如下图所示。

步骤02 在【页眉和页脚】选项卡下的【选项】选项组中勾选【首页不同】和【奇偶页不同】复选框，如下图所示。

步骤03 在奇数页页眉中输入内容，并根据需要设置字体样式，如下图所示。

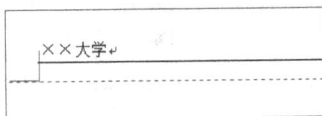

步骤04 创建偶数页页眉，并设置字体样式，如下图所示。

步骤05 单击【页眉和页脚】选项卡下【页眉和页脚】选项组中的【页码】按钮，在弹出的下拉列表中选择一种页码格式，如下图所示。

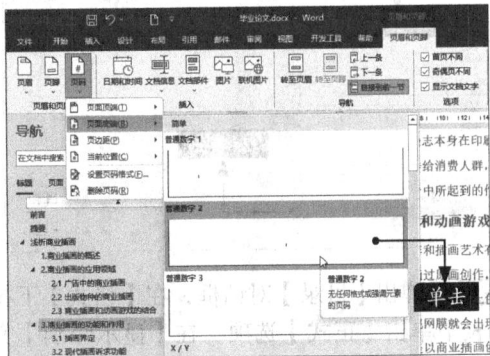

步骤 06 选择后即可在页面底端插入页码，单击【关闭页眉和页脚】按钮 ⊠，如右图所示。

11.3.5 生成并编辑目录

格式设置完后，即可生成目录，具体步骤如下。

步骤 01 将光标定位至文档第2页最前面的位置，单击【布局】选项卡下【页面布置】选项组中的【分隔符】按钮 ᄅ分隔符·，在弹出的列表中单击【下一页】选项，添加一个空白页，在空白页中输入"目录"，并根据需要设置字体样式，如下图所示。

步骤 02 单击【引用】选项卡下【目录】选项组中的【目录】按钮，在弹出的下拉列表中单击【自定义目录】选项，如下图所示。

步骤 03 弹出【目录】对话框，在【格式】下拉列表中单击【正式】选项，在【显示级别】文

本框中输入或者调整显示级别为"3"，在预览区域可以看到设置后的效果，各项设置完成后，单击【确定】按钮，如下图所示。

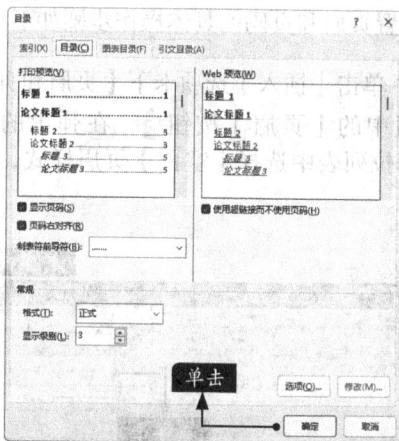

步骤 04 单击后就会在指定的位置生成目录，效果如下图所示。

步骤 05 选中目录文本，根据需要设置目录的字

体格式，效果如下图所示。

步骤 06 完成毕业论文的排版，最终效果如下图所示。

11.4 实战——递交准确的年度报告

年度报告包含公司整个年度的财务报告及其他相关文件，也可以是公司一年历程的简单总结，如公司一年的经营状况、举办的活动、制度的改革及文化的发展等，向员工介绍这些可以激发员工的工作热情、增进员工与领导的交流，有利于公司的良性发展。

根据实际情况的不同，每个公司的年度报告也不相同，但是对于年度报告的制作者来说，递交的年度报告必须是准确无误的。

11.4.1 像翻书一样"翻页"查看报告

在Word 2021中，默认的阅读模式是"垂直"，在阅读长文档时，如果使用鼠标拖曳滑块进行浏览，难免会效率低下。为了更好地阅读，用户可以使用"翻页"阅读模式查看长文档。

步骤 01 打开"素材\ch11\公司年度工作报告.docx"，单击【视图】选项卡下【页面移动】选项组中的【翻页】按钮，如下图所示。

步骤 02 单击后即可进入【翻页】阅读模式，效果如下图所示。

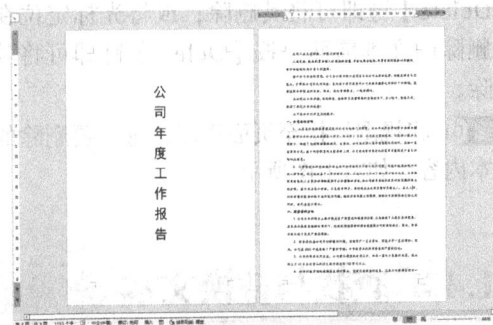

步骤 03 按【Page Down】键或向下滚动一次鼠标滑轮即可向后翻页，如下页图所示。

模式，如下图所示。

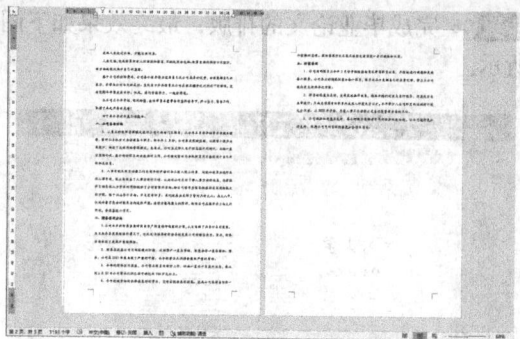

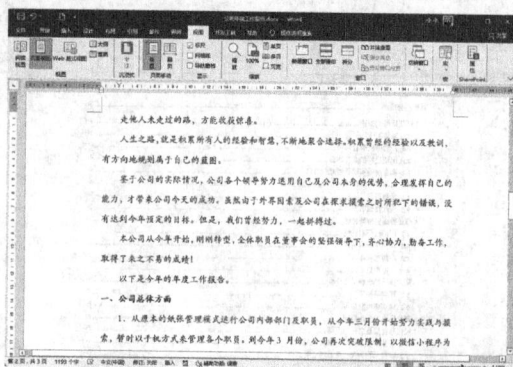

步骤 04 单击【垂直】按钮，即会退出【翻页】

11.4.2 删除与修改文本

删除错误的文本并修改，是文档编辑过程中的常用操作。删除文本的方法有多种。

在键盘中有两个删除键，分别为【Backspace】键和【Delete】键。【Backspace】键是退格键，它的作用是使光标左移一格，同时删除光标左边的文本或删除选中的文本。【Delete】键用于删除光标右侧的文本或选中的文本。

1. 使用【Backspace】键删除文本

将光标定位至要删除的文本后方，或者选中要删除的文本，按键盘上的【Backspace】键即可将其删除。

2. 使用【Delete】键删除文本

选中要删除的文本，然后按键盘上的【Delete】键即可将其删除；或将光标定位在要删除的文本前面，按【Delete】键即可将其删除。

步骤 01 将视图切换至页面视图，选中要删除的文本内容，如右上图所示。

步骤 02 按【Delete】键即可将其删除，然后重新输入内容即可，如下图所示。

11.4.3 查找与替换文本

查找功能可以帮助用户定位所需的内容，用户也可以使用替换功能将查找到的文本或文本格式替换为新的文本或文本格式。

1. 查找

查找功能可以帮助用户定位目标位置，以便快速找到想要的信息。查找分为查找和高级查找两种。

（1）查找

步骤 01 在打开的素材文件中，单击【开始】选项卡下【编辑】选项组中的【查找】按钮右侧的下拉按钮，在弹出的下拉列表中单击【查找】选项，如下图所示。

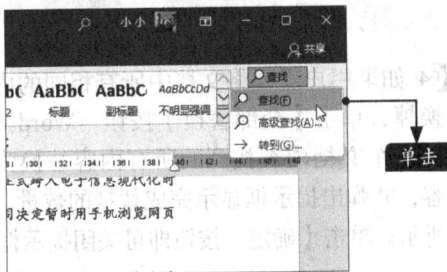

小提示

用户也可以按【Ctrl+F】组合键执行【查找】命令。

步骤 02 左侧打开【导航】任务窗格，在文本框中输入要查找的内容，这里输入"公司"，文本框的下方提示"29个结果"，在文档中查找到的内容都会以黄色背景显示，如下图所示。

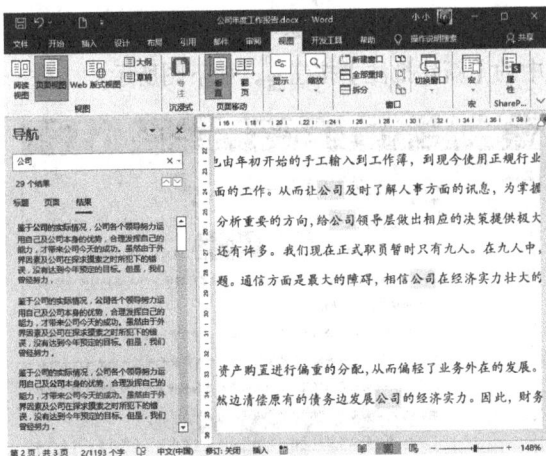

步骤 03 单击任务窗格中的【下一条】按钮，则定位到下一条匹配项，如右上图所示。

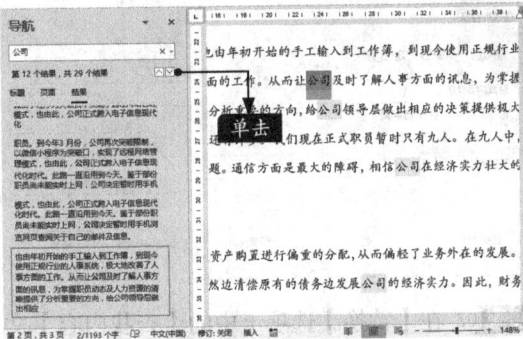

（2）高级查找

使用【高级查找】命令会打开【查找和替换】对话框来查找内容。

单击【开始】选项卡下【编辑】选项组中的【查找】按钮右侧的下拉按钮，在弹出的下拉列表中单击【高级查找】选项，弹出【查找和替换】对话框，用户可以在【查找内容】文本框中输入要查找的内容，单击【查找下一处】按钮，查找相关内容。另外，也可以单击【更多】按钮，在弹出【搜索选项】和【查找】区域下，设置查找内容的条件，以快速定位查找的内容，如下图所示。

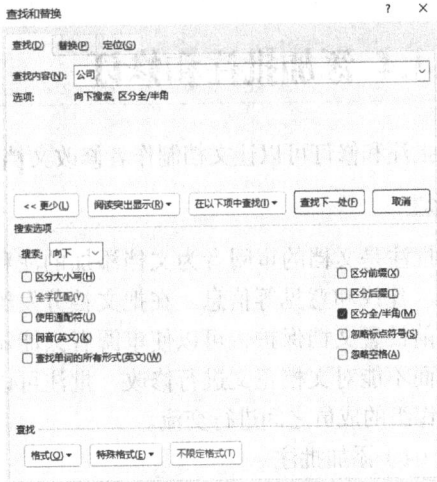

2. 替换

替换功能可以帮助用户快捷地更改查找到的文本或批量修改相同的文本。

步骤 01 在打开的素材文件中，单击【开始】选项卡下【编辑】选项组中的【替换】按钮，或按【Ctrl+H】组合键，弹出【查找和替换】对话框，如下页图所示。

步骤 02 在【替换】选项卡中的【查找内容】文本框中输入需要被替换的内容（这里输入"完善"），在【替换为】文本框中输入要替换的新内容（这里输入"改善"），如下图所示。

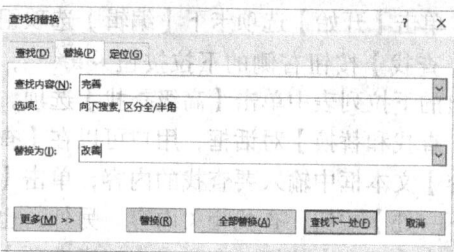

步骤 03 单击【查找下一处】按钮，定位到从当前光标所在位置起，第一个满足查找条件的文本位置，并以灰色背景显示，单击【替换】按钮就可以将查找到的内容替换为新内容，并跳转至查找到的第二个内容，如下图所示。

步骤 04 如果用户需要将文档中所有相同的内容都替换掉，单击【全部替换】按钮，Word就会自动将整个文档内查找到的所有内容替换为新的内容，并弹出提示框显示完成替换的数量，如下图所示。单击【确定】按钮即可关闭提示框。

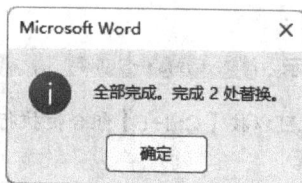

11.4.4 添加批注和修订

批注和修订可以让文档制作者修改文档，以改正错误，从而使制作的文档更专业。

1. 批注

批注是文档的审阅者为文档添加的注释、说明、建议和意见等信息。在把文档分发给审阅者前设置文档保护，可以使审阅者只能添加批注而不能对文档正文进行修改，批注可以方便工作组的成员之间进行交流。

（1）添加批注

批注是对文档的特殊说明，添加批注的对象是包括文本、表格或图片在内的文档内的所有内容。Word以有颜色的括号将批注的内容括起来，背景色也将变为相同的颜色。默认情况下，批注显示在文档外的标记区，批注与被批注的文本使用与批注颜色相同的线连接。添加批注的具体操作步骤如下。

步骤 01 在打开的素材文件中选中要添加批注的文本，单击【审阅】选项卡下【批注】选项组中的【新建批注】按钮，如下图所示。

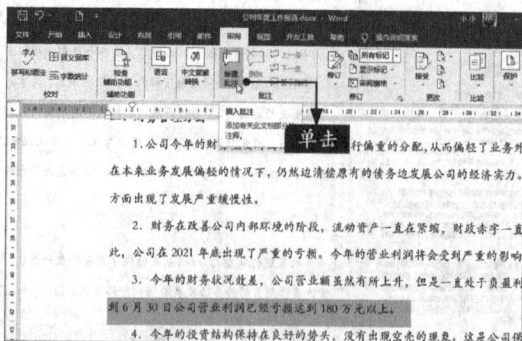

步骤 02 批注框出现，在批注框中输入批注的内容即可。单击【答复】按钮可以答复批注，单击【解决】按钮可以显示批注完成，如下页图所示。

步骤 03 如果对批注的内容不满意，可以直接单击需要修改的批注，即可编辑批注，如下图所示。

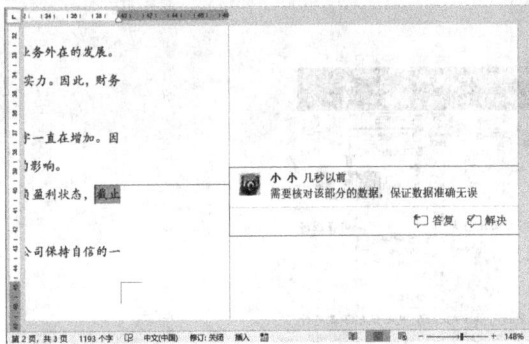

（2）删除批注

当不需要文档中的批注时，用户可以将其删除，删除批注常用的方法有以下3种。

方法1：选中要删除的批注，此时【审阅】选项卡下【批注】选项组的【删除】按钮处于可用状态，单击该按钮，在弹出的菜单中单击【删除】选项，即可将选中的批注删除，如下图所示。删除之后，【删除】按钮处于不可用状态。

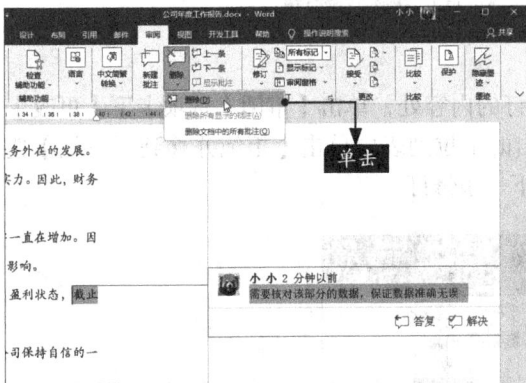

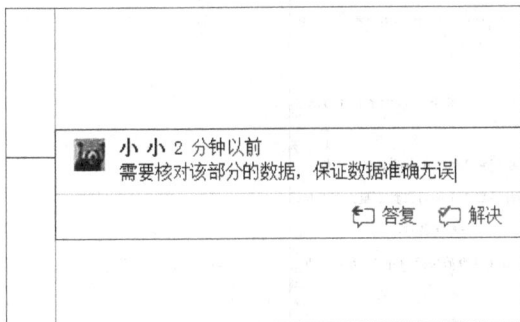

小提示

单击【批注】选项组中的【上一条】按钮和【下一条】按钮，可快速找到要删除的批注。

方法2：右击需要删除的批注或批注文本，在弹出的快捷菜单中单击【删除批注】选项，如下图所示。

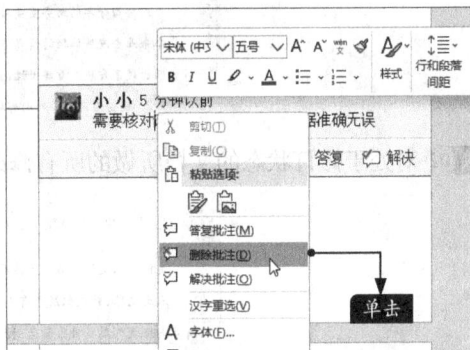

方法3：如果要删除所有批注，可以单击【审阅】选项卡下【批注】选项组中的【删除】按钮下方的下拉按钮，在弹出的快捷菜单中单击【删除文档中的所有批注】选项即可，如下图所示。

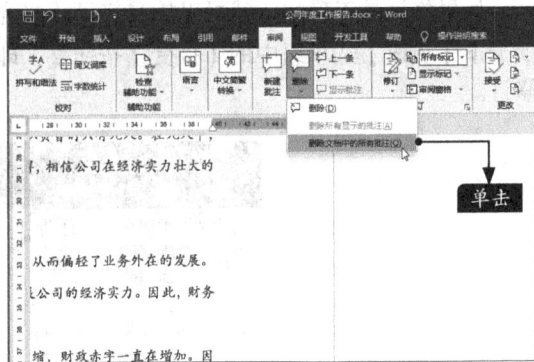

2. 使用修订

启用修订功能，审阅者的每一次插入、删除或是格式更改操作都会被标记出来。这样能够让文档制作者跟踪多位审阅者对文档做的修改，并可选择接受或者拒绝这些修改。

（1）修订文档

修订文档首先需要使文档处于修订状态。

步骤 01 打开素材文件，单击【审阅】选项卡下【修订】选项组中的【修订】按钮，即可使文档处于修订状态，如下图所示。

步骤 02 对处于修订状态的文档所做的所有修改都将被记录下来，如下图所示。

（2）接受修订

如果修订是正确的，就可以接受修订。将光标放在需要接受修订的内容处，单击【审阅】选项卡下【更改】选项组中的【接受】按钮，即可接受该修订，如下图所示，系统将选中下一条修订。

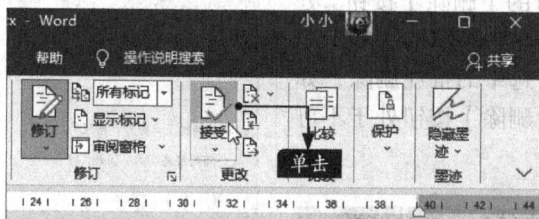

（3）拒绝修订

如果要拒绝修订，可以将光标放在需要拒绝修订的内容处，单击【审阅】选项卡下【更改】选项组中的【拒绝】按钮下方的下拉按钮，在弹出的下拉列表中单击【拒绝并移到下一处】选项，如下图所示，即可拒绝修订，然后系统将选中下一条修订。

（4）删除所有修订

单击【审阅】选项卡下【更改】选项组中的【拒绝】按钮下方的下拉按钮，在弹出的菜单中单击【拒绝所有修订】选项，如下图所示，即可删除文档中的所有修订。

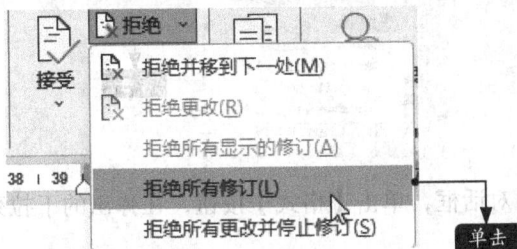

至此，我们就完成了修改公司年度报告的操作，最后只需要删除批注，并根据需要接受或拒绝修订即可。

高手私房菜

技巧1：巧用【Alt+Enter】组合键快速重复输入内容

在使用Word制作文档时，如果遇到需要输入重复的内容，除了复制外，用户还可以借助快捷键来输入。

例如，在Word文档中输入"重复输入内容"，如果希望重复输入该文本，可在输入该文本后，按【Alt+Enter】组合键，可自动重复输入刚才输入的内容，如下图所示。

每按一次【Alt+Enter】组合键，则重复输入一次。另外，在输入内容后，按【F4】键或【Ctrl+Y】组合键（【重复键入】按钮 的快捷键），也可以实现重复输入。

技巧2：指定样式的快捷键

在创建样式时，可以为样式指定快捷键，选择要应用样式的内容并按快捷键，即可应用该样式。

步骤01 在【样式】窗格中单击要指定快捷键的样式后的下拉按钮▼，在弹出的下拉列表中单击【修改】选项，如下页图所示。

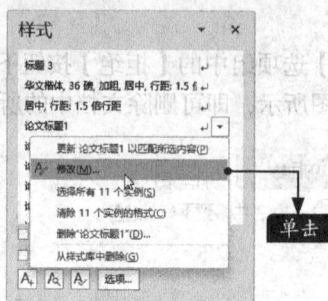

步骤② 打开【修改样式】对话框，单击【格式】按钮，在弹出的下拉列表中单击【快捷键】选项，如下图所示。

步骤③ 弹出【自定义键盘】对话框，将光标定位至【请按新快捷键】文本框中，然后在键盘上按要设置的快捷键，这里按【Alt+1】组合键，如下图所示，单击【指定】按钮，即完成了指定样式的快捷键的操作。

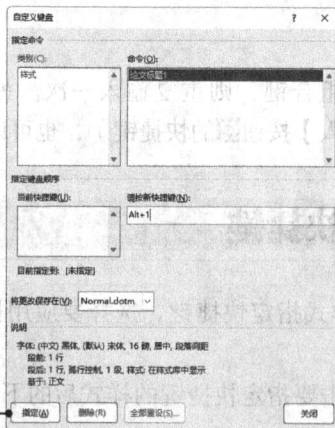

第 12 章

使用Excel 2021制作报表

Excel 2021是微软推出的Office 2021办公软件的一个重要组成部分，主要用于处理电子表格，可以高效地完成各种表格的制作，并进行复杂的数据计算和分析，能大大提高数据处理的效率。

学习效果

12.1 实战——制作员工考勤表

员工考勤表是办公常用的表格，用于记录员工每天的出勤情况，也是计算员工工资的参考依据。考勤表包括员工迟到、早退、旷工、病假、事假、休假等信息。本节将介绍如何制作一个简单的员工考勤表。

12.1.1 新建工作簿

使用Excel时，首先需要创建一个工作簿，具体操作步骤如下。

步骤 01 启动Excel 2021后，单击右侧的【空白工作簿】选项，如下图所示。

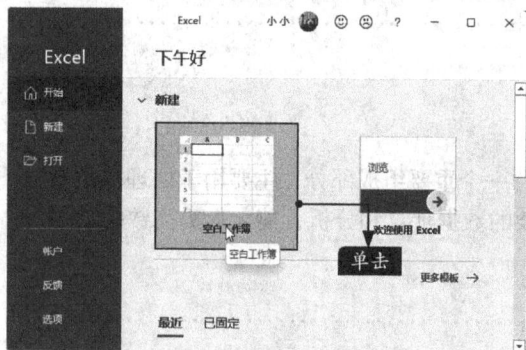

步骤 02 系统会自动创建一个名称为"Sheet1"的工作表，如下图所示。

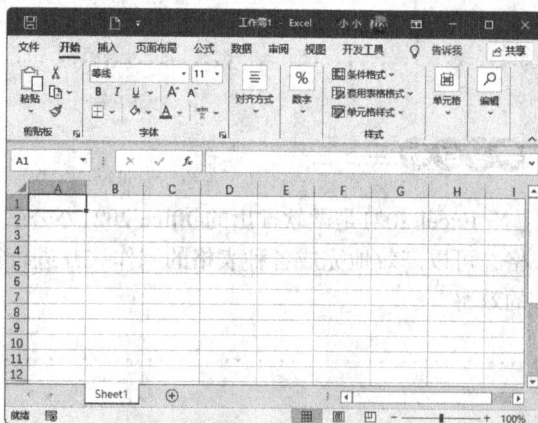

12.1.2 在单元格中输入文本内容

工作表创建完成后，需要在单元格中填写考勤表的相关内容，如标题、表头等。

步骤 01 在A1单元格中输入"2022年1月份员工考勤表"，如下图所示。

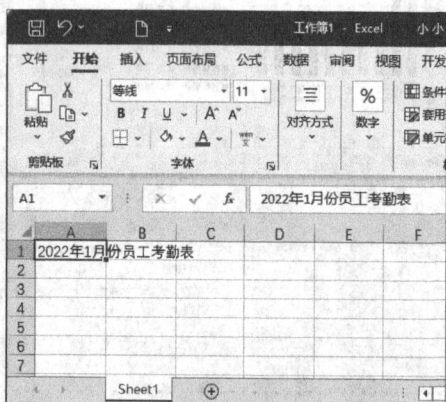

步骤 02 输入下图所示的内容。

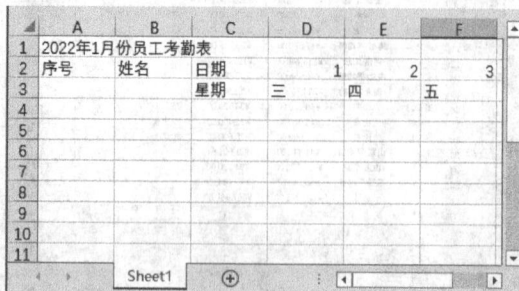

步骤 03 选中D2:F3单元格区域，将鼠标指针移至该单元格区域右下角，如下页图所示。

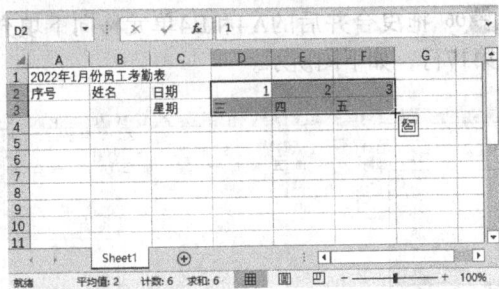

步骤 04 向右拖曳填充柄，直至日期栏填充至

31，即AH列，如下图所示。

12.1.3 调整单元格

制作考勤表时，为了使数据能在一张纸上打印出来，需要合理调整行高和列宽，且应根据需要调整单元格显示的内容，必要时可合并多个单元格。

步骤 01 选中D列~AH列，单击【开始】选项卡下【单元格】选项组中的【格式】按钮，在弹出的下拉列表中，单击【自动调整列宽】选项，如下图所示。

步骤 02 列宽调整后的效果如下图所示。

步骤 03 选中A1:AH1单元格区域，单击【开始】选项卡下【对齐方式】选项组中的【合并

后居中】按钮，如下图所示。

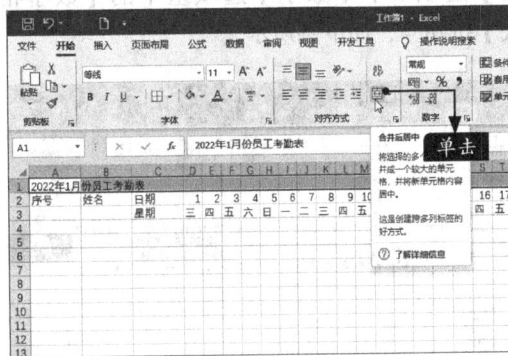

步骤 04 单击后即可将所选单元格区域合并为一个单元格，并居中对齐，如下图所示。

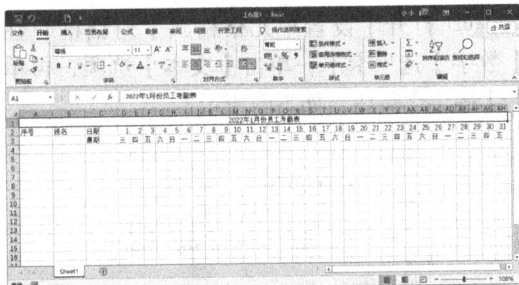

步骤 05 使用同样的方法，合并A2:A3、B2:B3、A4:A5和B4:B5单元格区域，将鼠标指针移至下页图所示单元格区域右下角。

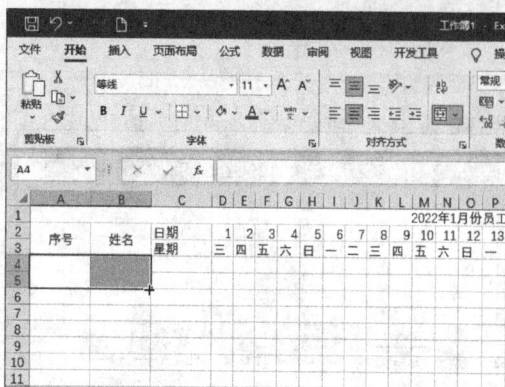

步骤 06 拖曳合并后的A4和B4单元格向下填充至第17行，如下图所示。

12.1.4 填充数据

考勤表的基本框架已经搭建好了，此时我们可以根据需要填充数据，使表格变得完整。

步骤 01 选中A4:A17单元格区域，单击【开始】选项卡下【数字】选项组中的【数字格式】按钮，如下图所示。

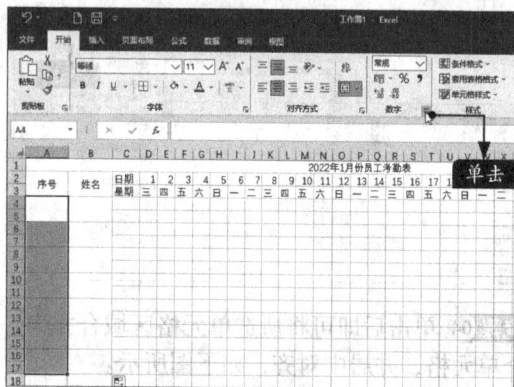

步骤 02 打开【设置单元格格式】对话框，在【数字】选项卡下，单击【文本】选项，再单击【确定】按钮，如下图所示。

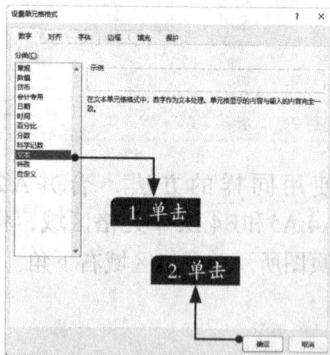

> **小提示**
>
> 要输入以"0"开头的数值，需要将单元格格式设置为文本，否则数值开头的"0"会被省略。

步骤 03 在A4单元格中输入序号"001"，然后进行递增填充，如下图所示。

步骤 04 在姓名列中输入员工姓名，如下图所示。

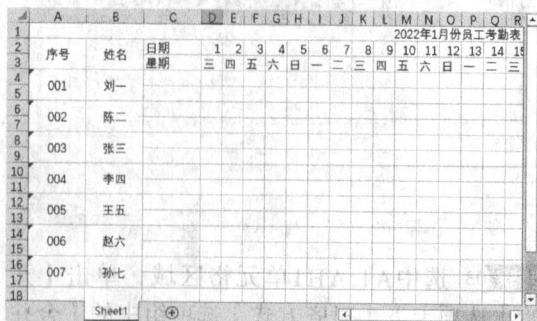

步骤 05 分别在C4和C5单元格中输入"上午"和"下午",并使用填充柄向下填充,如下图所示。

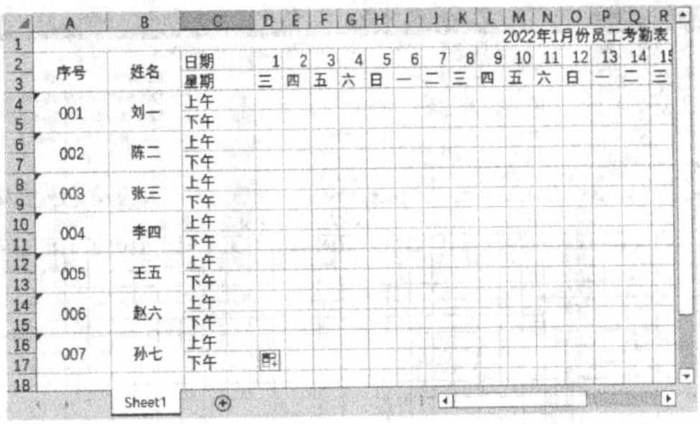

步骤 06 在A18单元格中输入"备注",然后合并B18:AH18单元格区域,并输入下图所示的备注内容,即完成简单的员工考勤表的制作。

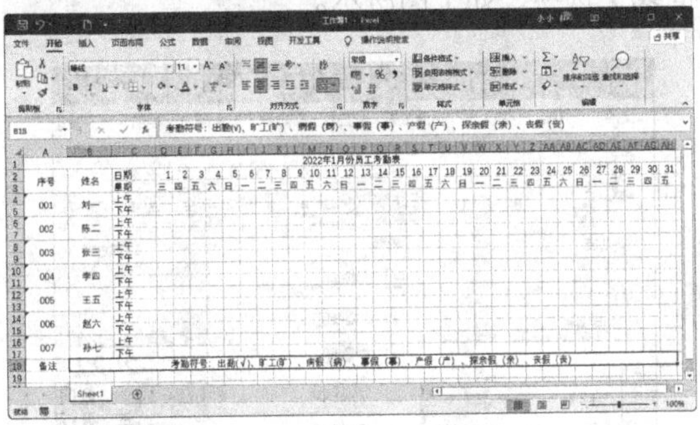

12.1.5 美化工作表

简单的员工考勤表创建完成后,为了使其更好看,可以对单元格的字体、单元格格式、表格填充等进行设置。

步骤 01 选中A1单元格,将标题字体设置为"楷体"并"加粗",字号设置为"18",颜色设置为"蓝色",如下图所示。

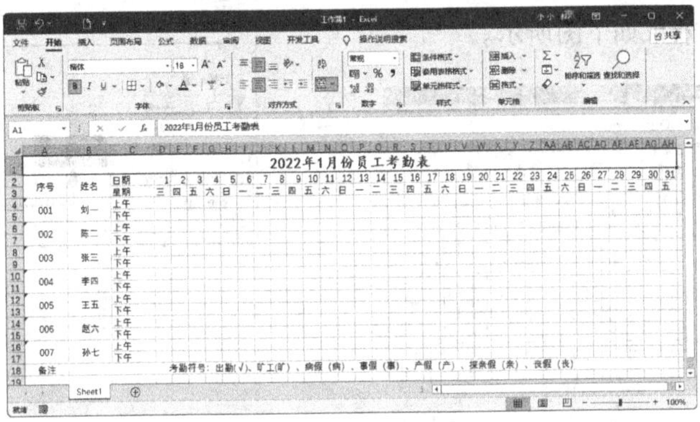

步骤 02 选中A2:AH17单元格区域,将对齐方式设置为"居中",如下图所示,并将A2:AH3单元格区域的字体设置为"黑体"。使用同样的方法设置其他单元格区域的字体和对齐方式。

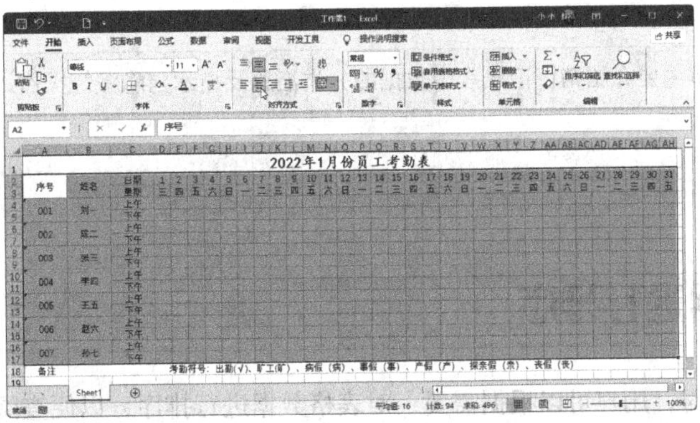

步骤 03 选中A2:AH18单元格区域，单击【开始】选项卡下【字体】选项组中的【边框】下拉按钮 ⊞ˇ，在弹出的下拉列表中单击【所有框线】选项，如下图所示。

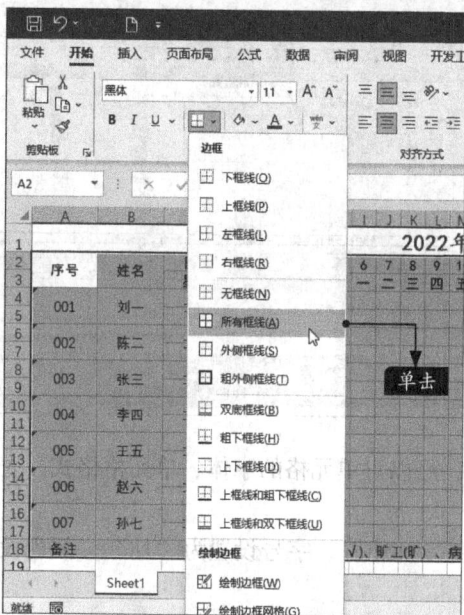

步骤 04 添加边框线的效果如下图所示。

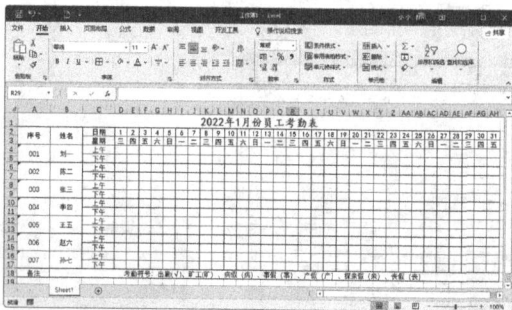

步骤 05 适当调整行高和列宽，然后单击左上角的【保存】按钮或按【Ctrl+S】组合键，如下图所示。

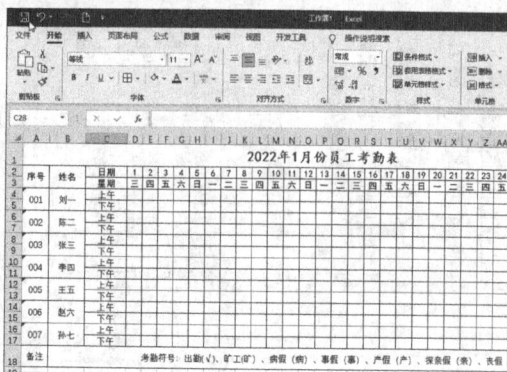

步骤 06 弹出【保存此文件】对话框，选择要保存的文件夹，单击【保存】按钮，如下图所示。另外，也可以单击【更多选项】，进入【另存为】界面进行保存。

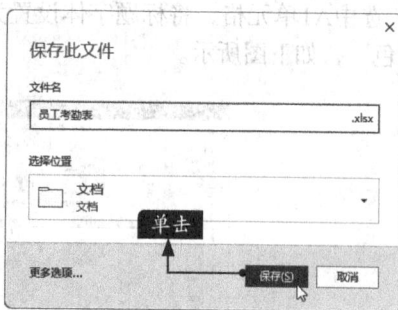

12.2 实战——制作汇总销售记录表

本节主要介绍销售记录表中数据的分类汇总及显示与隐藏等操作。

12.2.1 对数据进行排序

制作销售记录表时，用户可以根据需要，对表格数据进行排序，以便查阅和分析。

步骤 01 打开"素材\ch12\汇总销售记录表.xlsx",选中B列的任意单元格,如下图所示。

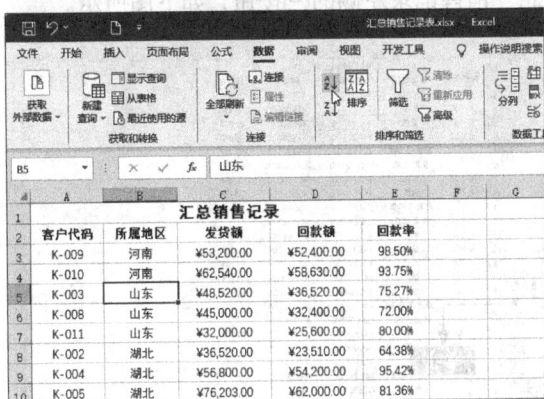

步骤 02 单击【数据】选项卡下【排序和筛选】选项组中的【升序】按钮↓,对"所属地区"列进行排序,效果如下图所示。

12.2.2 数据的分类汇总

分类汇总是先对数据清单中的数据进行分类,然后在分类的基础上进行汇总。分类汇总时,用户不需要创建公式,系统会自动创建公式,对数据清单中的数据进行求和、求平均值和求最大值等运算。分类汇总的计算结果将分级显示出来。

步骤 01 选中任意单元格,单击【数据】选项卡下【分级显示】选项组中的【分类汇总】按钮,如下图所示。

步骤 02 弹出【分类汇总】对话框,单击【分类字段】的下拉按钮,在弹出的下拉列表中选择【所属地区】选项,如下图所示。

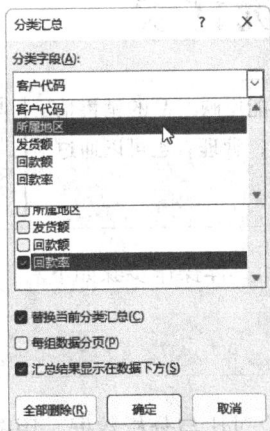

步骤 03 在【选定汇总项】列表中勾选【发货额】和【回款额】复选框,取消勾选【回款率】复选框,单击【确定】按钮,如下图所示。

步骤 04 销售记录表分类汇总的结果如下图所示。

步骤 05 选中任意单元格，单击【数据】选项卡下【分级显示】选项组中的【分类汇总】按钮，弹出【分类汇总】对话框。在【汇总方式】下拉列表中选择【平均值】选项，取消勾选【替换当前分类汇总】复选框，单击【确定】按钮，如下图所示。

步骤 06 得到多级分类汇总结果，如下图所示。

步骤 07 如果销售记录太多，可以将部分结果隐藏。如将"湖北"的汇总结果隐藏，单击"湖北"销售记录左侧的 − 按钮，如下图所示。

步骤 08 隐藏"湖北"的3级数据的效果如下图所示。

12.3 实战——制作销售情况统计表

销售情况统计表是市场营销中常用的一种表格，能反映产品的销售情况，可以帮助销售人员根据销售信息做出正确的决策，管理者也可以通过它了解销售人员的销售业绩。

本节以制作销售情况统计为例，帮助用户熟悉图表的应用，具体操作步骤如下。

12.3.1 创建图表

图表可以非常直观地反映数据之间的关系，可以方便用户对比与分析数据。用图表表达数据，可以使数据更加清晰、直观和易懂，为使用数据提供了便利。在销售情况统计表中，图表是最为常用的分析工具之一。

步骤01 打开"素材\ch12\销售情况统计表.xlsx"，选中A2:M7单元格区域，如下图所示。

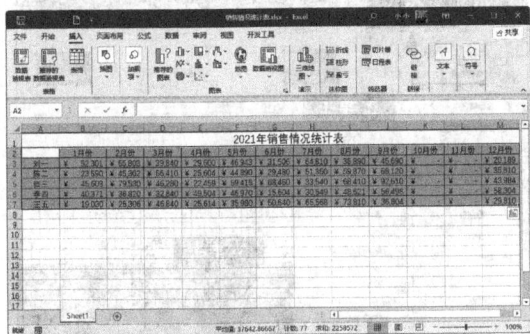

步骤02 单击【插入】选项卡下【图表】选项组中的【插入柱形图或条形图】按钮，在弹出的下拉列表中单击【簇状柱形图】选项，如下图所示。

步骤03 单击后即可插入柱形图，如下图所示。

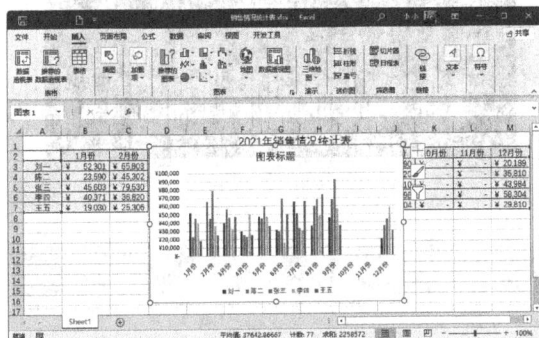

步骤04 将指针移至柱形图上，此时指针变为形状，如下图所示。

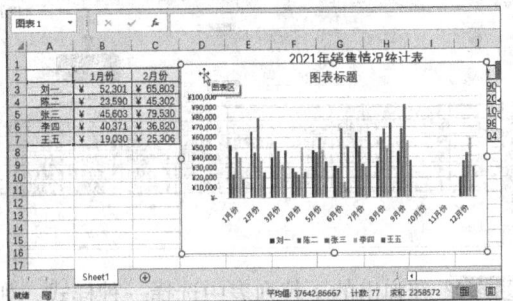

步骤05 拖曳柱形图即可调整其位置。将鼠标指针移至柱形图的控制点上，鼠标指针变为形状，如下图所示。

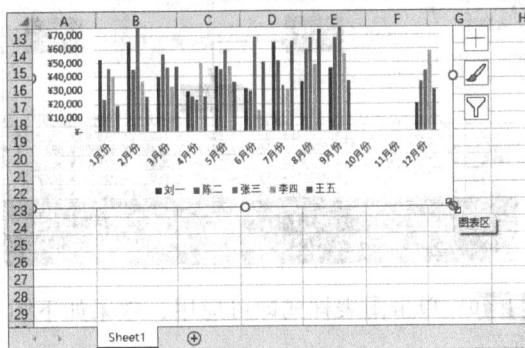

步骤06 向下拖曳柱形图，即可对其大小进行调整，如下图所示。

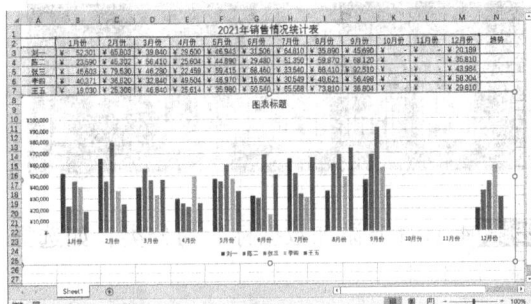

12.3.2 美化图表

为了使图表美观，用户可以设置图表的格式。

步骤 01 选中图表，单击【图表样式】选项卡下【图表样式】选项组中的按钮，如下图所示。

步骤 02 在弹出的下拉列表中选择一种样式，如下图所示。

步骤 03 单击图表样式即可应用，效果如下图所示。

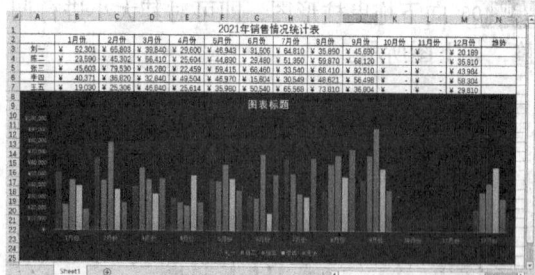

步骤 04 选择要添加数据标签的分类，如选择

"刘一"柱体，单击【图表设计】选项卡下【图表布局】选项组中的【添加图表元素】按钮，在弹出的下拉列表中单击【数据标签】→【数据标签外】选项，如下图所示。

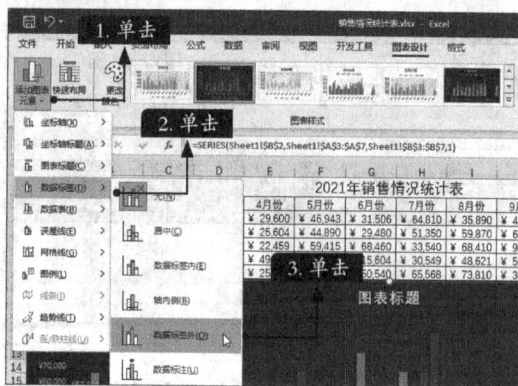

步骤 05 单击后即可添加数据标签，如下图所示。

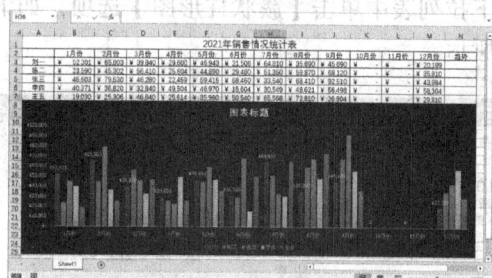

步骤 06 在【图表标题】文本框中输入"2021年销售情况统计图表"，并设置其样式，效果如下图所示。

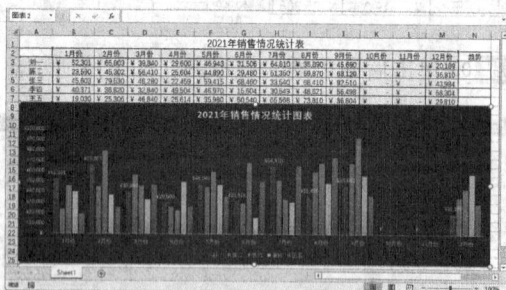

12.3.3 添加趋势线

图表数据趋势线可以帮助用户分析数据的走势，具体操作步骤如下。

步骤 01 右击要添加趋势线的柱体，如右击"刘一"的柱体，在弹出的快捷菜单中单击【添加趋势线】选项，如下页图所示。

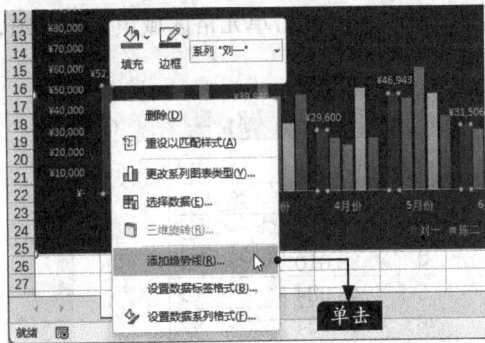

步骤 02 弹出【添加趋势线格式】窗口，单击【填充与线条】按钮 ◇，如下图所示。

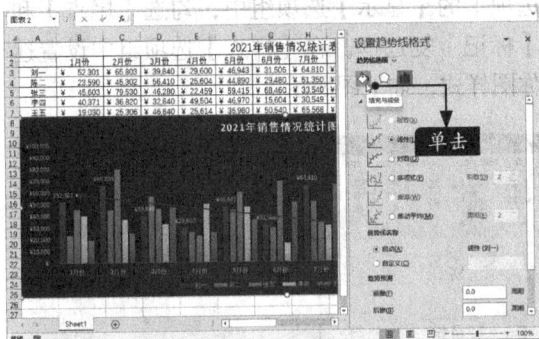

步骤 03 在【线条】区域下，设置【短划线类型】为"方点"，如右上图所示。

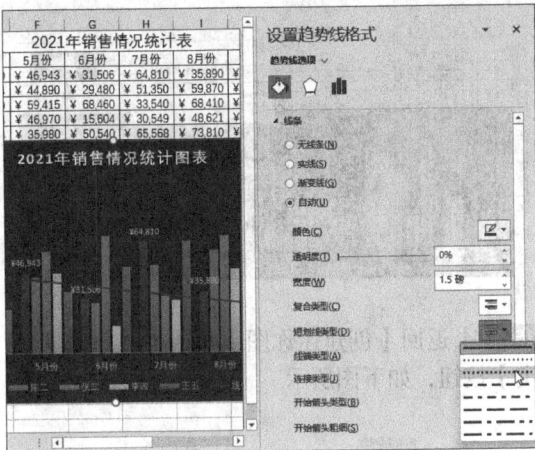

步骤 04 使用同样的方法，为其他柱体添加趋势线，效果如下图所示。

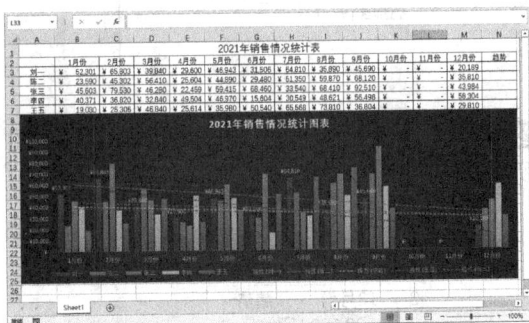

12.3.4 插入迷你图

迷你图是一种小型图表，可放在工作表内的单个单元格中。由于尺寸已经过压缩，因此迷你图能够以简明且直观的方式显示大量数据集反映出的趋势。

步骤 01 选中N3单元格，单击【插入】选项卡下【迷你图】选项组中的【折线】按钮 ，如下图所示。

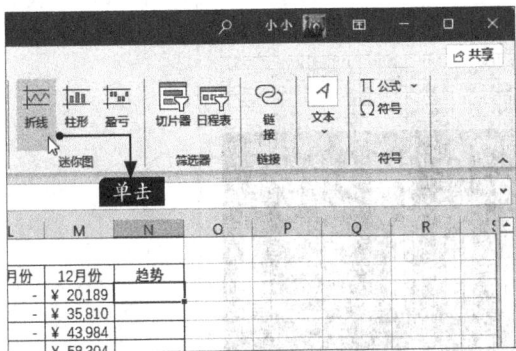

步骤 02 弹出【创建迷你图】对话框，单击【数据范围】右侧的 按钮，如下图所示。

步骤 03 在工作表中，选择要创建迷你图的数据范围，单击 按钮，如下页图所示。

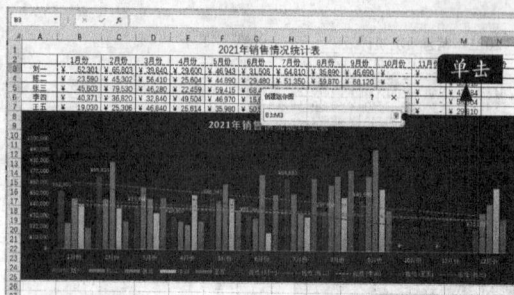

步骤 04 返回【创建迷你图】对话框，单击【确定】按钮，如下图所示。

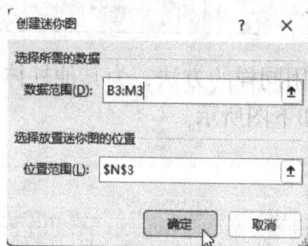

步骤 05 单击后即可创建迷你图，效果如下图所示。

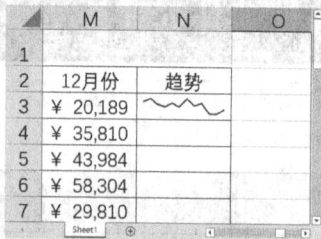

步骤 06 拖曳为N4:N7单元格区域填充迷你图，如下图所示。

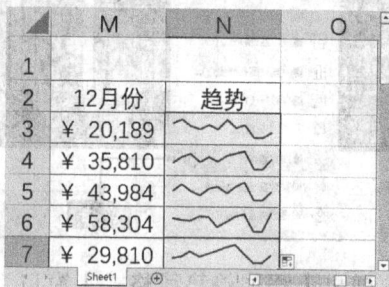

步骤 07 选中N3:N7单元格区域，在【迷你图】选项卡的【显示】选项组中，勾选【尾点】和【标记】复选框，在【样式】选项组中设置迷你图样式，如下图所示。

步骤 08 制作完成后，按【F12】键打开【另存为】对话框，将工作簿保存，最终效果如下图所示。

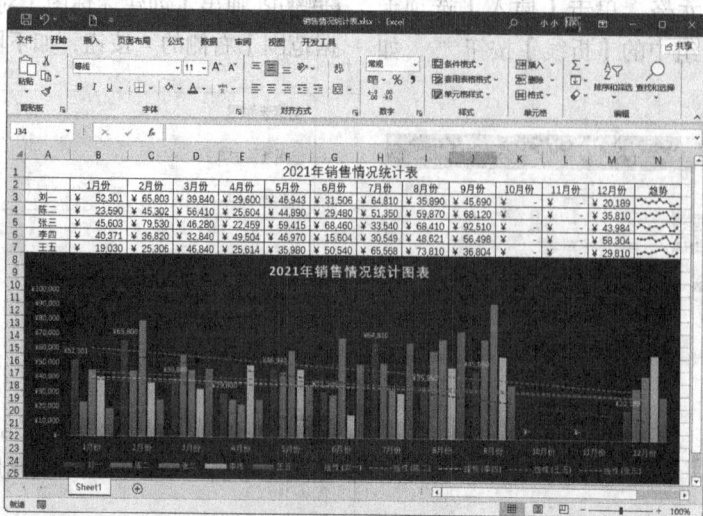

12.4 实战——制作业绩奖金计算表

业绩奖金计算表是公司根据每位员工每月或每年的销售业绩计算月奖金或年终奖的表格。销售业绩好，公司获得的利润就高，员工得到的业绩奖金也就越多。

因此，人事部门合理有效地计算员工的业绩奖金是非常必要的，不仅能充分调动员工的工作积极性，还能推动公司销售业绩的提高。

12.4.1 使用【SUM】函数计算累计业绩

【SUM】函数是最常用的函数之一，主要用于计算所选单元格的数值之和，在本案例中主要用于求出员工的累计业绩。

步骤01 打开"素材\ch12\业绩奖金计算表.xlsx"，其中包含3个工作表，分别为"业绩管理""业绩奖金标准""业绩奖金评估"。单击【业绩管理】工作表。选中单元格C2，在编辑栏中直接输入公式"=SUM(D3:O3)"，按【Enter】键即可计算出该员工的累计业绩，如下图所示。

步骤02 利用自动填充功能计算出其他员工的累计业绩，如下图所示。

12.4.2 使用【VLOOKUP】函数计算销售业绩和累计业绩

【VLOOKUP】函数是一个常用的查找函数，给定一个查找目标，其可以从查找区域中找到想要的值。本案例主要使用【VLOOKUP】函数进行快速查找，完成对销售业绩和累计业绩的计算。

小提示

业绩奖金标准主要有以下几条，单月销售业绩为34999元及以下的，没有基本业绩奖金；单月销售业绩为35000~49999元的，按销售业绩的3%发放基本业绩奖金；单月销售业绩为50000~79999元的，按销售业绩的7%发放业绩奖金；单月销售业绩为80000~119999元的，按销售业绩的10%发放基本业绩奖金；单月销售业绩为120000元及以上的，按销售业绩的15%发放基本业绩奖金，但基本业绩奖金不得超过48000元；累计销售业绩超过600000元的，公司给予一次性18000元的累计业绩奖金；累计销售业绩为600000元及以下的，公司给予一次性5000元的累计业绩奖金。

步骤 01 单击"业绩奖金标准"工作表，如下图所示。

步骤 02 设置自动显示销售业绩。单击"业绩奖金评估"工作表，选中单元格C2，在编辑栏中直接输入公式"=VLOOKUP(A2,业绩管理!$A$3:$O$11,15,1)"，按【Enter】键确认，单元格C2自动显示员工"张光辉"12月份的销售业绩，如下图所示。

小提示

公式"=VLOOKUP(A2,业绩管理!$A$3:$O$11, 15,1)"中第三个参数设置为"15"，表示取满足条件的记录在"业绩管理!$A$3:$O$11"区域中第15列的值。

步骤 03 按照同样的方法设置自动显示累计业绩。选择单元格E2，在编辑栏中直接输入公式"=VLOOKUP(A2,业绩管理!$A$3:$C$11, 3,1)"，按【Enter】键确认，单元格E2自动显示员工"张光辉"的累计业绩，如下图所示。

步骤 04 使用自动填充功能，完成其他员工的销售业绩和累计业绩的计算，如下图所示。

12.4.3 使用【HLOOKUP】函数计算奖金比例

【HLOOKUP】函数与【LOOKUP】函数和【VLOOKUP】函数属于一类函数，【HLOOKUP】是按行查找的，【VLOOKUP】是按列查找的，本案例主要用其计算员工的奖金比例。

步骤 01 选中单元格D2，输入公式"=HLOOKUP (C2,业绩奖金标准!$B$2:$F$3,2)"，按【Enter】键即可计算出该员工的奖金比例，如下图所示。

步骤 02 使用自动填充功能，完成其他员工的奖金比例的计算，如下图所示。

公式 "=HLOOKUP(C2,业绩奖金标准!$B$2:$F$3,2)" 中第三个参数设置为 "2"，表示取满足条件的记录在 "业绩奖金标准! $B$2:$F$3" 区域中第2行的值。

12.4.4 使用【IF】函数计算基本业绩奖金和累计业绩奖金

【IF】函数是在Excel中最常用的函数之一，它能够进行逻辑值和看到的内容之间的比较。在本案例中，【IF】函数用于判断员工的奖金获得情况。

步骤01 计算基本业绩奖金。在 "业绩奖金评估" 工作表中选中单元格F2，在编辑栏中直接输入公式 "=IF(C2<=400000,C2*D2,"48,000")"，按【Enter】键确认，如下图所示。

步骤03 使用同样的方法计算累计业绩奖金。选择单元格G2，在编辑栏中直接输入公式 "=IF(E2>600000,18000,5000)"，按【Enter】键，即可计算出该员工的累计业绩奖金，如下图所示。

公式 "=IF(C2<=400000,C2*D2，"48,000")" 的含义为当单元格数据小于或等于400000时，返回结果为单元格C2乘以单元格D2，否则返回48000。

步骤02 使用自动填充功能，完成其他员工的基本业绩奖金的计算，如右上图所示。

步骤04 使用自动填充功能，完成其他员工的累计业绩奖金的计算，如下图所示。

12.4.5 计算业绩总奖金

如果要计算的数据不多，可以使用简单的公式快速得出计算结果，如本案例中计算业绩总奖金，仅有两项数据相加，使用公式极为方便，具体操作步骤如下。

步骤 **01** 在单元格H2中输入公式"=F2+G2"，按【Enter】键确认，计算出业绩总奖金，如下图所示。

步骤 **02** 使用自动填充功能，计算出所有员工的业绩总奖金，如下图所示。

至此，业绩奖金计算表制作完毕，保存该工作簿即可。

12.5 实战——制作销售业绩透视表和透视图

销售业绩透视表是常用的工作图表，主要用于汇总员工的销售业绩，可以为公司销售策略的制定及员工销售业绩的考核提供有效的依据。本节主要介绍如何制作销售业绩透视表和透视图。

12.5.1 创建销售业绩透视表

销售业绩透视表是一种快速汇总大量数据和建立交叉列表的交互式动态表格，能够帮助用户分析、组织既有数据，是Excel中的数据分析利器。下面介绍如何创建销售业绩透视表。

步骤 **01** 打开"素材\ch12\销售业绩表.xlsx"，如下图所示。

步骤 **02** 单击【插入】选项卡下【表格】选项组中的【数据透视表】按钮，如下图所示。

步骤03 在弹出的【创建数据透视表】对话框中，单击【表/区域】右侧的 ↑ 按钮，如下图所示。

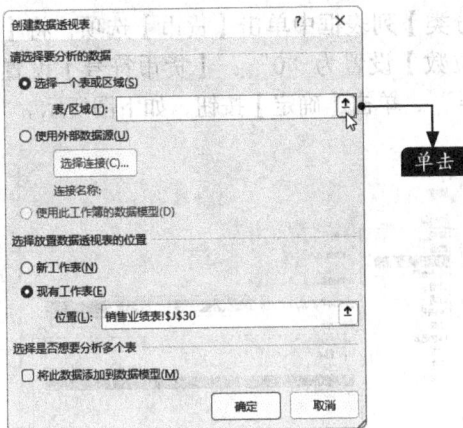

步骤04 在工作表中，选中A2:G13单元格区域，然后单击 按钮，如下图所示。

步骤05 返回【创建数据透视表】对话框，单击【选择放置数据透视表的位置】区域中的【新工作表】单选项，然后单击【确定】按钮，如下图所示。

步骤06 单击后即可在新工作表中创建一个销售业绩透视表，如下图所示。

步骤07 在【数据透视表字段】窗格中，将"产品名称"字段和"销售点"字段添加到【列】列表框中，将"销售员"字段添加到【行】列表框中，将"销售时间"字段添加到【筛选】列表框中，将"销售额"字段添加到【Σ值】列表框中，如下图所示。

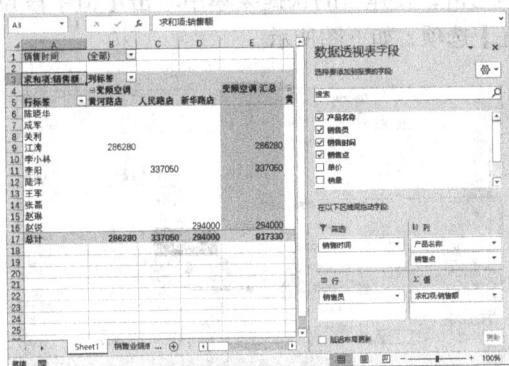

步骤08 单击【数据透视表字段】窗格右上角【关闭】按钮×，将该窗格关闭，并将此工作表重命名为"销售业绩透视表"，如下图所示。

12.5.2 设置销售业绩透视表的格式

在工作表中插入销售业绩透视表后，还可以对其格式进行设置，使其更加美观。

步骤01 在销售业绩透视表中，选择任意单元格，单击【设计】选项卡下【数据透视表样式】选项组中的【其他】按钮，在弹出的样式列表中选择一种样式，应用效果如下图所示。

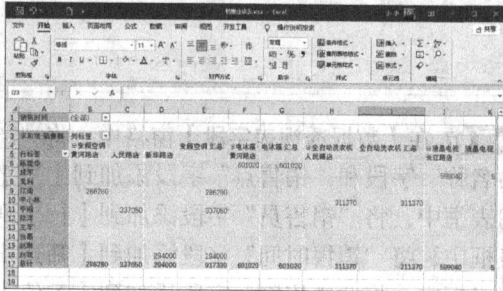

步骤02 右击销售业绩透视表中代表数据总额的单元格，在弹出的快捷菜单中单击【值字段设置】选项，如下图所示。

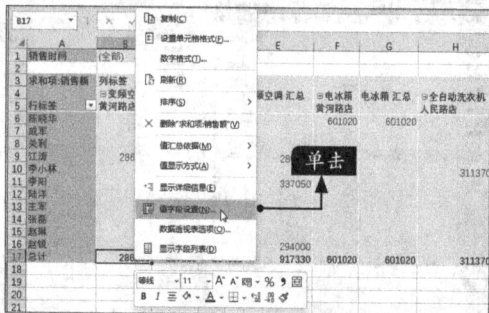

步骤03 弹出【值字段设置】对话框，单击【数字格式】按钮，如下图所示。

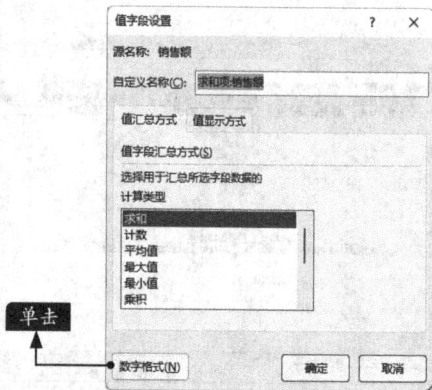

步骤04 弹出【设置单元格格式】对话框，在

【分类】列表框中单击【货币】选项，将【小数位数】设置为"0"，【货币符号】设置为"￥"，单击【确定】按钮，如下图所示。

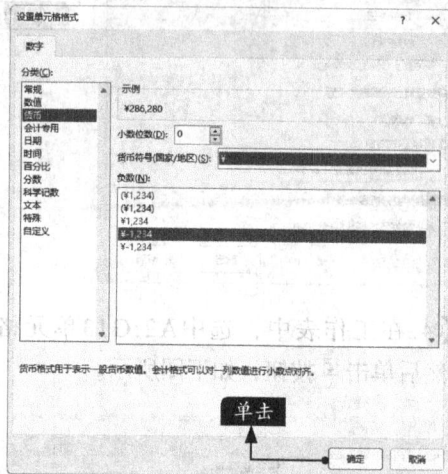

步骤05 返回【值字段设置】对话框，单击【确定】按钮，如下图所示。

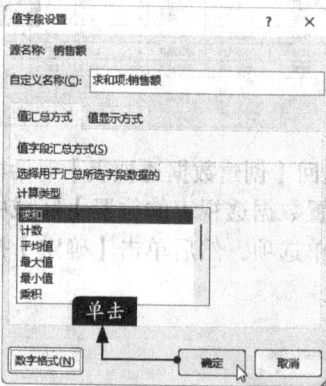

步骤06 将销售业绩透视表中的数字格式更改为"货币"，效果如下图所示。

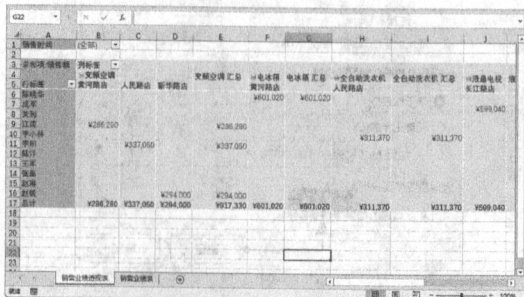

12.5.3 设置销售业绩透视表中的数据

在使用销售业绩透视表分析数据时，用户可以根据需要设置数据的排序及显示等，具体操作步骤如下。

步骤01 在销售业绩透视表中，单击【销售时间】右侧的按钮，在弹出的下拉列表中取消勾选【选择多项】复选框，单击"2022/1/1"选项，单击【确定】按钮，如下图所示。

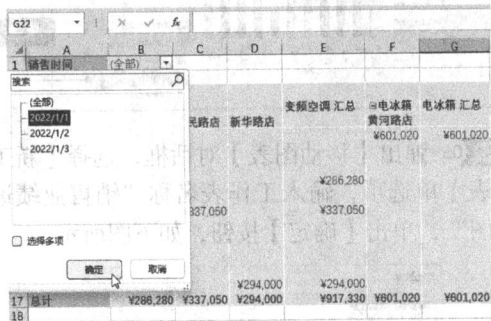

步骤02 销售业绩透视表中将显示2022年1月1日的销售数据，如下图所示。

步骤03 单击【黄河路店】，再单击【列标签】右侧的按钮，在弹出的下拉列表中取消勾选【全选】复选框，勾选【人民路店】复选框，如下图所示。

步骤04 单击【确定】按钮，销售业绩透视表中将显示"人民路店"在2022年1月1日的销售数据，如下图所示。

步骤05 取消日期和店铺筛选，右击任意单元格，在弹出的快捷菜单中单击【值字段设置】选项，弹出【值字段设置】对话框，单击【值汇总方式】选项卡，在列表框中单击【平均值】选项，单击【确定】按钮，如下图所示。

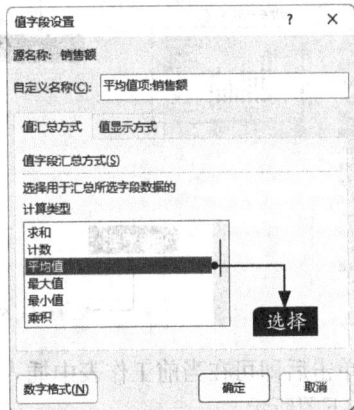

步骤06 销售业绩透视表中将显示数据的平均值，如下图所示。

12.5.4 创建销售业绩透视图

数据透视图以图形表示数据透视表中的数据。与数据透视表一样，数据透视图也是交互式的。创建数据透视图时，数据透视图将筛选显示在图表区中，以便排序和筛选数据透视图的基本数据。

步骤 01 选中任意单元格，单击【插入】选项卡下【图表】选项组中的【数据透视图】按钮，如下图所示。

步骤 02 弹出【插入图表】对话框，在【插入图表】对话框中选择【柱形图】中的任意一种，单击【确定】按钮，如下图所示。

步骤 03 单击后即可在当前工作表中插入数据透视图，如下图所示。

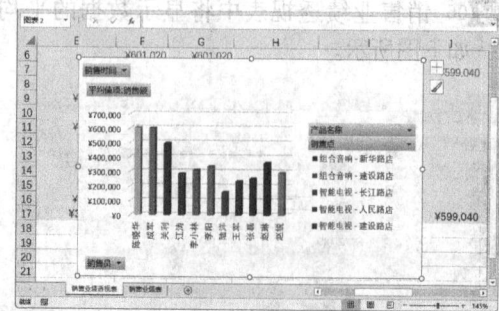

步骤 04 右击数据透视图，在弹出的快捷菜单中单击【移动图表】选项，如右上图所示。

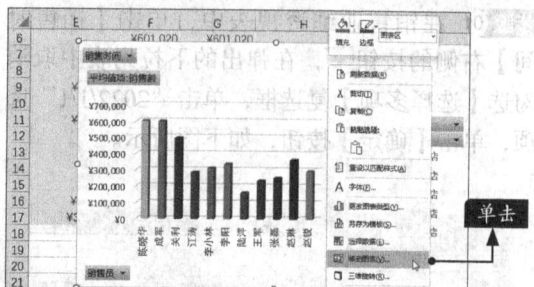

步骤 05 弹出【移动图表】对话框，选择【新工作表】单选项，输入工作表名称"销售业绩透视图"，单击【确定】按钮，如下图所示。

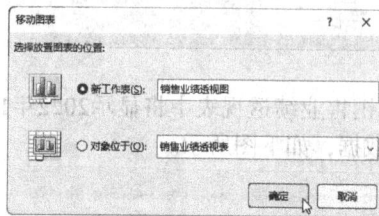

步骤 06 自动切换到新建工作表，销售业绩透视图被移动到该工作表中，如下图所示。

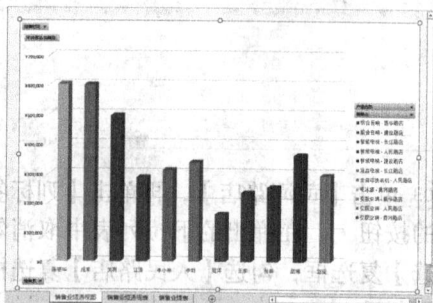

步骤 07 用户可以根据需求，在【设计】选项卡下，对图表的布局、样式进行美化，效果如下图所示。

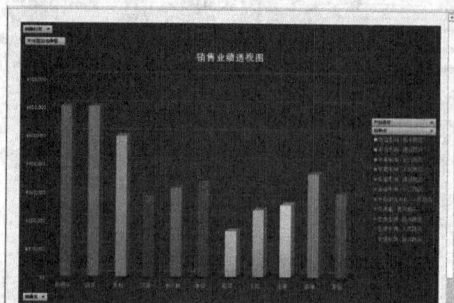

高手私房菜

技巧1：在Excel中绘制斜线表头

制作表格时，有时会涉及交叉项目，需要使用斜线表头。斜线表头主要分为单斜线表头和多斜线表头，下面介绍如何绘制这两种斜线表头。

1. 绘制单斜线表头

单斜线表头是较为常用的斜线表头，适用于有两个交叉项目的工作表，具体绘制方法如下。

步骤01 新建一个空白工作簿，在B1和A2单元格中输入内容，如下图所示。

步骤02 选中A1单元格，按【Ctrl+1】组合键，打开【设置单元格格式】对话框，单击【边框】选项卡。在【样式】列表中选择一种线型，然后在【边框】区域选择斜线样式，单击【确定】按钮，如下图所示。

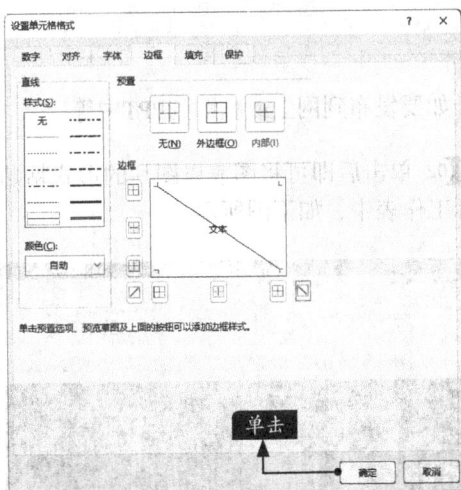

步骤03 返回工作表，即可看到A1单元格中添加的斜线，如右上图所示。

> **小提示**
>
> 单击【开始】选项卡下【字体】选项组中的【边框】按钮⊞ˇ，在弹出的下拉列表中单击【绘制边框】选项，也可以绘制斜线。

步骤04 使用同样的办法，选中B2单元格，设置同样的斜线，使其成为A1:B2单元格区域的对角线，最终效果如下图所示。

> **小提示**
>
> 用户也可以复制A1单元格中的斜线到B2单元格中，同样可以达到上图所示的效果。

2. 绘制多斜线表头

如果工作表中有多个交叉项目，就需要绘制多斜线表头，如双斜线、三斜线等，绘制多斜线表头可采用下述方法。

步骤01 新建一个空白工作簿，选中A1单元格，并调整该单元格的大小，如下图所示。

步骤 02 单击【插入】选项卡下【插图】选项组中的【形状】按钮，在弹出的形状列表中选择【直线】形状，然后根据需要在单元格中绘制多条斜线，如下图所示。

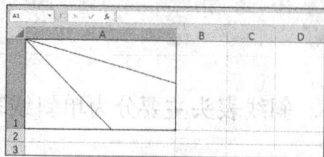

步骤 03 单击【插入】选项卡下【文本】选项组中的【文本框】按钮，在单元格中绘制横排文本框，在其中输入文本内容，并设置文本框为"无轮廓"，最终效果如下图所示。

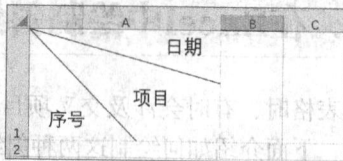

技巧2：输入带有货币符号的数据

输入的数据为金额时，需要设置单元格格式为"货币"，但如果输入的数据不多，可以直接在单元格中输入带有货币符号的数据。

步骤 01 在单元格中按【Shift+4】组合键，出现货币符号，继续输入金额数值，如下图所示。

步骤 02 按【Tab】键或【Enter】键确认，适当调整列宽，最终效果如下图所示。

小提示

这里的"4"为键盘中字母键上方的数字键，而并非小键盘中的数字键，在英文输入状态，按下【Shift+4】组合键，会出现"$"，在中文输入状态下，则会出现"￥"。

技巧3：将图表变为图片

在实际应用中，用户有时会需要将图表变为图片，如要发布到网上或粘贴到PPT中等。

步骤 01 选中图表，按【Ctrl+C】组合键复制图表，打开目标工作表，单击【开始】选项卡，在【剪贴板】选项组中单击【粘贴】按钮的下拉箭头，在弹出的下拉列表中单击【图片】按钮，如下图所示。

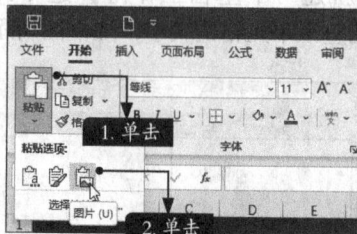

步骤 02 单击后即可将图表以图片的形式粘贴到目标工作表中，如下图所示。

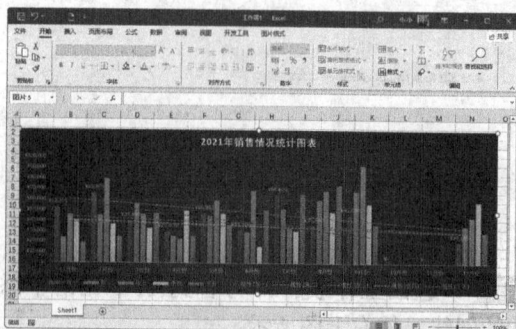

第13章

使用PowerPoint 2021制作演示文稿

做报告时展示的不仅是一种技巧，还是一种精神面貌，更是一种个人素质。有声有色的报告常常会令听众惊叹，并能达到最佳效果。用户若想要做到这些，制作一个好的演示文稿是基础。

学习效果———

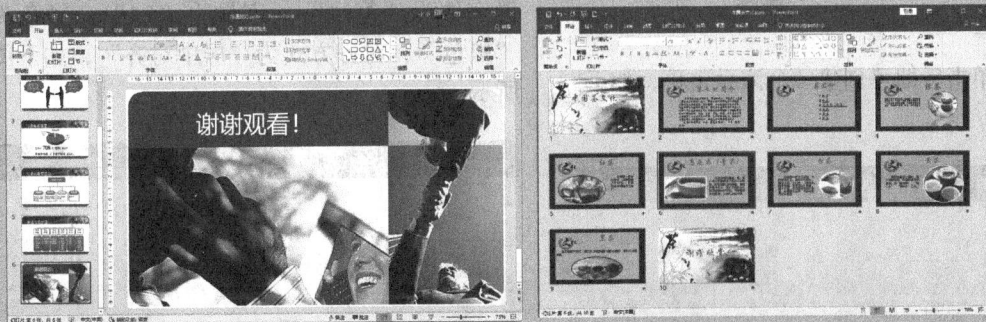

13.1 实战——制作岗位竞聘演示文稿

竞聘上岗可以增加公司选人、用人的渠道。而精美的岗位竞聘演示文稿，可以让竞聘者在演讲时最大限度地介绍自己，让公司多方面地了解竞聘者的实际情况。

13.1.1 制作演示文稿的首页

下面主要介绍演示文稿的一些基本操作，如选择主题、设置文本格式等内容。

步骤 01 启动PowerPoint 2021，单击【新建】选项，在模板区域下选择一个演示文稿模板，如选择"画廊"模板，如下图所示。

步骤 02 弹出如下图所示的界面，单击【创建】按钮。

步骤 03 单击后即可创建一个演示文稿，如下图所示。

步骤 04 单击【单击此处添加标题】文本框，在文本框中输入"注意细节，抓住机遇"，并设置字体为"汉仪中宋简"，字号为"66"，"加粗"，文字效果为"文字阴影"，对齐方式为"居中对齐"，效果如下图所示。

步骤 05 单击【单击此处添加副标题】文本框，在其中输入下图所示的文本内容，并设置字体为"等线"，字号为"24"，颜色为"黑色"，对齐方式为"居中对齐"，如下图所示。

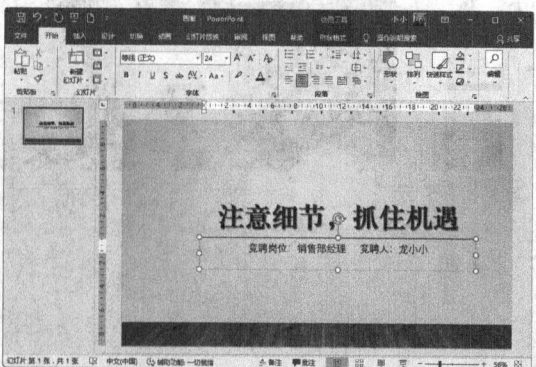

13.1.2 制作演示文稿的目录页

本小节通过制作演示文稿的目录页，介绍新建幻灯片、设置文本格式、添加编号及段落设置等内容。

步骤01 右击幻灯片缩略图区域的空白处，在弹出的快捷菜单中，单击【新建幻灯片】选项，如下图所示。

步骤02 单击后即可新建一张幻灯片，如下图所示。

步骤03 在标题文本框中输入"目录"，并设置字体和字号，如下图所示。

步骤04 在正文文本框中，输入下图所示的内容，设置字体为"等线"，字号为"28"，如

下图所示。

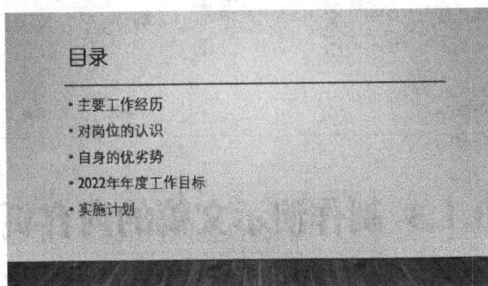

步骤05 选中文本内容，单击【开始】选项卡下【段落】选项组中的【编号】按钮 右侧的下拉按钮，在弹出的下拉列表中选择样式为"一、二、三、"的编号，如下图所示。

步骤06 选中正文内容，单击【开始】选项卡下【段落】选项组中的【段落】按钮，如下图所示。

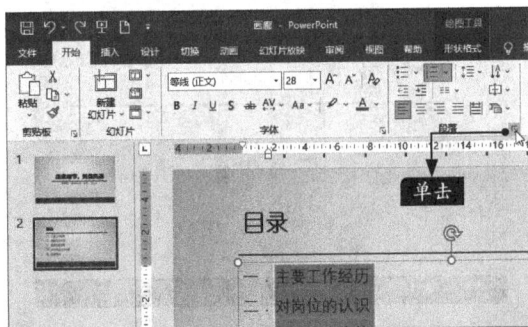

步骤07 弹出【段落】对话框，设置段前和段后间距为"12磅"，单击【确定】按钮，如下页图所示。

227

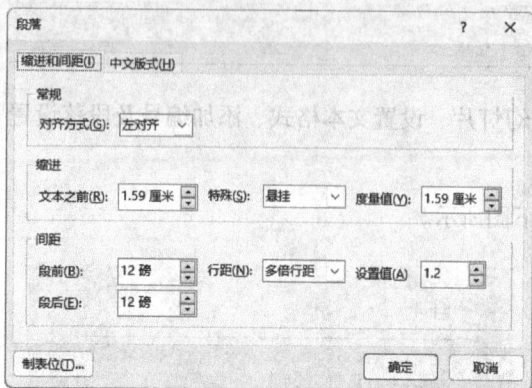

步骤 08 调整段落间距的效果如下图所示。

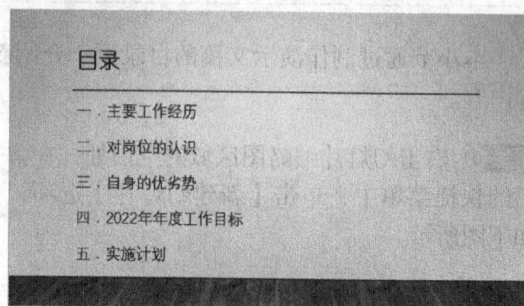

13.1.3 制作演示文稿的内容页

制作了演示文稿的目录页后，可以制作其内容页，具体操作步骤如下。

步骤 01 单击【开始】选项卡下【幻灯片】选项组中的【新建幻灯片】的下拉按钮，在弹出的版式列表中，选择【标题和内容】版式，如下图所示。

步骤 02 选择后即可新建一张标题和内容幻灯片，如下图所示。

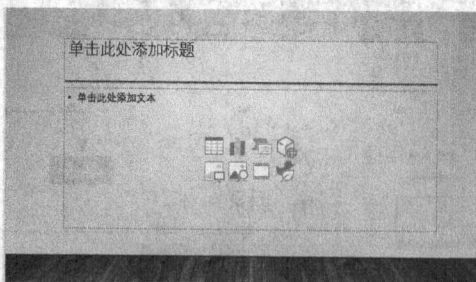

步骤 03 在标题文本框中输入"一、主要工作经历"，设置其字体为"幼圆"，字号为"36"。打开"素材\ch13\竞聘演讲\工作经历.txt"，将其文本内容粘贴至内容文本框中，并设置其字体为"等线"，字号为"28"，对齐方式为"两端对齐"，首行缩进"2厘米"，行距为"1.5倍行距"，效果如下图所示。

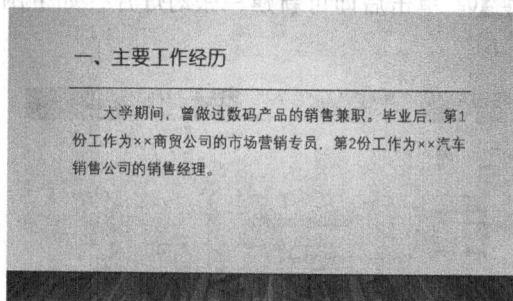

步骤 04 添加一张标题和内容幻灯片，在标题文本框中输入"二、对岗位的认识"，设置其字体为"方正楷体简体"，字号为"32"。打开"素材\ch13\竞聘演讲\岗位认识.txt"，将其文本内容粘贴至内容文本框中，并设置字体为"等线"，字号为"26"，首行缩进"1.8厘米"，行距为"1.5倍行距"，如下图所示。

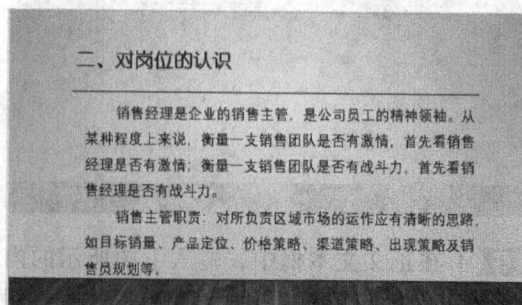

步骤 05 添加一张标题和内容幻灯片，在标题文本框中输入"三、自身的优劣势"，打开"素材\ch13\竞聘演讲\自身的优劣势.txt"，将其文本内容粘贴至内容文本框中，按照上面的步骤设置文本的字体和段落格式，效果如下图所示。

四、2022年度工作目标

　　在2022年，我计划制订和完善一套明确的业务管理办法，并培养和建立一支稳定的销售团队，同时开辟新媒体网络销售渠道，整个年度团队的销售目标为8000万元。

三、自身的优劣势

　　优势：本人诚信稳重、吃苦耐劳，对工作认真踏实，责任心强，善于独立思考，分析问题并解决问题，且有良好的沟通能力。

　　劣势：有时办事死板，易较真；城府不够深。

步骤 07 添加一张标题和内容幻灯片，在标题文本框中输入"五、实施计划"，打开"素材\ch13\实施计划.txt"，将其文本内容粘贴至内容文本框中，按照上面的步骤设置文本的字体和段落格式，效果如下图所示。

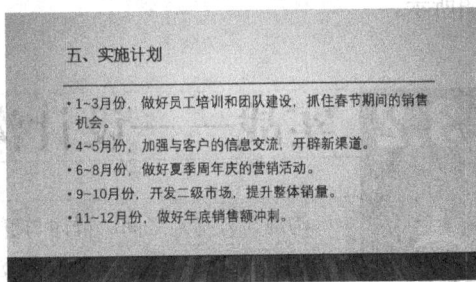

步骤 06 添加一张标题和内容幻灯片，在标题文本框中输入"四、2022年度工作目标"，打开"素材\ch13\竞聘演讲\工作目标.txt"，将其文本内容粘贴至内容文本框中，按照上面的步骤设置文本的字体和段落格式，效果如右上图所示。

五、实施计划

- 1~3月份，做好员工培训和团队建设，抓住春节期间的销售机会。
- 4~5月份，加强与客户的信息交流，开辟新渠道。
- 6~8月份，做好夏季周年庆的营销活动。
- 9~10月份，开发二级市场，提升整体销量。
- 11~12月份，做好年底销售额冲刺。

13.1.4 制作演示文稿的结束页

本小节主要介绍添加幻灯片、设置文本格式等内容。

步骤 01 添加一张空白幻灯片，在【插入】选项卡下的【文本】选项组中，单击【艺术字】按钮，在弹出的下拉列表中选择一种样式，如下图所示。

请在此放置您的文字

步骤 03 输入下图所示的文字，并设置其大小及样式。

步骤 02 单击选中的样式即可插入一个艺术字文本框，如右上图所示。

给我一个舞台，
为您创造精彩世界！

步骤 04 添加一张标题幻灯片，输入主标题和副标题，并设置文本格式，最终效果如下图所示。

步骤 05 一份简单的岗位竞聘演示文稿制作完成。单击窗口左上角的【保存】按钮 ，如右上图所示。

步骤 06 弹出【保存此文件】对话框，命名文件，选择保存位置进行保存即可，如下图所示。

13.2 实战——设计沟通技巧培训演示文稿

沟通是人与人之间、群体与群体之间思想与感情的传递和反馈过程，是人们在社会交际中必不可少的技能。很多时候，沟通的成效直接影响着事业的成功。

本节将制作一个介绍沟通技巧的演示文稿，用来展示提高沟通水平的要素，具体操作步骤如下。

13.2.1 设计幻灯片母版

此演示文稿中除了首页和结束页外，其他所有幻灯片中都需要在标题处放置一张关于沟通交际的图片。为了使版面美观，我们会将版面的四角设置为弧形。设计幻灯片母版的步骤如下。

步骤 01 启动PowerPoint 2021，新建文档并另存为"沟通技巧.pptx"，如下图所示。

步骤 02 单击【视图】选项卡下【母版视图】选项组中的【幻灯片母版】按钮 ，如下图所示。

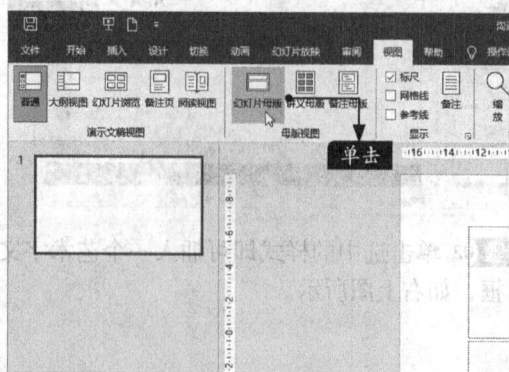

步骤 03 切换到幻灯片母版视图，在左侧列表中单击第一张Office主题幻灯片，然后单击【插入】选项卡下【图像】选项组中的【图片】按钮，在弹出的菜单中单击【此设备】选项，如下图所示。

步骤 04 在弹出的对话框中选择"素材\ch13\沟通技巧\背景1.png"，单击【插入】按钮，如下图所示。

步骤 05 插入图片并调整图片的位置，右击图片，在弹出的快捷菜单中单击【置于底层】选项，如下图所示。

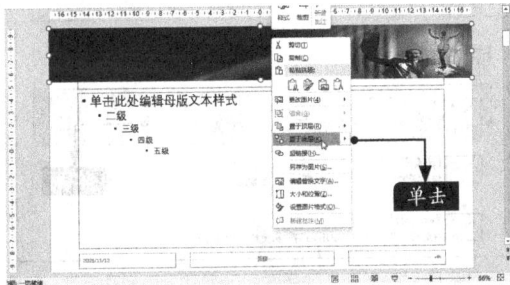

步骤 06 单击后即可将该图置于底层，标题文本框显示在顶层，然后设置标题文本框的字体、字号及颜色，如右上图所示。

步骤 07 使用形状工具在幻灯片底部绘制一个矩形框，将其填充为蓝色（R:29，G:122，B:207）并置于底层，效果如下图所示。

步骤 08 使用形状工具绘制一个圆角矩形，拖曳圆角矩形左上方的黄点，调整圆角角度。设置【形状填充】为"无填充颜色"，【形状轮廓】为"白色"，【粗细】为"4.5磅"，效果如下图所示。

步骤 09 在左上角绘制一个正方形，设置【形状填充】和【形状轮廓】为"白色"，右击该正方形，在弹出的快捷菜单中单击【编辑顶点】选项，删除右下角的顶点，并向左上方拖曳斜边中点，将其调整为如下页图所示的形状。

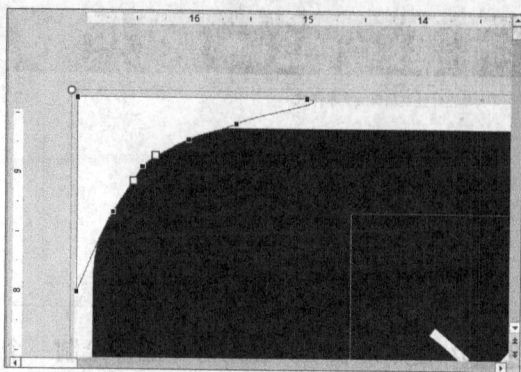

步骤 10 重复上面的操作，绘制并调整幻灯片其他角的形状，然后右击绘制的图形，在弹出的

快捷菜单中单击【组合】→【组合】选项，将图形组合，效果如下图所示。

13.2.2 设计演示文稿的首页

演示文稿首页由能够体现沟通交际的背景图和标题组成，设计演示文稿的首页的具体操作步骤如下。

步骤 01 在幻灯片母版视图中选择左侧列表的第二张幻灯片，勾选【幻灯片母版】选项卡下【背景】选项组中的【隐藏背景图形】复选框，将背景隐藏，如下图所示。

步骤 02 单击【背景】选项组右下角的【设置背景格式】按钮，如下图所示。

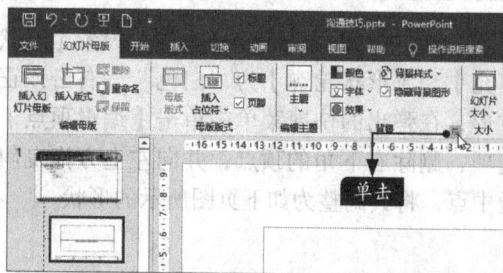

步骤 03 弹出【设置背景格式】窗格，在【填

充】区域中单击【图片或纹理填充】单选项，并单击【插入】按钮，如下图所示。

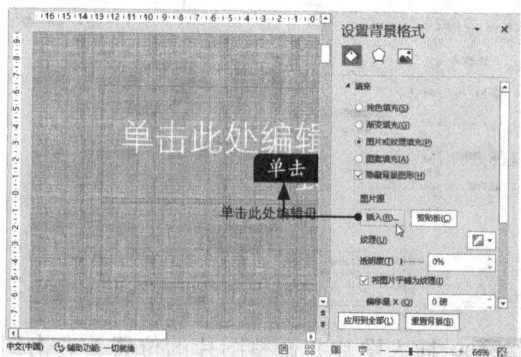

步骤 04 在弹出的【插入图片】对话框中，单击【来自文件】选项，如下图所示。

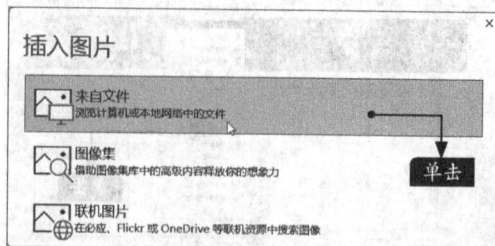

步骤 05 在弹出的【插入图片】对话框中，选择"素材\ch13\沟通技巧\首页.jpg"，然后单击【插入】按钮，如下页图所示。

步骤 06 关闭【设置背景格式】窗格，设置背景后的幻灯片如下图所示。

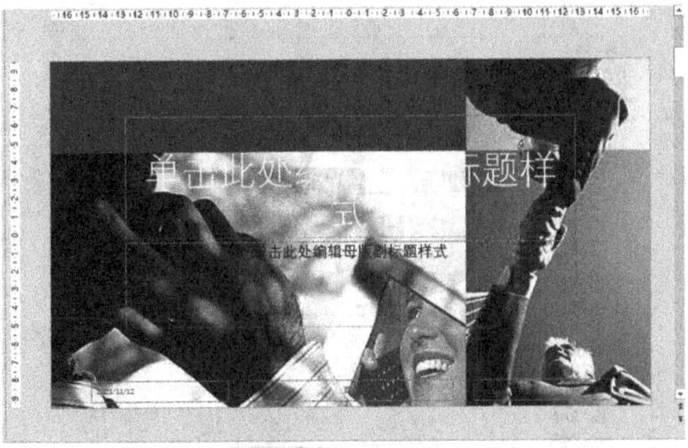

步骤 07 按照13.2.1小节步骤08~步骤10的操作绘制图形，并将其组合，效果如下图所示。

步骤 08 单击【幻灯片母版】选项卡下【关闭】选项组中的【关闭母版视图】按钮，如右上

图所示。

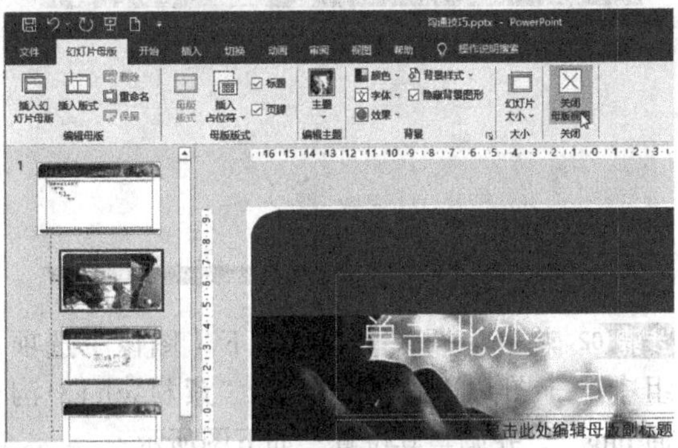

步骤 09 单击后即可返回演示文稿的普通视图，如下图所示。

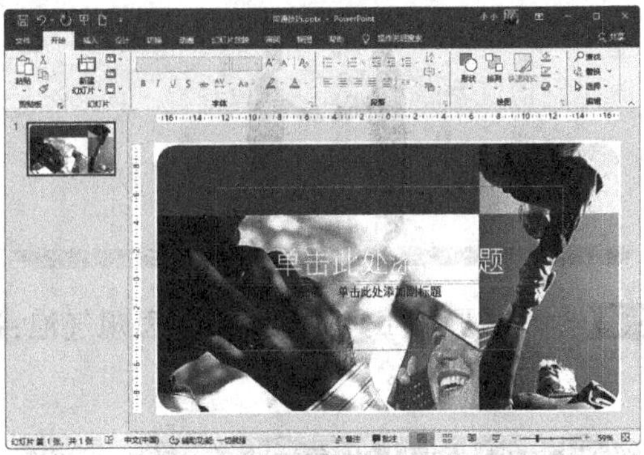

步骤 10 在幻灯片的标题文本框中输入"提升你的沟通技巧"，设置字体为"华文中宋"并"加粗"，调整文本框的大小与位置，删除副标题文本框，效果如下图所示。

13.2.3 设计图文幻灯片

使用图文幻灯片的目的是使用图形和文字形象地说明沟通的重要性，设计图文幻灯片的具体操作步骤如下。

步骤 01 新建一张【仅标题】幻灯片，并输入标题"为什么要沟通？"，如下页图所示。

为什么要沟通？

步骤 02 单击【插入】选项卡下【图像】选项组中的【图片】按钮，插入"素材\ch13\沟通.png"，并调整其位置，如下图所示。

为什么要沟通？

步骤 03 使用形状工具插入两个"思想气泡：云"，如下图所示。

为什么要沟通？

步骤 04 右击云形图形，在弹出的快捷菜单中单击【编辑文字】选项，并输入下图所示的文本，根据需要设置文本样式，如下图所示。

为什么要沟通？

步骤 05 新建一张【标题和内容】幻灯片，并输

人标题"沟通有多重要？"，如下图所示。

沟通有多重要？

· 单击此处添加文本

步骤 06 单击内容文本框中的图表按钮，在弹出的【插入图表】对话框中单击【三维饼图】选项，再单击【确定】按钮，如下图所示。

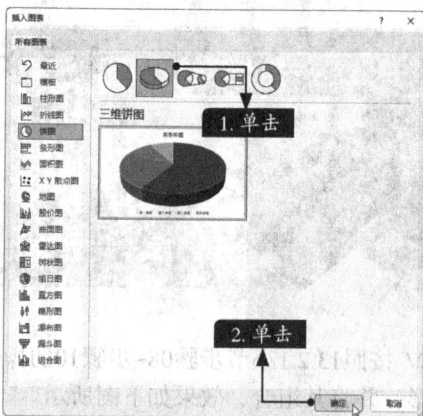

步骤 07 在打开的【Microsoft PowerPoint中的图表】工作簿中修改数据，如下图所示。

步骤 08 关闭【Microsoft PowerPoint中的图表】工作簿，即可在幻灯片中插入图表，如下图所示。

沟通有多重要？

成功的因素

步骤 09 根据需要修改图表的样式，效果如下图所示。

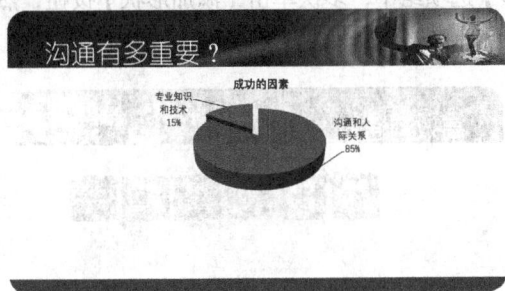

步骤 10 在图表下方插入一个文本框，输入下图所示的内容，并调整其字体、字号和颜色，最终效果如下图所示。

13.2.4 设计图形幻灯片

各种形状图形和SmartArt图形，可以直观地展示沟通的重要原则和高效沟通的步骤，具体操作步骤如下。

1. 设计"沟通重要原则"幻灯片

步骤 01 新建一张【仅标题】幻灯片，并输入标题"沟通的重要原则"，如下图所示。

步骤 02 使用形状工具绘制如下图所示的图形，在【绘图工具】→【形状格式】选项卡下的【形状样式】选项组中，为图形设置样式，并可根据需求为图形添加形状效果，如下图所示。

步骤 03 绘制4个圆角矩形，设置【形状填充】为【无填充颜色】，分别设置【形状轮廓】为灰色、橙色、黄色和绿色，并将其置于底层，然后绘制直线将图形连接起来，效果如下图所示。

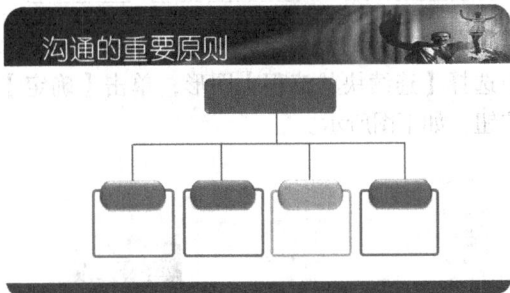

步骤 04 分别右击各个图形，在弹出的快捷菜单中单击【编辑文字】选项，根据需要输入文字，效果如下图所示。

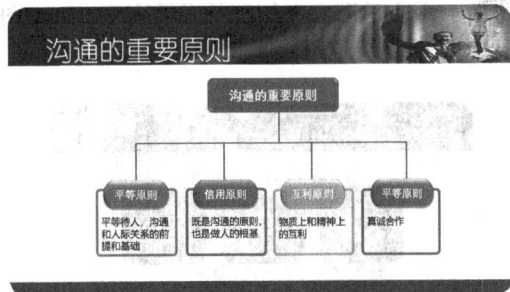

2. 设计"高效沟通的步骤"幻灯片

步骤 01 新建一张【仅标题】幻灯片，并输入标题"高效沟通的步骤"，如下图所示。

步骤 02 单击【插入】选项卡下【插图】选项组中的【SmartArt】按钮，如下图所示。

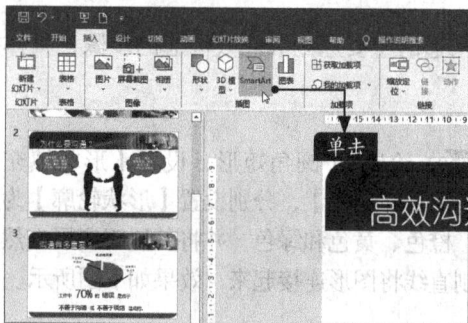

步骤 03 在弹出的【选择SmartArt图形】对话框中选择【连续块状流程】图形，单击【确定】按钮，如下图所示。

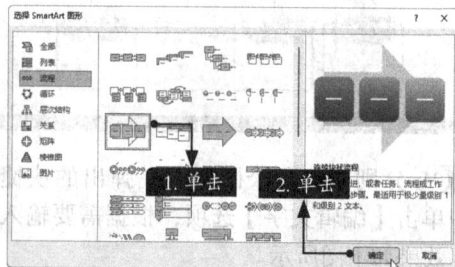

步骤 04 单击后即可在幻灯片中插入SmartArt图形，如下图所示。

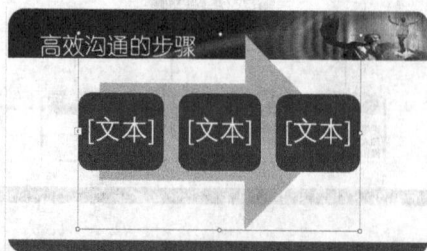

步骤 05 选中SmartArt图形，在【SmartArt工具】→【SmartArt设计】选项卡下的【创建图形】选项组中，多次单击【添加形状】按钮，然后输入文字，并调整图形的大小，如下图所示。

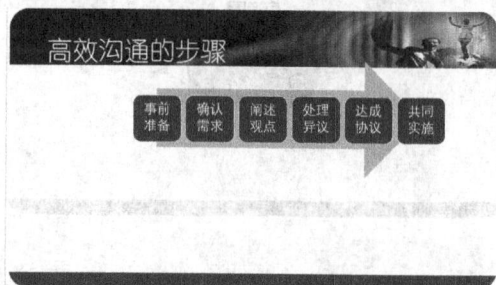

步骤 06 选中SmartArt图形，单击【SmartArt设计】选项卡下【SmartArt样式】选项组中的【更改颜色】按钮，在下拉列表中单击【彩色轮廓 — 个性色3】选项，如下图所示。

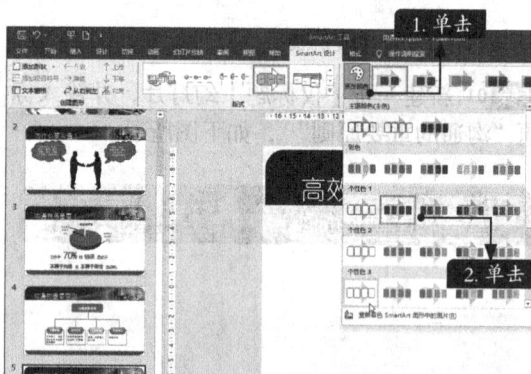

步骤 07 单击【SmartArt样式】选项组中的【其他】按钮，在下拉列表中单击【嵌入】选项，如下图所示。

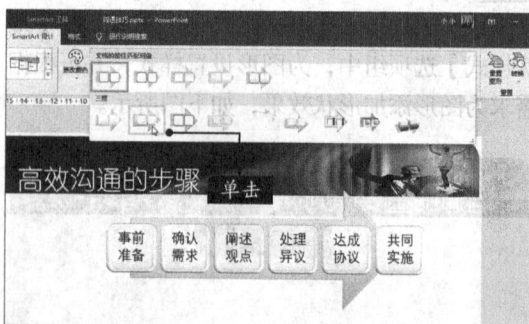

步骤 08 在SmartArt图形下方绘制6个圆角矩形，并应用蓝色形状样式，如下页图所示。

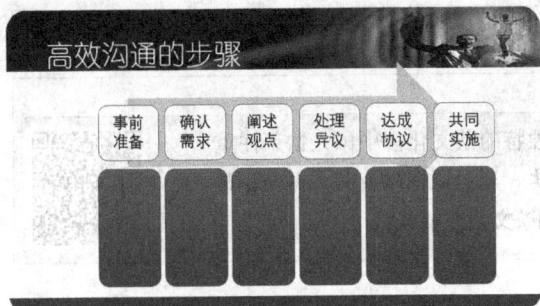

步骤 09 右击绘制的6个图形，在弹出的快捷菜单中单击【设置对象格式】选项，打开【设置形状格式】窗格，单击【形状选项】→【大小与属性】按钮，在其下方区域设置各边距为

"0厘米"，如下图所示。

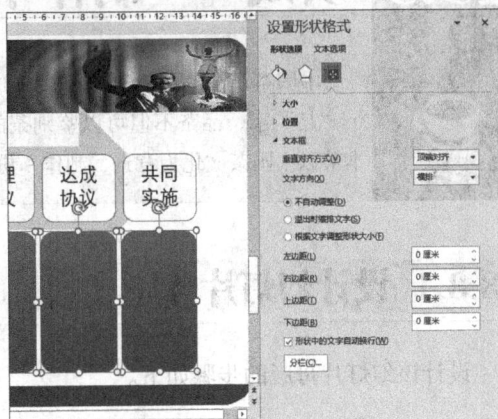

步骤 10 关闭【设置形状格式】窗格，在圆角矩形中输入文本，为文本添加 "√" 形的项目符号，并设置字体颜色为 "白色"，如下图所示。

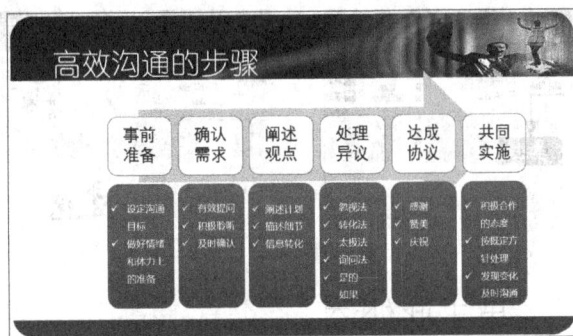

13.2.5 设计演示文稿的结束页

结束页幻灯片和首页幻灯片的背景一致，只是标题不同。具体操作步骤如下。

步骤 01 新建一张【标题幻灯片】，如下图所示。

步骤 02 在标题文本框中输入 "谢谢观看！"，并调整其字体和位置，沟通技巧培训演示文

稿就制作完成了，按【Ctrl+S】组合键保存即可，如下图所示。

13.3 实战——制作中国茶文化演示文稿

中国茶历史悠久，现在已发展成了独特的茶文化。中国人饮茶注重一个"品"字，品茶不但可以鉴别茶的优劣，还可以消除疲劳、振奋精神。本节以中国茶文化为背景，制作一份中国茶文化演示文稿。

13.3.1 设计幻灯片母版

设计该幻灯片母版的步骤如下。

步骤 01 启动PowerPoint 2021，新建文档，并将其另存为"中国茶文化.pptx"。单击【视图】选项卡下【母版视图】选项组中的【幻灯片母版】按钮，如下图所示。

步骤 02 切换到幻灯片母版视图，在左侧列表中单击第一张幻灯片，单击【插入】选项卡下【图像】选项组中的【图片】的下拉按钮，在弹出的菜单中单击【此设备】选项，如下图所示。

步骤 03 在弹出的【插入图片】对话框中选择"素材\ch13\中国茶文化\图片01.jpg"，单击【插入】按钮，将选择的图片插入幻灯片中，如下图所示。

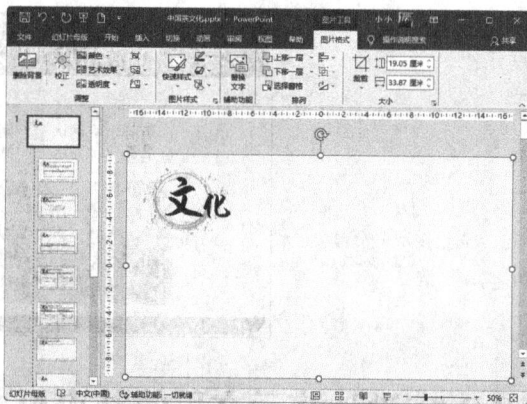

步骤 04 右击插入的图片，在弹出的快捷菜单中单击【置于底层】→【置于底层】选项，让图片在底层显示，如下图所示。

步骤 05 选中标题文本框内的文本，单击【绘图工具】→【格式】选项卡下【艺术字样式】选项组中的【其他】按钮，在弹出的下拉列表中选择一种艺术字样式，如下页图所示。

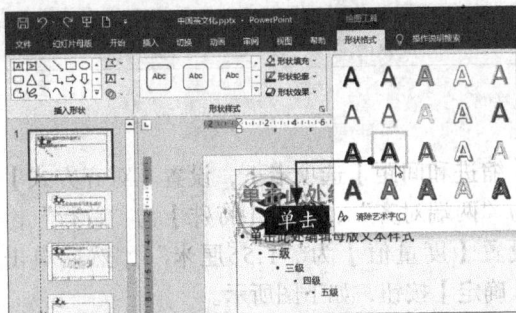

步骤 06 根据需求设置艺术字的字体、字号、文本填充及文本效果等，并设置【文本对齐】为"居中对齐"，此外，还可以根据需要调整文本框的位置，如下图所示。

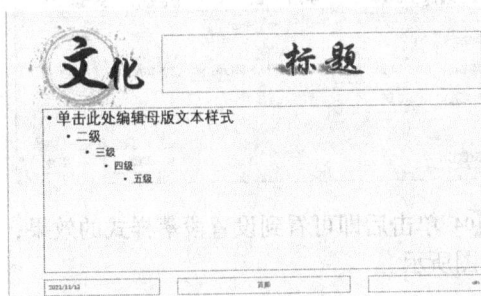

小提示

如果字体设置得较大，标题文本框不足以容纳"单击此处编辑母版标题样式"，可以删除部分内容。

步骤 07 在幻灯片母版视图中，在左侧列表中选中第二张幻灯片，勾选【背景】选项组中的【隐藏背景图形】复选框，并删除文本框，如下图所示。

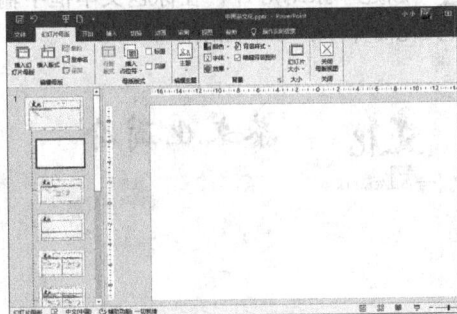

步骤 08 将"素材\ch13\中国茶文化\图片02.jpg"插入第二张幻灯片中，并调整其位置和大小。单击【幻灯片母版】选项卡中的【关闭母版视图】按钮，如下图所示。

13.3.2 设计演示文稿的首页

幻灯片的母版制作完成后，即可设计演示文稿的首页内容，主要是设计首页的标题文字，具体步骤如下。

步骤 01 选中首张幻灯片，如下图所示。

步骤 02 在标题文本框中输入"中国茶文化"，根据需要调整其字体、字号及颜色等，并适当调整文本框的位置，效果如下图所示。

13.3.3 设计茶文化简介页

设计茶文化简介页的具体步骤如下。

步骤 01 新建一张幻灯片，在标题文本框中输入"茶文化简介"，如下图所示。

步骤 02 打开"素材\ch13\中国茶文化\茶文化简介.txt"，将其内容复制到幻灯片内容文本框中，适当调整文本框的位置及文本的字号和大小，如下图所示。

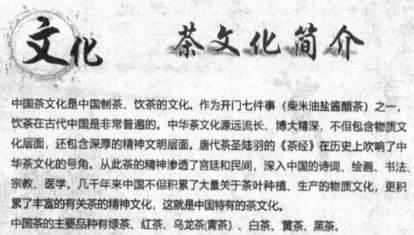

步骤 03 右击输入的文本，在弹出的快捷菜单中单击【段落】选项，打开【段落】对话框。在

【缩进和间距】选项卡下，设置【对齐方式】为"两端对齐"，设置【特殊】为"首行"，设置【度量值】为"1.55厘米"，然后单击【确定】按钮，如下图所示。

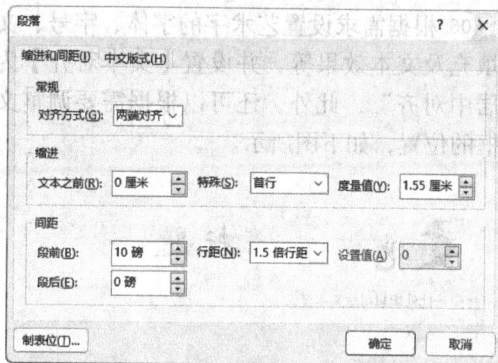

步骤 04 单击后即可看到设置段落样式的效果，如下图所示。

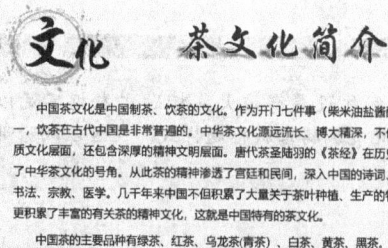

13.3.4 设计目录页

设计目录页的具体步骤如下。

步骤 01 新建【标题和内容】幻灯片，输入标题"茶品种"，如下图所示。

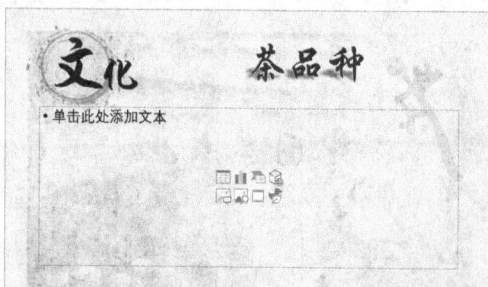

步骤 02 在下方输入茶的品种，并根据需要设置其字体、字号等，如下图所示。

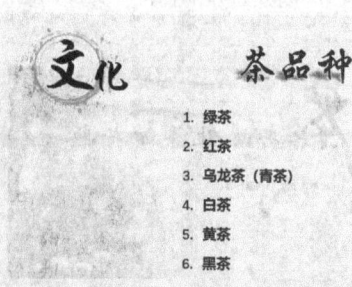

13.3.5 设计其他页

下面介绍如何设计演示文稿的其他页，具体步骤如下。

步骤01 新建【标题和内容】幻灯片，输入标题"绿茶"，如下图所示。

步骤02 打开"素材\ch13\中国茶文化\茶种类.txt"，将其"绿茶"下的内容复制到幻灯片内容文本框中，适当调整文本框的位置，以及文本的字号、段落格式等，如下图所示。

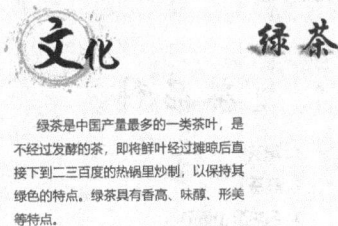

步骤03 选择"素材\ch13\中国茶文化\绿茶.jpg"，将其插入幻灯片中，并根据需要调整其大小及位置，如下图所示。

步骤04 选中插入的图片，单击【格式】选项卡下【图片样式】选项组中的【其他】按钮，在弹出的下拉列表中选择一种样式，如右上图所示。

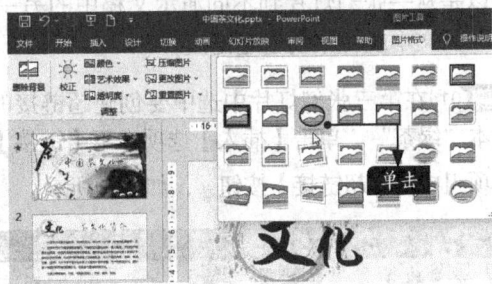

步骤05 根据需要在【图片样式】选项组中设置【图片边框】【图片效果】及【图片版式】等，如下图所示。

步骤06 重复步骤1~步骤5，分别设计红茶、乌龙茶（青茶）、白茶、黄茶、黑茶等幻灯片页面，如下图所示。

步骤07 新建【标题】幻灯片。插入艺术字文本框，在其中输入"谢谢欣赏！"，并根据需要设置文本样式，效果如下图所示。

13.3.6 设置超链接

在PowerPoint中，超链接可以是从一张幻灯片到同一演示文稿中的另一张幻灯片的链接，也可以是从一张幻灯片到不同演示文稿中的另一张幻灯片、电子邮箱、网页或文件等的链接。用户可以以文本或对象创建超链接。

步骤01 在第三张幻灯片中选中要创建超链接的文本"绿茶"。单击【插入】选项卡下【链接】选项组中的【超链接】按钮，如下图所示。

步骤02 弹出【插入超链接】对话框，单击【链接到】列表框中的【本文档中的位置】选项，在右侧的【请选择文档中的位置】列表框中选择【幻灯片标题】下方的【4.绿茶】选项，然后单击【屏幕提示】按钮，如下图所示。

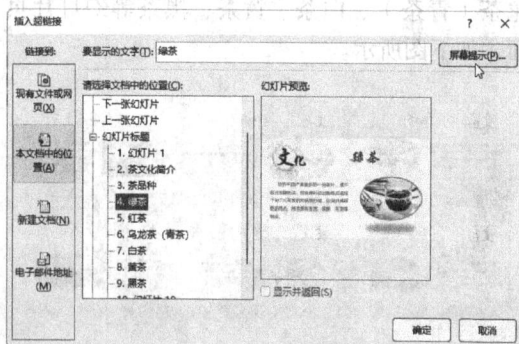

步骤03 在弹出的【设置超链接屏幕提示】对话框中输入提示信息，然后单击【确定】按钮，如下图所示，返回【插入超链接】对话框，单击【确定】按钮。

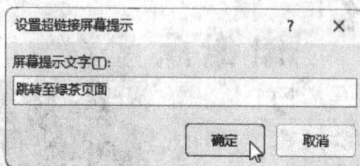

步骤04 此时即可将选中的文本链接到"绿茶"幻灯片，添加超链接后的文本以蓝色、下划线显示，如下图所示。

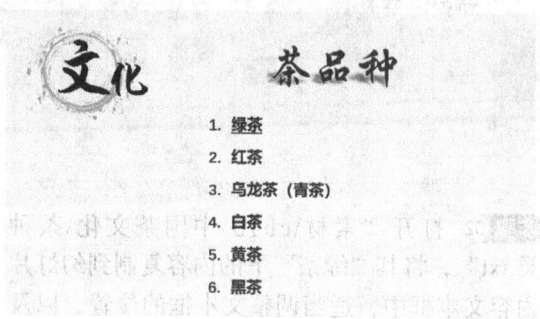

步骤05 使用同样的方法为其他文本创建超链接，效果如下图所示。

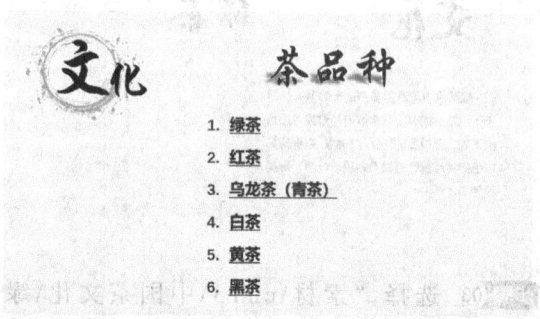

步骤06 根据需求设置文本的颜色，效果如下图所示。

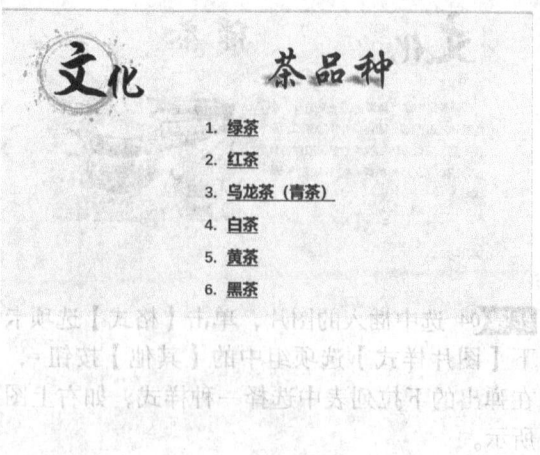

13.3.7 添加切换效果

切换效果是指由一张幻灯片切换至另一张幻灯片时屏幕显示的变化。用户可以选择不同的切换方案，并且可以设置切换速度。

步骤 01 选中要设置切换效果的幻灯片，这里选中第一张幻灯片，如下图所示。

步骤 02 单击【切换】选项卡下【切换到此幻灯片】选项组中的【其他】按钮，在弹出的下拉列表中单击【华丽型】下的【帘式】切换效果，即可预览并应用该效果，如下图所示。

步骤 03 在【切换】选项卡下【计时】选项组中的【持续时间】文本框中设置【持续时间】为"07.00"，如下图所示。

步骤 04 使用同样的方法，为其他幻灯片设置切换效果。另外，单击【效果选项】按钮，可设置切换的效果，如下图所示。

13.3.8 添加动画效果

用户可以为演示文稿中的文本、图片、形状、表格、SmartArt图形和其他对象添加动画效果，赋予它们进入、退出、大小变化或颜色变化甚至移动等视觉效果。

步骤 01 选中第一张幻灯片中要创建进入动画效果的文本框，如右图所示。

步骤 02 单击【动画】选项卡下【动画】选项组中的【其他】按钮▼，弹出下拉列表，单击【进入】区域中的【浮入】选项，如下图所示。

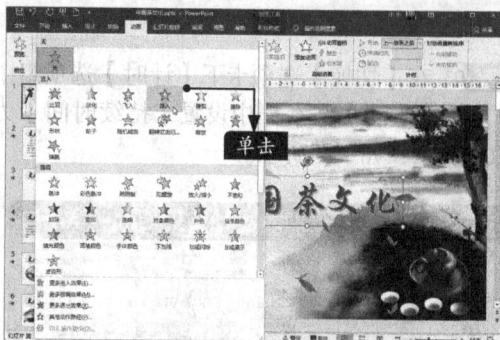

步骤 03 添加动画效果后，单击【动画】选项组中的【效果选项】按钮，在弹出的下拉列表中单击【下浮】选项，如下图所示。

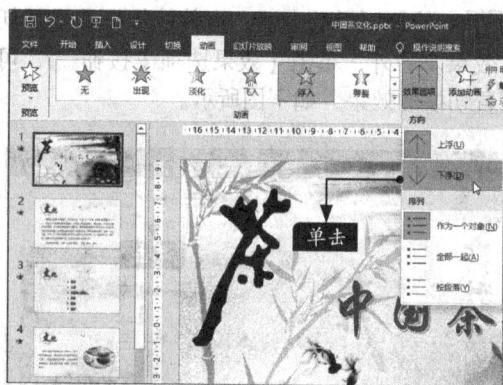

步骤 04 添加动画后，文本框旁边会显示如下图所示的动画标识 **1**。

步骤 05 在【动画】选项卡下的【计时】选项组中设置【开始】为"单击时"，设置【持续时间】为"02.25"，如下图所示。

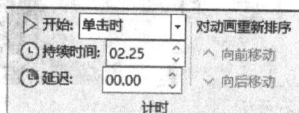

步骤 06 参照步骤1~步骤5为其他幻灯片中的内容设置动画效果，设置完成单击【保存】按钮保存即可，画面如下图所示。

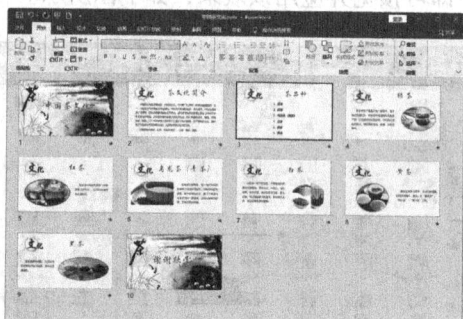

13.4 实战——公司宣传演示文稿的放映

本节通过实例介绍公司宣传演示文稿的放映。

13.4.1 设置演示文稿的放映

本小节主要介绍演示文稿的放映的基本设置，如添加备注和设置放映类型等内容。

步骤 01 打开"素材\ch13\龙马高新教育公司.pptx",选中第一张幻灯片,在幻灯片下方的【单击此处添加备注】处添加备注,如下图所示。

步骤 02 单击【幻灯片放映】选项卡下【设置】选项组中的【设置幻灯片放映】按钮,如下图所示。

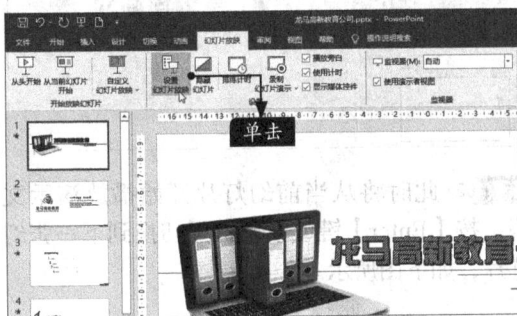

步骤 03 弹出【设置放映方式】对话框,在【放映类型】中单击【演讲者放映(全屏幕)】单选项,在【放映选项】区域中勾选【放映时不加旁白】复选框和【放映时不加动画】复选框,然后单击【确定】按钮,如下图所示。

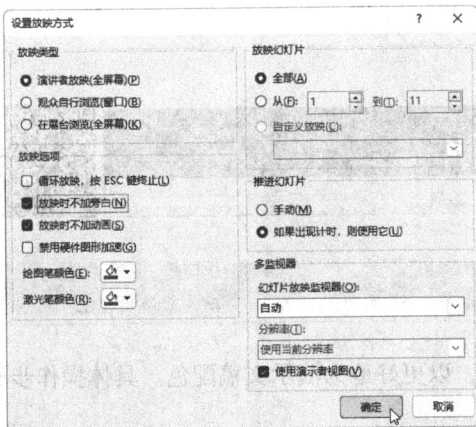

步骤 04 单击【幻灯片放映】选项卡下【设置】选项组中的【排练计时】按钮,如下图所示。

步骤 05 单击后即可开始设置排练计时,如下图所示。

步骤 06 排练计时结束后,在弹出的对话框中单击【是】按钮,保留排练计时,如下图所示。

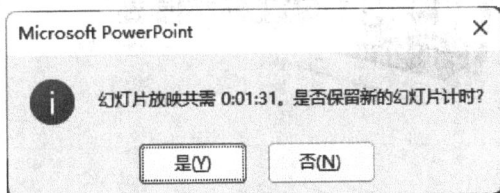

步骤 07 添加排练计时后的效果如下图所示。

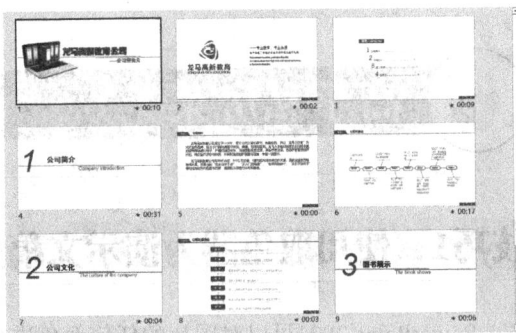

13.4.2 演示文稿的放映方式

默认情况下，演示文稿的放映方式为普通手动放映。用户可以根据实际需要设置演示文稿的放映方式，如从头开始放映、从当前幻灯片开始放映、联机放映等。

1. 从头开始放映

步骤 01 演示文稿一般是从头开始放映的，单击【幻灯片放映】选项卡下【开始放映幻灯片】选项组中的【从头开始】按钮，或按【F5】键，如下图所示。

步骤 02 此时即可从头开始播放演示文稿，如下图所示。

2. 从当前幻灯片开始放映

步骤 01 放映演示文稿时也可以从选定的幻灯片开始放映，单击【幻灯片放映】选项卡下【开始放映幻灯片】选项组中的【从当前幻灯片开始】按钮，或按【Shift+F5】组合键，如下图所示。

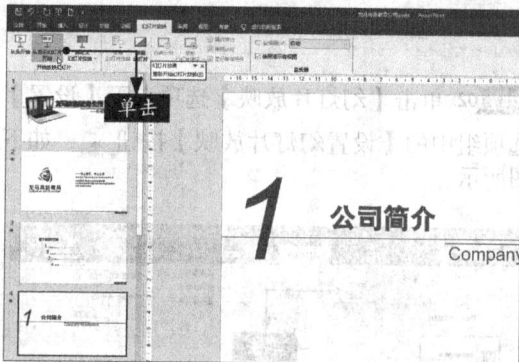

步骤 02 此时将从当前幻灯片开始播放演示文稿，按【Enter】键或空格键可切换到下一张幻灯片，如下图所示。

高手私房菜

技巧1：使用取色器为演示文稿配色

PowerPoint 2021可以对图片的任何颜色进行取色，以更好地为演示文稿配色。具体操作步骤如下。

步骤 01 打开PowerPoint 2021，并应用任意一种主题，如下图所示。

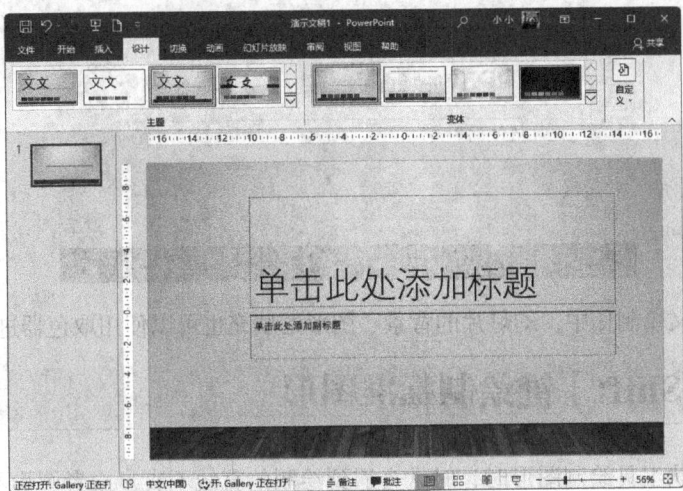

步骤 02 在标题文本框中输入任意文字，然后单击【开始】选项卡下【字体】选项组中的【字体颜色】按钮▲，在弹出的【字体颜色】面板中单击【取色器】选项，如下图所示。

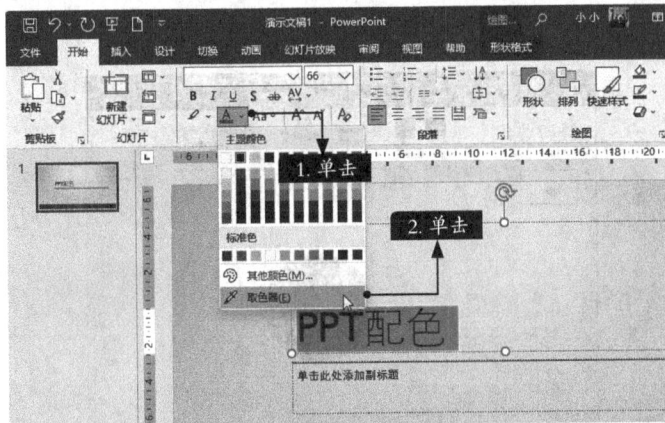

步骤 03 在幻灯片上任意位置单击即可拾取颜色，并显示其颜色值，如下图所示。

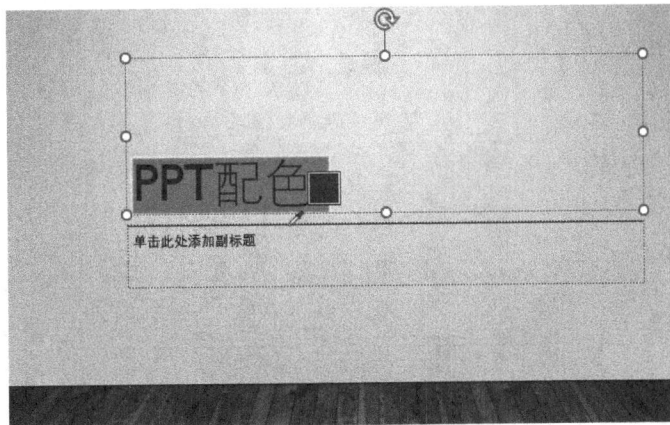

步骤 04 单击即可应用选中的颜色，如下页图所示。

另外，在演示文稿制作中，幻灯片的背景、图形的填充也可以使用取色器进行配色。

技巧2：用【Shift】键绘制标准图形

我们在使用形状工具绘制图形时，时常会遇到绘制的直线不直，或者圆形不圆、正方形不正的问题，【Shift】键可以帮助我们绘制标准图形。

例如，单击【插入】选项卡下【插图】选项组中的【形状】按钮，选择【椭圆】工具，按住【Shift】键，在幻灯片中即可绘制出圆形，如下图所示。如果不按【Shift】键，则会绘制出椭圆形。

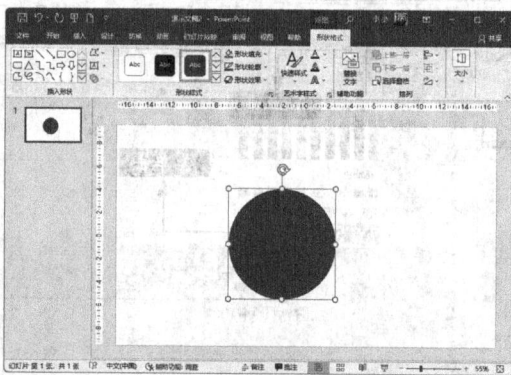

同理，按住【Shift】键可以绘制正三角形、正方形、正多边形等。

第 14 章

使用电脑高效办公

学习目标

　　在电脑办公中，用户不仅要熟练掌握办公软件的使用，而且要懂得办公技巧，以提高工作的效率。本章主要介绍一些高效办公的知识，如收发邮件、下载资料、共享文件、使用办公设备、使用云盘等。

学习效果

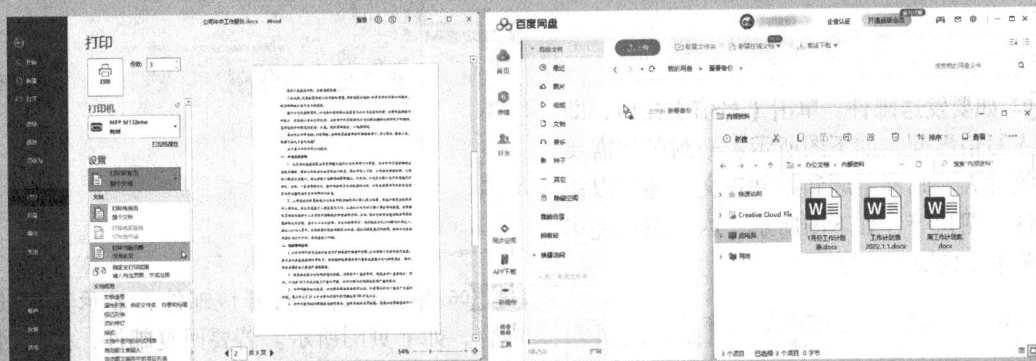

14.1 实战——收发邮件

电子邮件是办公中使用最为广泛的沟通方式之一，可以将文字、图像、声音等多种形式的内容，发送给对方。本节将主要介绍QQ邮箱的使用方法。

步骤01 单击QQ主界面顶端的【QQ邮箱】图标，如下图所示。

步骤02 单击后启动默认浏览器，进入QQ邮箱，如下图所示。

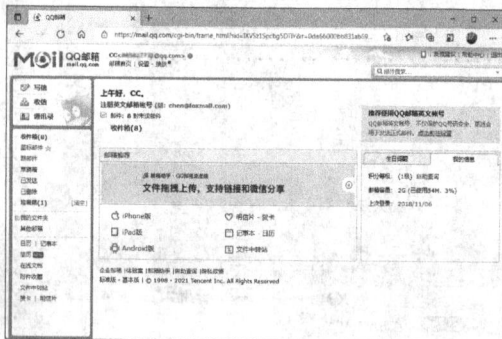

步骤03 如要发送邮件，单击【写信】按钮，即可进入写信界面，如下图所示。一封邮件需要包含收件人、邮件主题和邮件正文，还可以添加附件、图片等，如下图所示，内容添加完毕后，单击【发送】按钮。

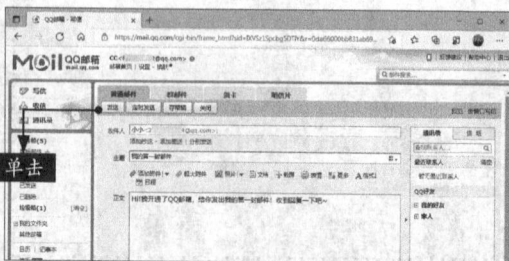

步骤04 单击后即可发送邮件，如果发送成功后，则提示"您的邮件已发送"，如下图所示。

步骤05 如果要接收和回复邮件，可以单击【收信】或【收件箱】按钮查看收到的邮件。在邮件列表中，单击要阅读的邮件，如下图所示。

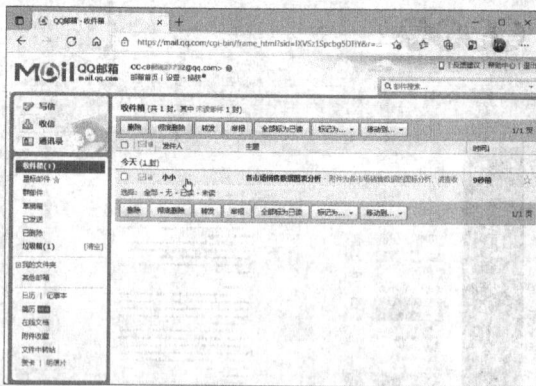

步骤06 单击后即可打开该邮件，显示其详细内容，如下页图所示。若要回复邮件，按【回复】按钮即可进入写信页面，并且"收件人"及"主题"已自动输入，编辑好正文内容，单击【发送】按钮即可。另外，也可以通过【返回】【删除】【转发】等按钮来管理邮件。

小提示

关于邮件中的附件，单击【预览】按钮，则可预览；单击【下载】按钮，则可将其下载到电脑中；单击【收藏】按钮，则可将其收藏到邮箱中，单击界面左侧菜单栏中的【附件收藏】可对其进行查看；单击【转存】按钮，则可将其保存到腾讯微云网盘中。

14.2 实战——文档的下载

在生活和工作中，我们经常需要搜索并下载一些资料或文档，如Word文档、Excel表格或PPT的模板等。下面以百度文库为例，介绍如何搜索并下载文档。

步骤 01 打开百度文库页面，单击页面右上角的【登录】超链接，如下图所示。

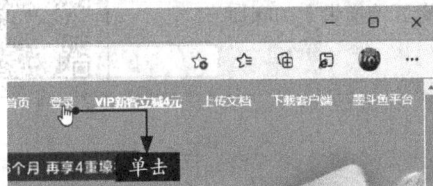

步骤 02 在下图所示的页面中输入用户名和密码，单击【登录】按钮进行登录。如果没有账号，可单击【立即注册】超链接，根据提示注册。

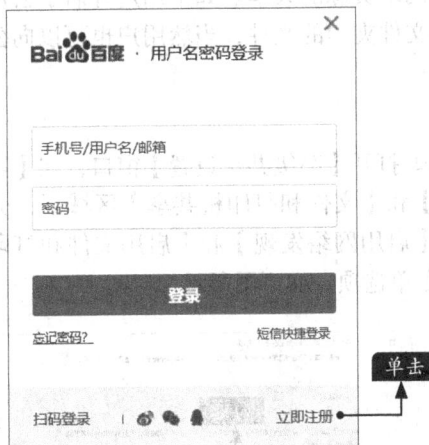

步骤 03 在搜索框中输入要搜索的文档的关键字，然后单击【搜索文档】按钮，如右上图所示。

步骤 04 在搜索结果中，可以筛选文档的类型、更改其排序方式等，单击文档名称超链接查看文档，如下图所示。

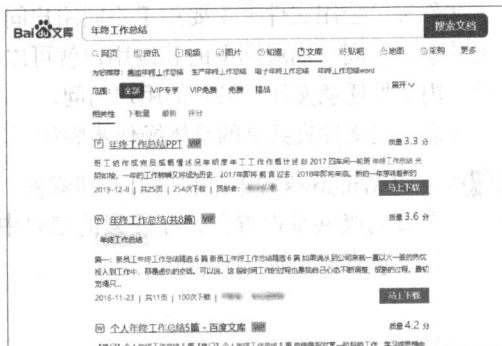

小提示

标有 VIP 标识的文档为VIP文档，百度文库会员可以免费下载；如无会员，可以筛选查看免费文档。

步骤 05 打开文档，如果需要下载，单击【下载文档】按钮，如下图所示。

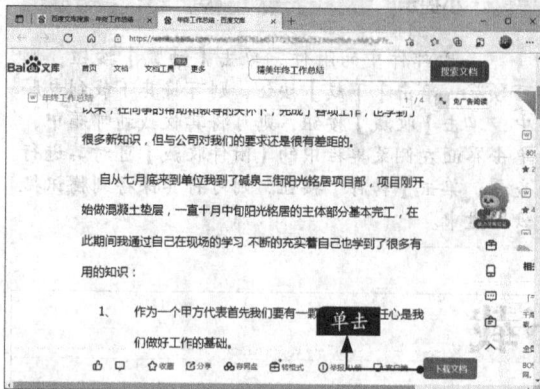

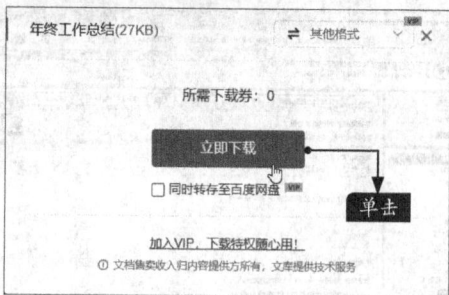

步骤 06 在弹出的对话框中，单击【立即下载】按钮，如右上图所示。

步骤 07 单击后开始下载，下载完成后，单击【打开文件】按钮即可打开文档，如下图所示。

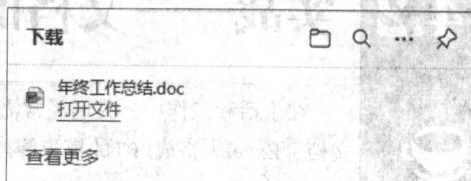

14.3 实战——局域网内文件的共享

无论是什么规模、什么性质的局域网，最重要的就是实现资源的共享与传送，这样可以避免使用移动存储设备进行资源传递带来的麻烦。

14.3.1 开启公用文件夹共享

在安装Windows 11时，系统会自动创建一个"公用"的用户，同时还会在硬盘上创建名为"公用"的文件夹，如【Administrator】文件夹内的【视频】【图片】【文档】【下载】【音乐】文件夹。公用文件夹主要用于不同用户间的文件及网络资源的共享。如果用户开启了公用文件夹共享，在同一局域网下的其他用户就可以看到公用文件夹内的文件，当然用户也可以向公用文件夹内添加任意文件，供其他用户访问。

开启公用文件夹共享的具体操作步骤如下。

步骤 01 按【Windows+S】组合键打开搜索框，输入"更改高级共享设置"，在搜索的结果中单击【打开】选项，如下图所示。

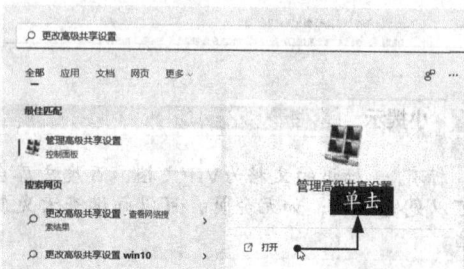

步骤 02 打开【高级共享设置】窗口，在【网络发现】和【文件和打印机共享】区域下，分别选中【启用网络发现】和【启用文件和打印机共享】单选项，如下图所示。

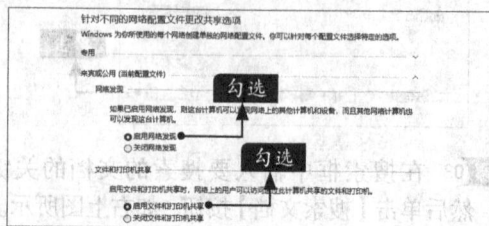

步骤 03 在【所有网络】区域下，勾选【启动共享以便可以访问网络的用户可以读取和写入公用文件夹中的文件】【无密码保护共享】单选项，然后单击【保存更改】按钮，即可开启公用文件夹的共享，如下图所示。

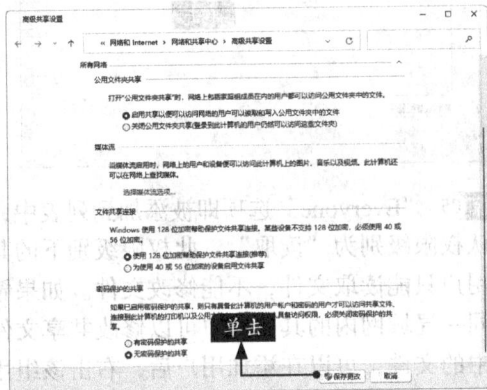

步骤 04 按【Windows+I】组合键，打开【设置】面板，右侧显示的"xdn"为当前计算机名，如下图所示。如果希望修改计算机名，可单击【重命名】按钮，重启电脑后即可生效。

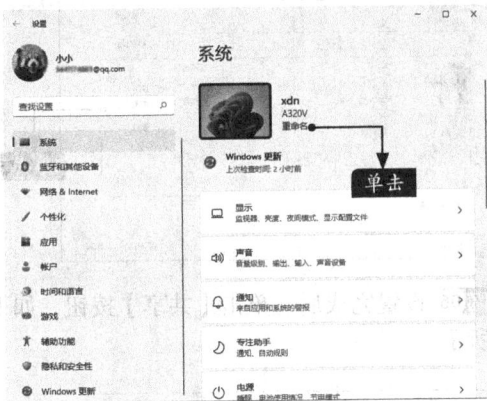

步骤 05 打开文件资源管理器，在地址栏中输入"\\xdn"路径，即可看到一个【Users】文件夹，如下图所示。

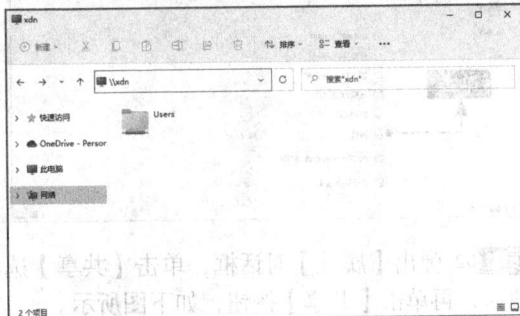

小提示

"\\"是路径引用的意思，"xdn"是计算机名。

步骤 06 打开【Users】文件夹，即可看到该文件夹下的共享文件，如下图所示。

14.3.2 共享任意文件夹

开启公用文件夹共享，只能共享公用文件夹内的文件，如果需要共享其他文件，用户需要将文件复制到公用文件夹下，操作相对比较繁琐。我们可以将某文件夹设置为共享文件夹，同一局域网的其他用户可直接访问该文件夹内的文件。

共享任意文件夹的具体操作步骤如下。

步骤 01 右击需要共享的文件夹，在弹出的快捷菜单中单击【属性】选项，如下页图所示。

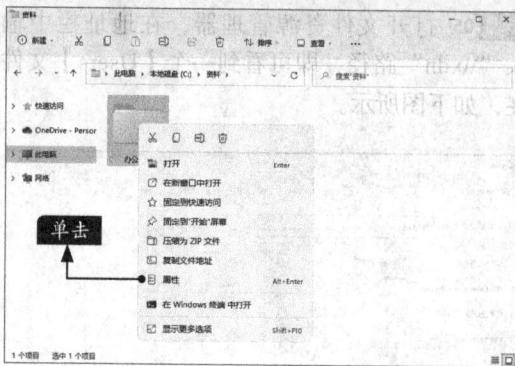

步骤 02 弹出【属性】对话框，单击【共享】选项卡，再单击【共享】按钮，如下图所示。

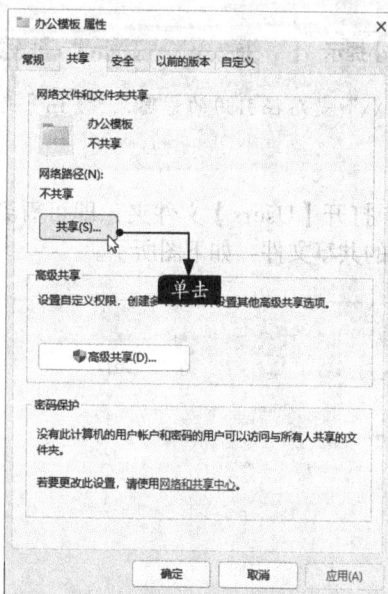

步骤 03 弹出【网络访问】对话框，单击【添加】左侧的下拉按钮，选择要共享的用户，此处选择"Everyone"选项，如下图所示。

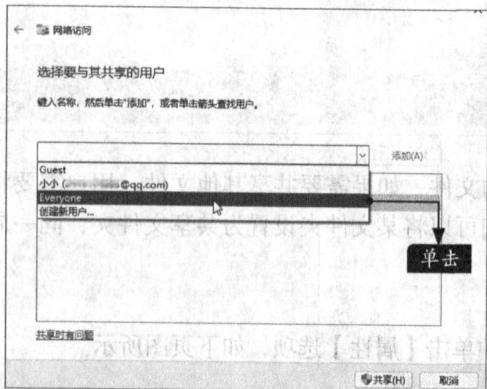

步骤 04 单击【添加】按钮，如右上图所示。

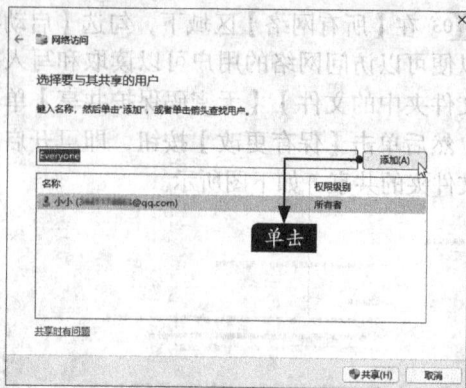

步骤 05 "Everyone"选项即被添加到列表中，默认权限级别为"读取"，此权限级别下的其他用户只能读取文件，不能修改文件。如果希望同一局域网内的其他用户可以修改共享文件夹中的文件，可以在添加用户后，右击该组用户，在弹出的快捷菜单中单击【读取/写入】选项，如下图所示。

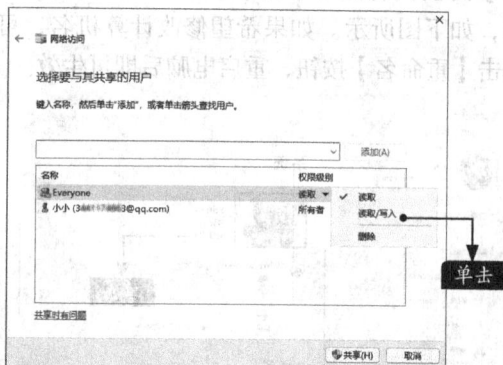

步骤 06 设置完成后，单击【共享】按钮，如下图所示。

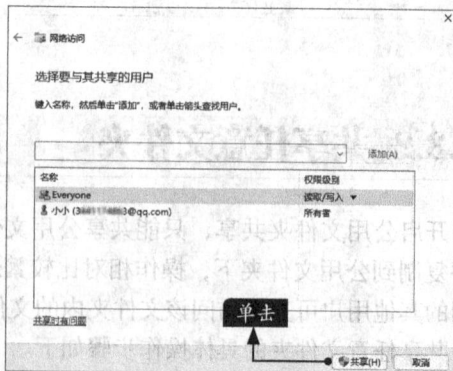

步骤 07 提示"你的文件夹已共享"，单击【完成】按钮，该文件夹即成功设为共享文件夹。在【各个项目】区域中，可以看到该文件夹的

共享路径，如 "\\Xdn\办公模板" 为该文件夹的共享路径，如下图所示。

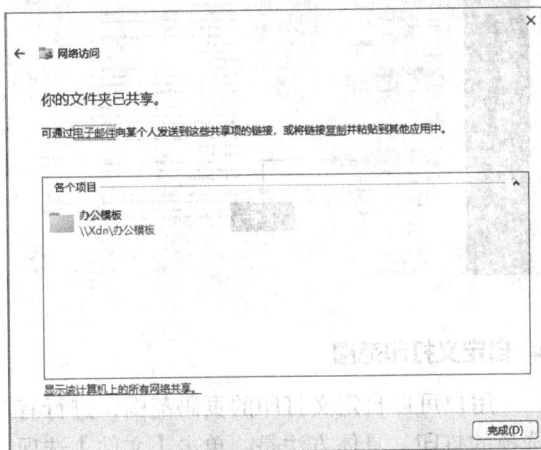

步骤 08 输入共享路径后，系统将自动打开共享文件夹，如下图所示。

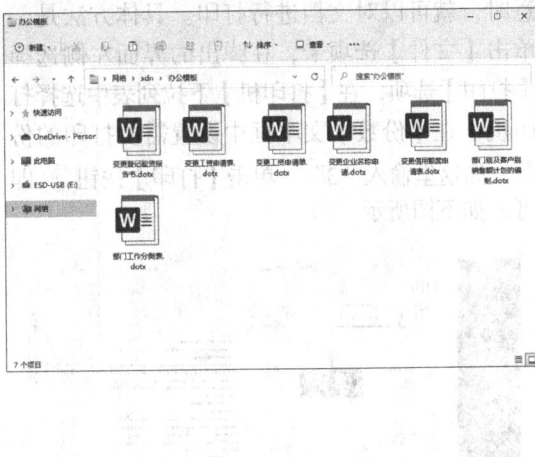

> **小提示**
>
> "\\Xdn\办公模板" 中的 "\" 是指根目录，一般称之为【办公模板】的根目录；在【此电脑】窗口的地址栏中输入\\Xdn\办公模板，可以直接访问该文件夹；用户还可以直接输入电脑的IP地址，如果共享文件夹的电脑IP地址为192.168.1.105，则直接在地址栏中输入 "\\192.168.1.105" 即可；另外也可以在【网络】窗口中，直接访问该文件夹。

14.4 实战——办公设备的使用

办公设备是自动化办公中不可缺少的组成部分，熟练操作常用的办公设备，例如打印机、复印机和扫描仪等，是十分必要的。

14.4.1 打印机的使用

在日常办公中，我们主要使用打印机打印一些办公文件，如Word文档、Excel工作表、PPT演示文稿及图片等，使用打印机的基本方法是打开要打印的文件，按【Ctrl+P】组合键进行打印。下面具体介绍Word文档的打印方法。

1. 打印预览

在进行文件打印之前，最好先使用打印预览功能查看即将打印的文件的打印效果，以免出现错误、浪费纸张。在Office中查看打印效果的方法类似，这里以Word 2021为例。

在打开的Word文档中，单击【文件】选项卡，在弹出的界面的左侧单击【打印】选项，在页面右侧即可查看打印效果，如右图所示。

2. 打印当前文档

用户对打印预览中看到的打印效果感到满意时，就可以对文档进行打印。具体方法是，单击【文件】选项卡，在弹出的界面左侧选择【打印】选项，在【打印机】下拉列表中选择打印机，在【份数】文本框中设置需要打印的份数，如这里输入"3"，单击【打印】按钮 🖶 即可，如下图所示。

3. 打印当前页面

打印当前页面是指打印目前正在浏览的页面。具体方法是，单击【文件】选项卡，在【打印】区域下的【设置】选项组中单击【打印所有页】后的下拉按钮，在弹出的下拉列表中单击【打印当前页面】选项，然后单击【打印】按钮 🖶 即可，如右上图所示。

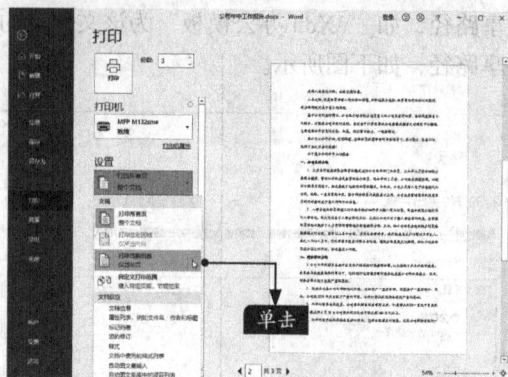

4. 自定义打印范围

用户可以自定义打印的页码范围，进行有选择的打印。具体方法是，单击【文件】选项卡，在【打印】区域下的【设置】选项组中单击【打印所有页】后的下拉按钮，在弹出的下拉列表中单击【自定义打印范围】选项，然后在【页数】文本框中输入要打印的页码，如输入"2-3"表示打印第2页到第3页内容，输入"1,3"表示打印第1页和第3页内容，单击【打印】按钮即可，如下图所示。

14.4.2 复印机的使用

复印机是用于从书写、绘制或印刷的原稿得到等倍、放大或缩小的复印品的设备，如下页图所示。复印机复印速度快，操作简便，与铅字印刷、蜡纸油印、胶印等的主要区别是无须经过制版等过程，而能直接从原稿获得复印品，复印份数不多时较为经济。复印机发展的总体趋势是从低速到高速、从黑白到彩色（数码复印机与模拟复印机的对比），如今复印机、打印机、传真机已集于一体。

复印机的使用方法是，打开复印机翻盖，将要复印的文件放进去，把文件有字的一面向下，盖上复印机翻盖，按复印机上的【复印】按钮进行复印。部分复印机需要按【复印】按钮后，再按一下【开始】或【启用】按钮才能进行复印。

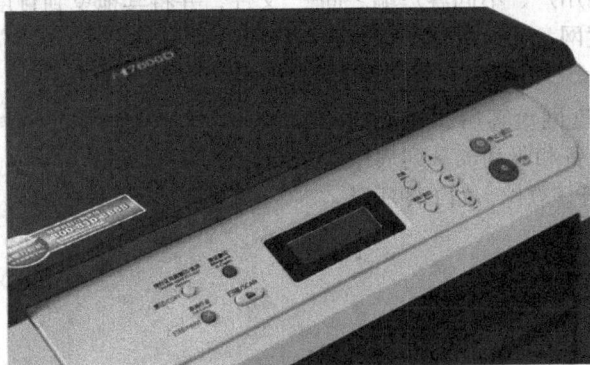

14.4.3 扫描仪的使用

在日常办公中，扫描仪可以很方便地把纸质文件扫描至电脑中。

目前，办公大多数用的都是一体式机器，包含了打印、复印和扫描3种功能，这样可以节约成本和办公空间。不管是一体式机器还是独立的扫描仪，其安装方法都是将机器与电脑相连，并将附带的驱动程序安装到电脑上。下面主要介绍如何扫描文件。

步骤 01 将需要扫描的文件放入扫描仪中，要扫描的一面向下，用电脑运行扫描仪程序，扫描仪会提示设置，用户可以对扫描保存的文件类型、路径、分辨率、扫描类型、文档尺寸等进行设置，然后单击【扫描】按钮，如下图所示。

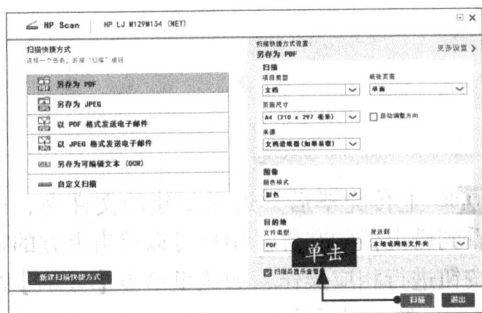

步骤 02 单击后扫描仪即会开始扫描，扫描完成后会显示扫描结果的预览图，用户可以根据需求对扫描的结果进行调整，然后单击【保存】按钮保存即可，如下图所示。

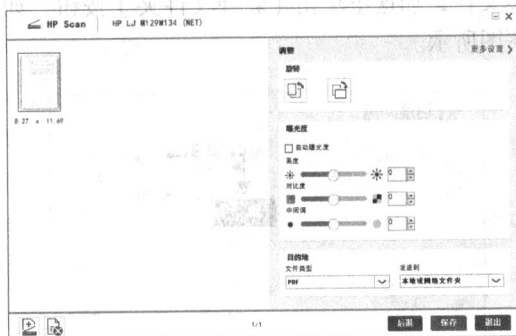

14.5 实战——使用云盘保护重要资料

随着云技术的快速发展，云盘应时而生，其不仅功能强大，而且用户体验很好。

上传、分享和下载是云盘的主要功能，用户可以将重要资料上传到云盘空间，并将其分享给

其他人，也可以在不同的客户端下载云盘空间上的资料，方便了不同用户、不同客户端之间的交互。下面介绍百度网盘如何上传、分享和下载文件。

步骤 01 下载并安装百度网盘客后，在【此电脑】窗口中，双击"设备和驱动器"列表中的【百度网盘】图标，打开该软件，如下图所示。

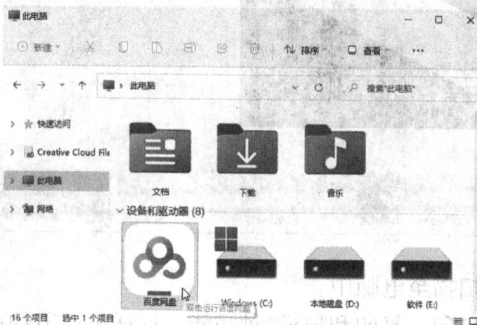

小提示

百度网盘也支持网页版，但为了有更好的体验，建议安装客户端版。

步骤 02 打开并登录百度网盘，在【我的网盘】界面中，用户可以新建文件夹，也可以直接上传文件，如这里单击【新建文件夹】按钮，如下图所示。

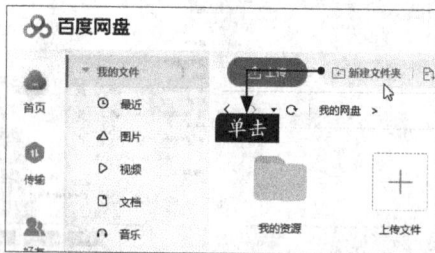

步骤 03 新建一个文件夹，并命名为"重要备份"，如下图所示。

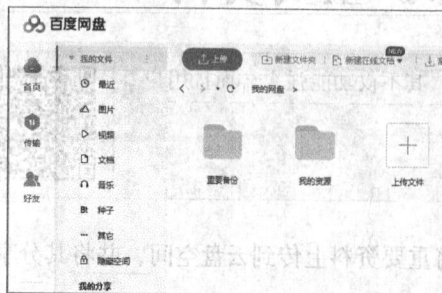

步骤 04 打开新建的文件夹，选中要上传的文件，并将其拖曳到百度网盘界面上，如下图所示。

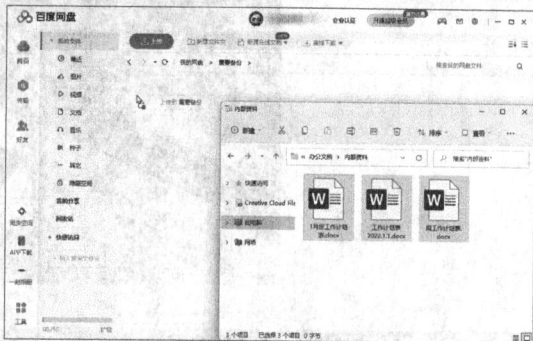

小提示

用户也可以单击【上传】按钮，通过选择路径的方式上传文件。

步骤 05 自动跳转至【传输列表】界面，并显示具体的传输情况，如下图所示。

步骤 06 上传完毕后，返回新建的文件夹，即可看到已上传的文件。用户可以单击上方的控制按钮进行相应操作，如这里单击【分享】按钮，如下图所示。

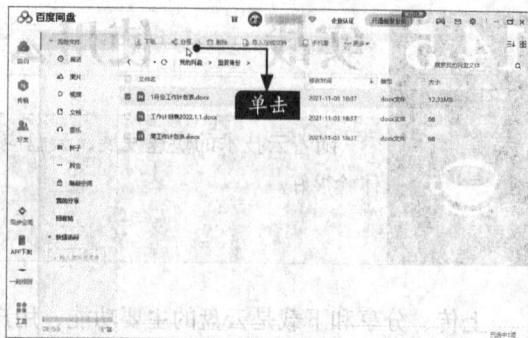

单击【下载】按钮，可以将所选文件下载到电脑中；单击【分享】按钮，可以生成分享链接，供他人下载；单击【删除】按钮，可以删除所选文件或文件夹；单击【导入在线文档】按钮，可以将所选文档生成为一个在线文档；单击【手机看】按钮，可以使用手机扫描查看文件；单击【更多】按钮，可以执行重命名、复制、移动等操作。

步骤 07 弹出分享文件对话框，显示了两种分享方式：私密链接分享和发给好友。其中私密链接分享，可以设置随机提取码或4位包含数字或字母的提取码，并设置访问人数和有效期，设置完成后会生成链接，只有获取提取码的人才能通过链接查看并下载分享的文件。如这里单击【系统随机生成提取码】单选项，并将有效期设置为"30天"，然后单击【创建链接】按钮，如下图所示。

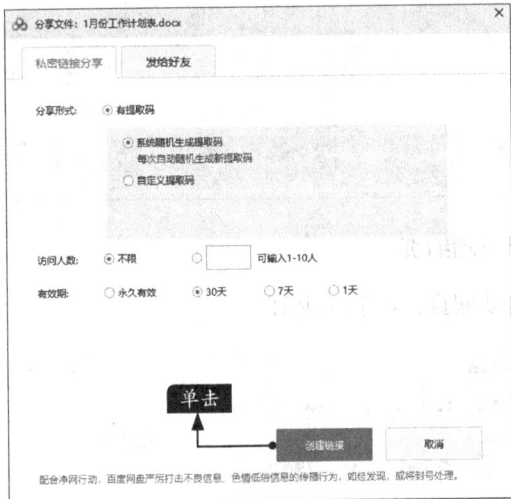

【发送好友】分享方式主要用于直接将文件发送给百度网盘好友。

步骤 08 单击后即可看到生成的链接和提取码，单击【复制链接及提取码】按钮，即可复制内容，然后可将其发送给其他用户，如下图所示。

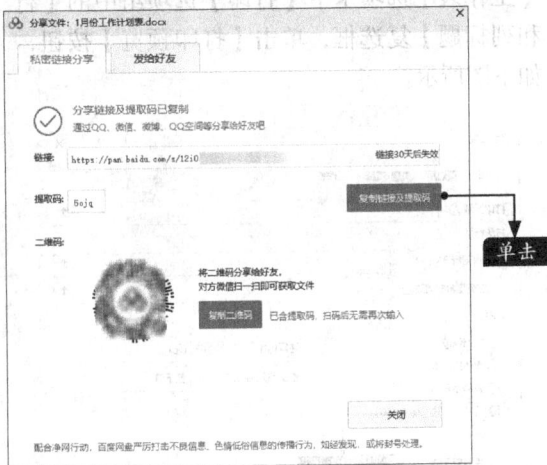

用户也可以将二维码复制并分享给好友。

步骤 09 在【百度网盘】主界面，单击左侧的【我的分享】选项，进入【我的分享】界面，其中列出了当前分享的文件，带有🔒标识的为私密分享文件，否则为公开分享文件，如下图所示。勾选分享的文件，单击【取消分享】按钮◎即可取消分享。

高手私房菜

技巧1：打印行号、列标

打印Excel表格时，可以根据需要将行号和列标打印出来，具体操作步骤如下。

步骤 01 在Excel 2021中，单击【页面布局】选项卡下【页面设置】选项组中的【打印标题】按钮，弹出【页面设置】对话框，单击勾选【工作表】选项卡下【打印】选项组中的【行和列标题】复选框，单击【打印预览】按钮，如下图所示。

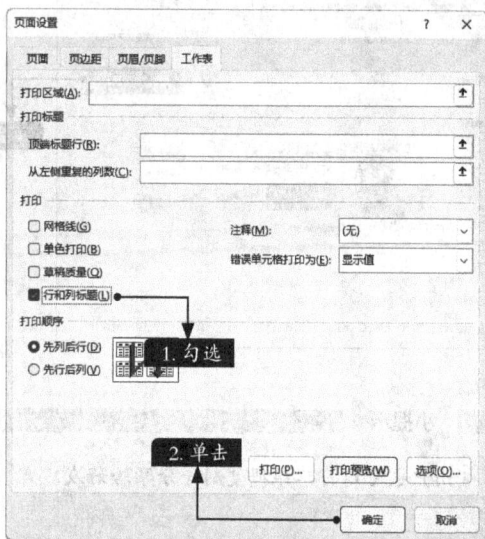

步骤 02 单击后即可查看显示行号、列标后的打印效果，如下图所示。

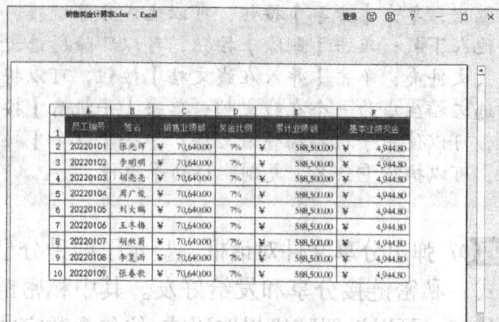

小提示

在【打印】选项组中勾选【网格线】复选框，可以在打印预览界面查看网格线；勾选【单色打印】复选框可以以灰度的形式打印工作表；勾选【草稿品质】复选框可以节约耗材、提高打印速度，但打印质量会降低。

技巧2：打印时让文档自动缩页

在打印时为了节约成本，可以设置文档在打印时自动缩页。

步骤 01 在打开的工作簿中，单击【页面布局】选项卡下【页面设置】选项组中的【页面设置】按钮，如下图所示。

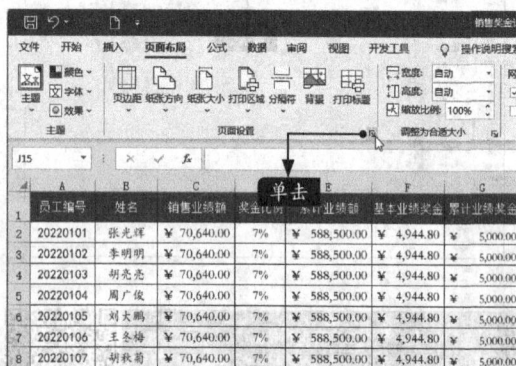

步骤 02 弹出【页面设置】对话框，单击【页面】选项卡下的【缩放】选项组中的【调整为】单选项，并设置为"1页宽"和"1页高"，单击【确定】按钮即可在打印时让文档

自动缩页，如下图所示。

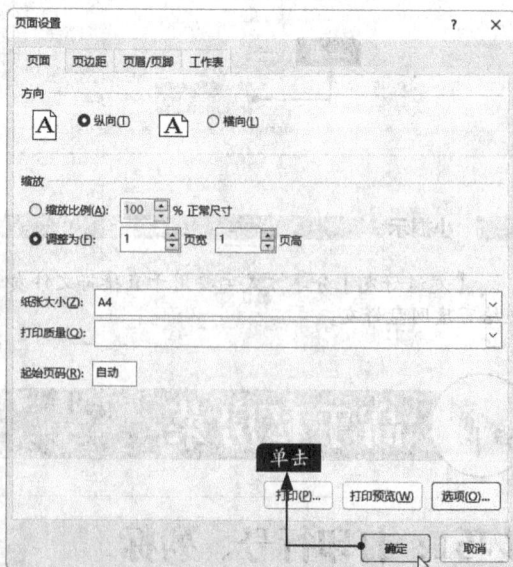

第15章

电脑的优化与维护

学习目标

　　用户在使用电脑的过程中，不仅需要对电脑的性能进行优化，还需要对病毒进行防范、对电脑系统进行维护等，以确保电脑的正常使用。本节主要介绍电脑的优化和维护知识，包括系统安全与防护、优化电脑、备份与还原系统、重置电脑和重装系统等内容。

学习效果

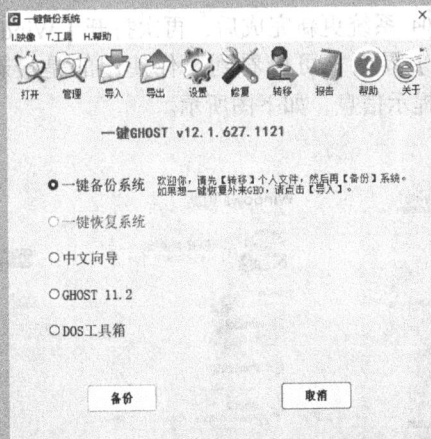

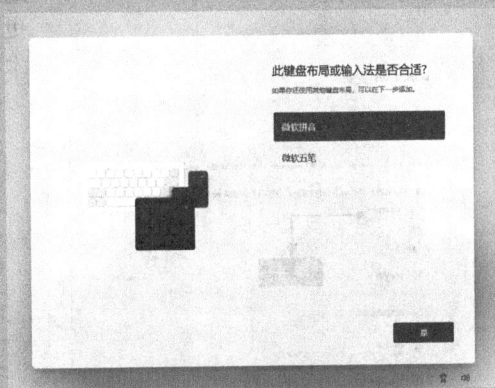

15.1 实战——系统安全与防护

电脑病毒极具破坏性、潜伏性，电脑染上病毒，不但会影响正常运行，使运行速度变慢，而且可能会造成整个系统的崩溃。本节主要介绍系统更新与查杀病毒的方法。

15.1.1 更新系统

用户通过更新Windows修补系统中存在的bug，可以防止外部对系统的不法侵入与破坏。下面介绍更新Windows 11的方法，具体操作如下。

步骤 01 按【Windows+I】组合键，打开【设置】面板，单击【Windows更新】选项，在面板右侧单击【检查更新】按钮，如下图所示。

小提示

部分更新会要求重启电脑，根据提示重启即可。

步骤 02 当有可供安装的更新时，即会显示在可更新列表中，如下图所示。

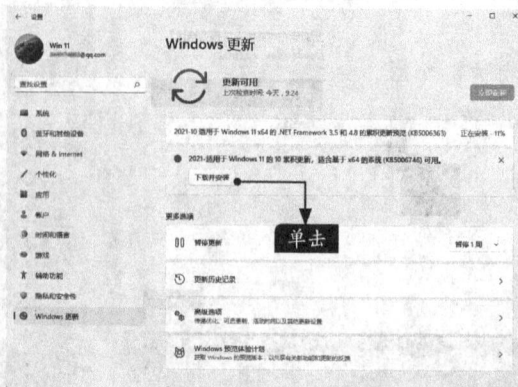

步骤 04 系统更新完成后，再次打开【Windows更新】界面，可以看到"你使用的是最新版本"提示信息，如下图所示。

步骤 03 单击【下载并安装】按钮即可进行下载和更新，并显示下载进度，如右上图所示。

另外，用户还可以使用360安全卫士或腾讯电脑管家修复系统漏洞。如果用户使用的是360安全卫士，可在其主界面单击【系统修复】图标，然后单击【漏洞修复】按钮，即可对系统进行扫描和修复，如下图所示。

如果用户使用的是腾讯电脑管家，可以单击【工具箱】→【修复漏洞】选项，对系统进行扫描和修复，如下图所示。

15.1.2 查杀电脑中的病毒

电脑有时会感染病毒，但是很多用户不知道电脑是否感染了病毒，即便知道了是病毒，也不知道该如何查杀。Windows Defender是Windows内置的安全防护软件，下面以该软件为例，介绍查杀电脑中的病毒的方法。

步骤01 单击通知区域的Windows Defender图标，如下图所示。

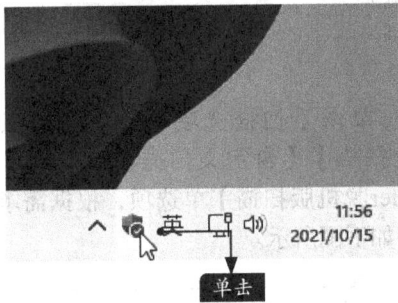

> **小提示**
>
> 当Windows Defender的图标为时，表示电脑当前安全性正常，图标为表示当前电脑安全性异常，图标为表示当前电脑安全性差；另外，如果通知区域无该图标，可按【Windows+I】组合键，打开【设置】面板，单击【隐私和安全性】→【Windows安全中心】选项，打开【Windows安全中心】面板，以启动该软件。

步骤02 打开【Windows安全中心】面板，可以看到安全仪表板，如右图所示，用户可以单击

左侧的菜单选项，也可以在仪表板中单击【病毒和威胁防护】选项。

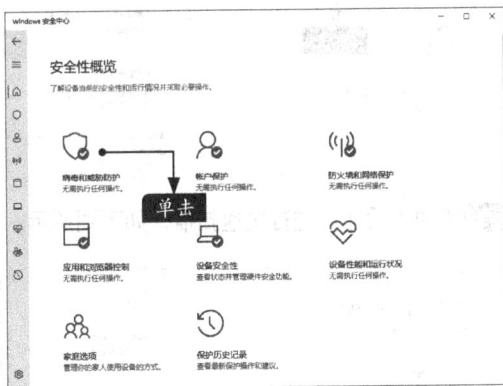

> **小提示**
>
> Windows安全中心具有8个区域，这些区域可以保护用户的设备，并允许用户指定保护设备的方式。
>
> （1）病毒和威胁防护：监控设备威胁、运行扫描并获取更新来帮助检测最新的威胁。
>
> （2）账户保护：访问登录选项和账户设置，包括Windows Hello和动态锁屏。

（3）防火墙和网络保护：管理防火墙设置，并监控网络和连接的状况。

（4）应用和浏览器控制：更新Windows Defender SmartScreen来帮助设备抵御具有潜在危害的软件、文件、站点和下载内容，还提供Exploit Protection，因此可以为设备自定义保护设置。

（5）设备安全性：查看有助于保护设备免受恶意软件攻击的内置安全选项。

（6）设备性能和运行状况：查看有关设备性能运行状况的状态信息。

（7）家庭选项：在家里跟踪孩子的在线活动和设备，维持设备干净并更新至最新版本的Windows 11。

（8）保护历史记录：查看最新保护操作和建议。

步骤 03 进入【病毒和威胁防护】界面，单击【快速扫描】按钮，如下图所示。

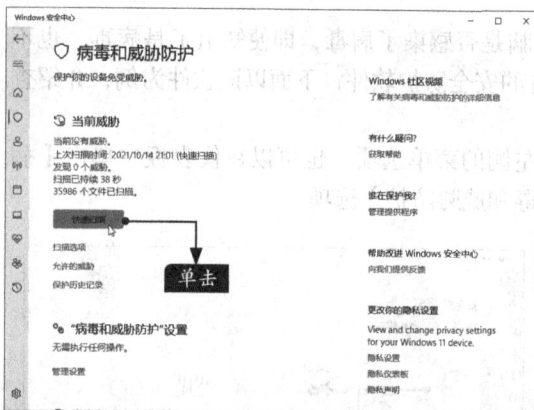

步骤 04 单击后即可进行快速扫描，如下图所示。

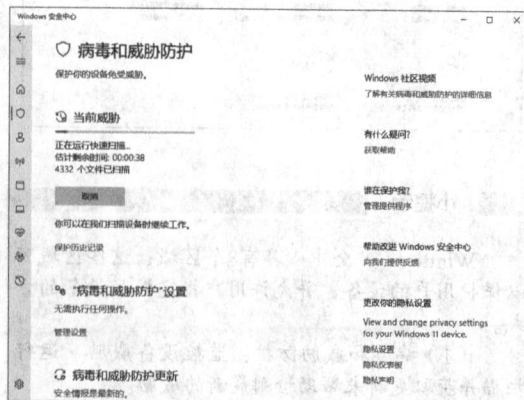

步骤 05 当提示没有威胁时，则表示系统当前没

有受到病毒威胁，如下图所示。

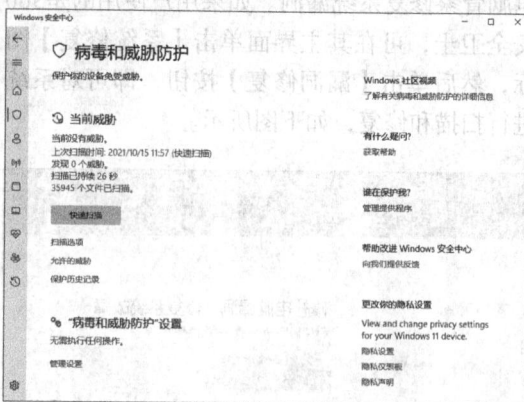

如果用户在电脑中安装了其他防护软件，如360安全卫士、腾讯电脑管家等，则默认调用这些防护软件进行病毒扫描，如下图所示。

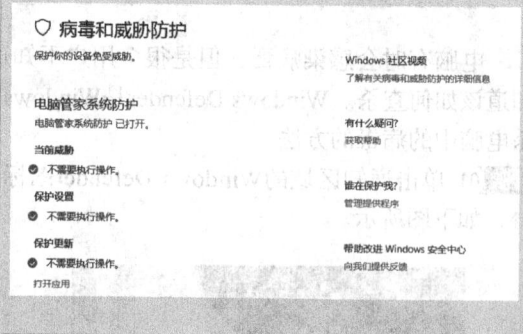

步骤 06 单击【扫描选项】选项，可以选择【完全扫描】【自定义扫描】和【Microsoft Defender脱机版扫描】单选项，根据需求进行扫描，如下图所示。

当电脑有病毒并被拦截时，则会弹出通知框，用户可选择对病毒文件的处理方式，具体

操作步骤如下。

步骤 01 单击弹出的通知框，如下图所示。

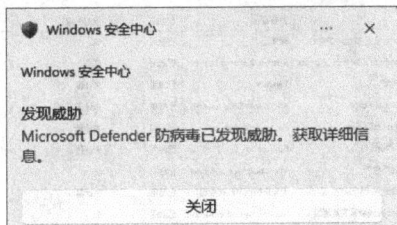

步骤 02 打开【Windows安全中心】面板，进入【保护历史记录】界面，即可看到威胁信息，

如下图所示。

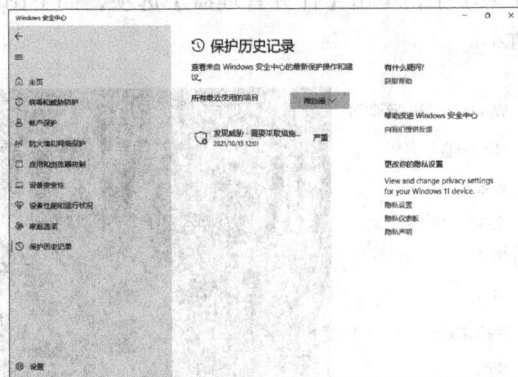

步骤 03 单击威胁信息即可查看详细的处理信息，单击【操作】按钮，在弹出的菜单中，如果单击【隔离】选项，则将其与电脑隔离；如果单击【删除】选项，则将其从电脑中删除，如下图所示；如果是软件误判，则可以单击【允许在设备上】选项，该文件可继续使用。

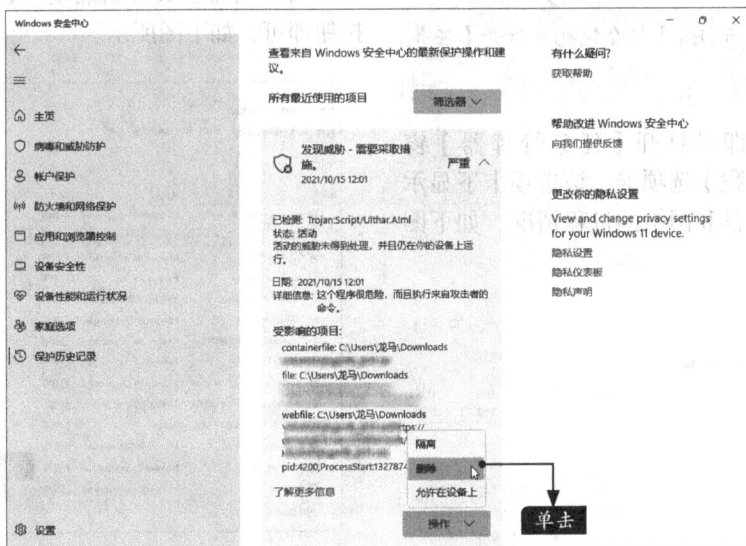

15.2 实战——优化电脑的开机速度和运行速度

开机启动项过多，会影响电脑的开机速度。此外，系统、网络和硬盘等的状况都会影响电脑的运行速度。为了能够更好地使用电脑，我们需要定时对其进行优化。

15.2.1 使用【任务管理器】进行启动项优化

Windows 11自带的【任务管理器】，不仅可以查看系统进程、性能、应用历史记录等，还可以查看启动项，并对其进行管理，具体操作步骤如下。

步骤01 右击【开始】按钮 ▦ ，在弹出的快捷菜单中，单击【任务管理器】选项，如下图所示。

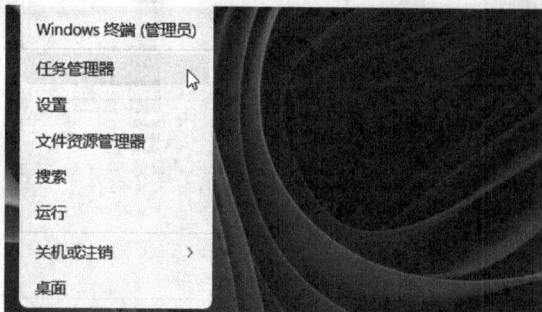

小提示

按【Ctrl+Shift+Esc】组合键也可打开【任务管理器】窗口。

步骤02 单击后即可打开【任务管理器】窗口，默认在【进程】选项卡，该选项卡下显示CPU、内存、硬盘和网络的进程情况，如下图所示。

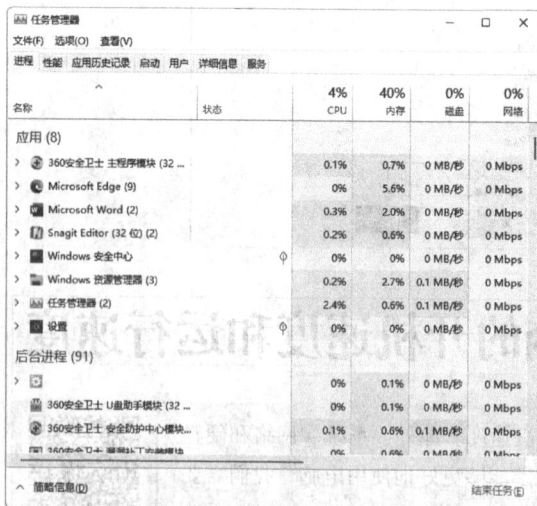

步骤03 单击【启动】选项卡，选中要禁用的启动项，单击【禁用】按钮，如右上图所示。

步骤04 单击后即可禁用该启动项，状态显示为"已禁用"，电脑再次启动时，则不会启动这些项目。当希望其开机启动时，单击【启用】按钮即可，如下图所示。

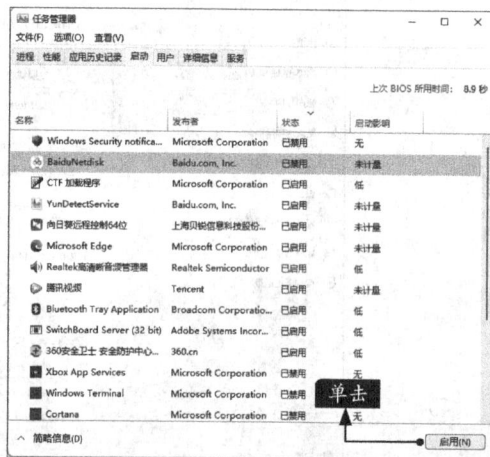

步骤05 使用同样的方法，将其他非必要项目禁用，如下图所示。

15.2.2 使用360安全卫士进行优化

除了上述方法，用户还可以使用360安全卫士的优化加速功能优化开机速度、系统速度、上网速度和硬盘速度，具体操作步骤如下。

步骤 01 打开【360安全卫士】，单击【优化加速】图标，进入该界面，单击【一键加速】按钮，如下图所示。

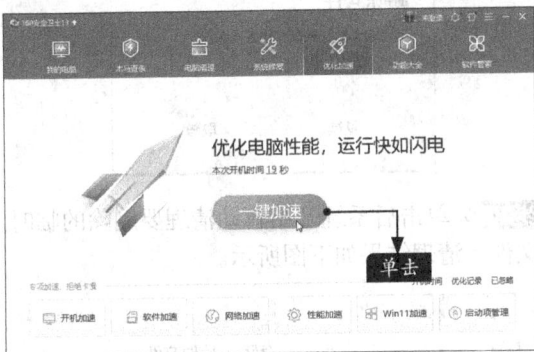

步骤 02 单击后软件即会对电脑进行扫描，如下图所示。

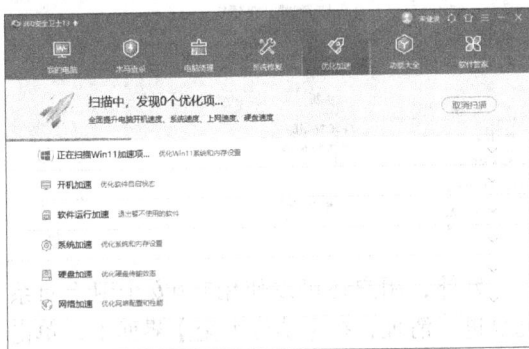

步骤 03 扫描完成后会显示可优化项，单击【立即优化】按钮，如右上图所示。

步骤 04 弹出【一键优化提醒】对话框，用户可根据情况，确定列表中的选项是否需要优化，如需全部优化，单击勾选【全选】复选框；如需部分优化，勾选需要优化的项目前的复选框，然后单击【确认优化】按钮，如下图所示。

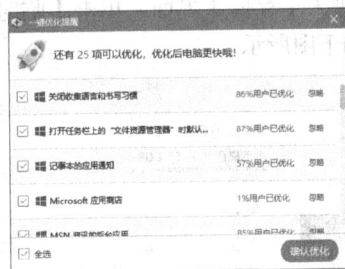

步骤 05 对所选项目优化完成后，软件会提示优化的项目及优化提升的效果，单击【完成】按钮即可，如下图所示。

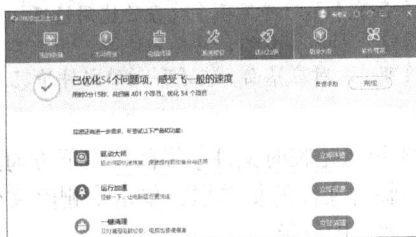

15.3 实战——硬盘的优化与管理

硬盘用于存储电脑的文件，它时刻影响着电脑的正常运行，本节主要介绍如何优化和管理硬盘。

15.3.1 为系统盘"瘦身"

如果系统盘可用空间太小，就会影响系统的正常运行，本小节主要介绍如何清理系统盘以释放空间。

步骤 01 按【Windows+I】组合键，打开【设置】面板，单击【系统】→【存储】选项，如下图所示。

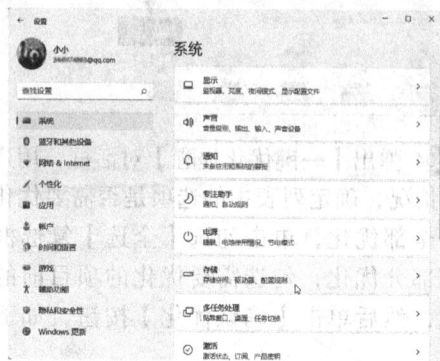

步骤 02 进入【存储】界面，单击【临时文件】选项，如下图所示。

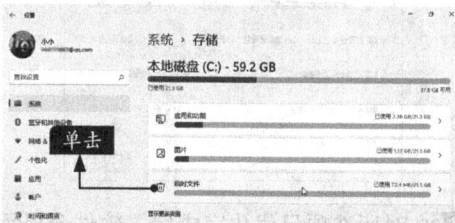

小提示

【存储】界面会显示系统盘的使用情况，如应用和功能、图片、文档、临时文件等，用户单击相应选项可进入对应界面，查看详细的文件情况。

步骤 03 进入【临时文件】界面，在下方勾选要删除的临时文件的复选框，单击【删除文件】按钮，如下图所示。

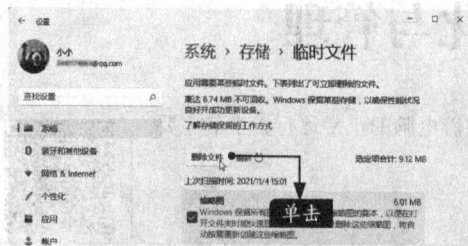

步骤 04 在弹出的对话框单击【继续】按钮，如下图所示。

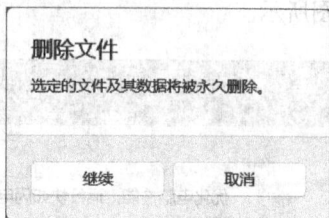

步骤 05 单击后系统开始自动清理要删除的临时文件，清理结果如下图所示。

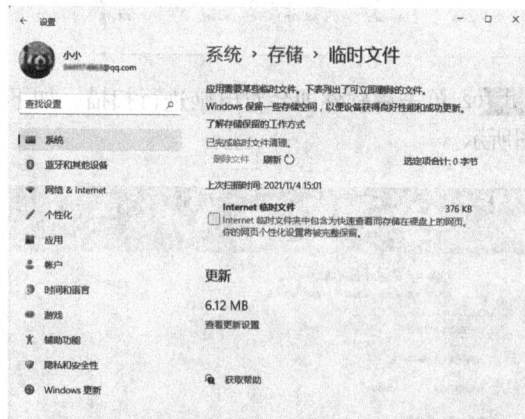

另外，用户还可以使用360安全卫士对系统盘进行清理，在【功能大全】界面下，单击【系统】→【系统盘瘦身】选项进行系统盘清理，如下图所示。

15.3.2 对电脑存储进行清理

系统盘清理主要是清理临时文件及系统文件。在Windows 11中，【存储管理】区域下的【清理建议】功能，可以根据用户需求对临时文件、大型或未使用的文件、已同步到云的文件及未使用的应用等，进行全方位的清理。如果系统盘未清理，通过该功能也可以对系统盘进行有效清理。具体操作步骤如下。

步骤01 按【Windows+I】组合键，打开【设置】面板，单击【系统】→【存储】选项，如下图所示。

步骤02 进入【存储】界面，单击【存储管理】区域下的【清理建议】选项，如下图所示。

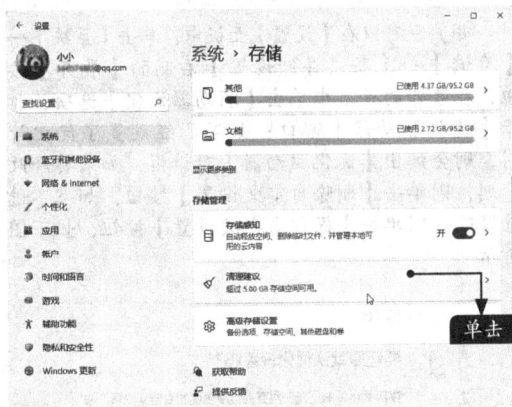

步骤03 进入【清理建议】界面，在【临时文件】区域下，勾选【回收站】【下载】及【脱机网页】的复选框，单击下方的【清理】按钮，如右上图所示。

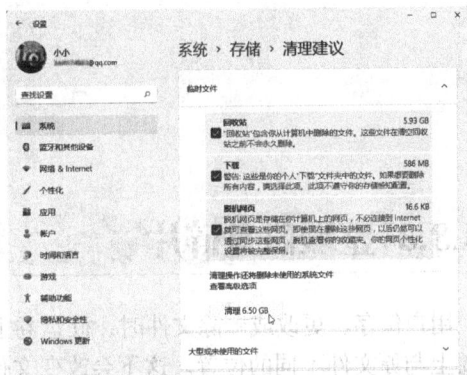

> **小提示**
>
> 在清理之前，请确保【回收站】和【下载】文件夹中没有需要保存的内容。

步骤04 弹出【清理选定内容】对话框，单击【继续】按钮，如下图所示。

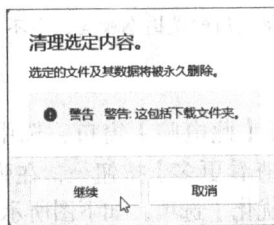

步骤05 单击后系统即会对勾选内容进行清理，如下图所示。

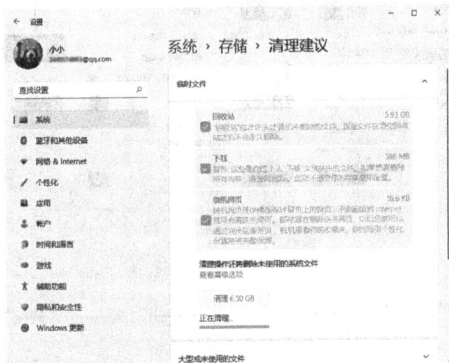

步骤 06 清理完成后，系统会提示"没有建议清理的文件"，如右图所示。使用同样的方法，可以清理大型或未使用的文件、已同步到云的文件及未使用的应用等。

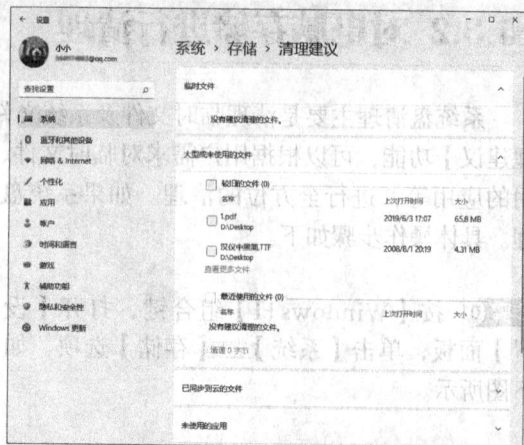

15.3.3 整理磁盘碎片

用户保存、更改或删除文件时，硬盘卷上会产生碎片。用户保存的对文件的更改，通常存储在卷上与原文件不同的位置。这不会改变文件在Windows中的显示位置，而只会改变组成文件的信息片段在卷中的存储位置。随着时间的推移，文件和卷都会碎片化，而电脑也会跟着变慢，因为电脑打开单个文件时需要查找不同的位置。

整理磁盘碎片是指合并卷上的碎片数据，以便卷能够更高效地工作。磁盘碎片整理软件能够重新排列卷上的数据并合并碎片数据，有助于电脑更高效地运行。在Windows 11中，磁盘碎片整理软件可以按计划自动运行，用户也可以手动运行该软件或更改该软件的使用计划。

小提示

如果电脑使用的是固态硬盘，则不需要整理磁盘碎片。

步骤 01 打开【此电脑】窗口，选中任意驱动器，单击【查看更多】按钮…，在弹出的菜单中，单击【优化】选项，如下图所示。

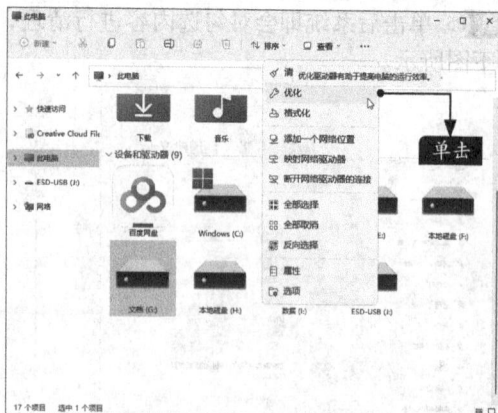

小提示

用户也可以在【设置】面板中，单击【系统】→【存储】→【高级存储设置】右侧的【展开】按钮，在展开的菜单中单击【驱动器优化】选项，打开【优化驱动器】窗口；如果已经设置了优化计划，则会弹出【优化驱动器】对话框，如果要修改计划，则单击【删除自定义设置】按钮，如果不进行修改，则单击【保留自定义设置】按钮，如下图所示。

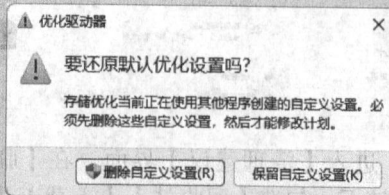

步骤 02 弹出【优化驱动器】窗口，如选择【文档(G:)】驱动器，单击【分析】按钮，如下页图所示。

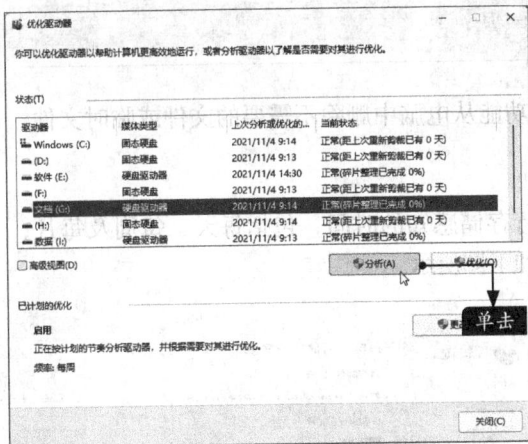

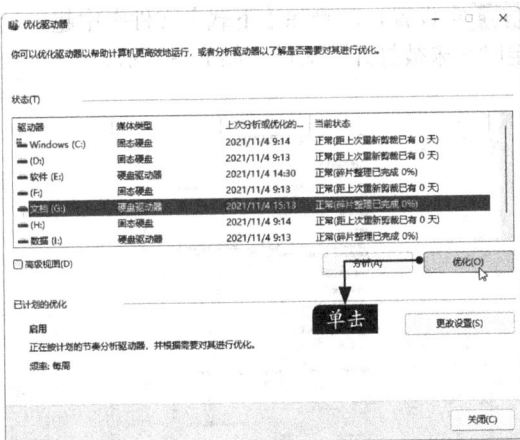

步骤 03 系统开始自动分析，对应的当前状态栏会显示分析的进度，如下图所示。

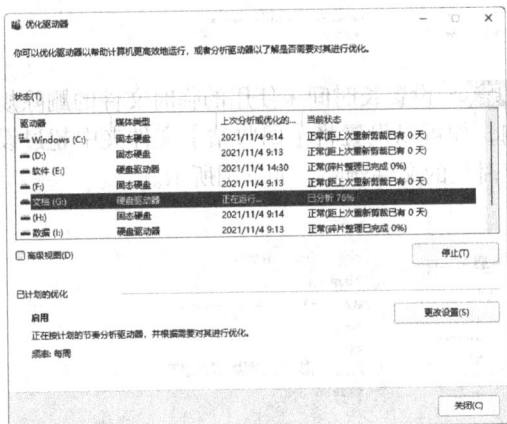

步骤 04 分析完成后，单击【优化】按钮，如下图所示。

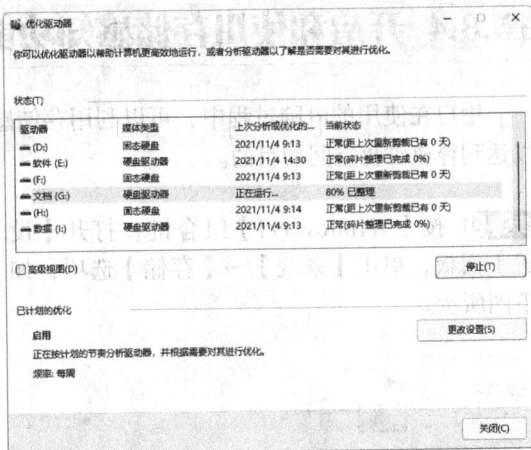

步骤 05 系统开始自动对磁盘碎片进行整理，如右上图所示。

步骤 06 除了手动整理磁盘碎片外，用户还可以设置自动整理磁盘碎片的计划。单击【更改设置】按钮，弹出【优化驱动器】对话框，勾选【按计划运行】复选框，用户可以设置自动检查碎片的频率、日期、时间和驱动器，设置完成后单击【确定】按钮，如下图所示。

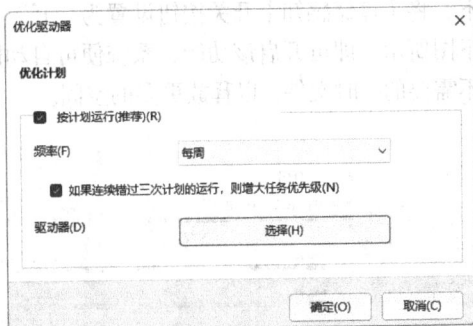

步骤 07 返回【优化驱动器】窗口，单击【关闭】按钮，即可完成磁盘碎片的整理及设置，如下图所示。

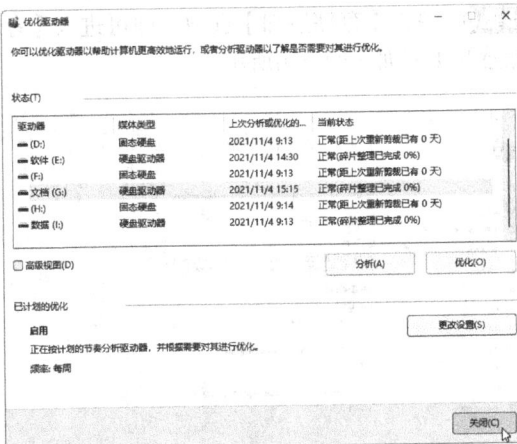

15.3.4 开启和使用存储感知功能

用户在使用的电脑过程中，可以利用存储感知功能从电脑中删除不需要的文件或临时文件，以达到释放磁盘空间的目的。

步骤01 按【Windows+I】组合键，打开【设置】面板，单击【系统】→【存储】选项，如下图所示。

步骤02 进入【存储】界面，在【存储管理】区域下，将【存储感知】开关按钮设置为"开"，如下图所示，即可开启该功能，系统便可自动删除不需要的临时文件，以释放更多的空间。

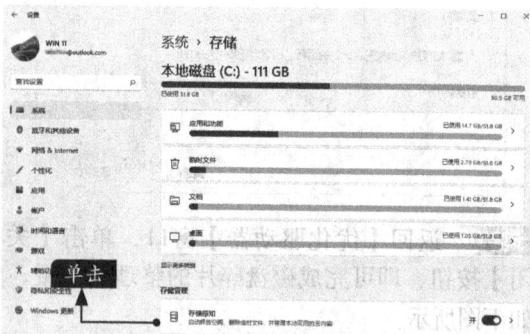

步骤03 单击【存储感知】选项，即可进入【存储感知】界面，如下图所示。

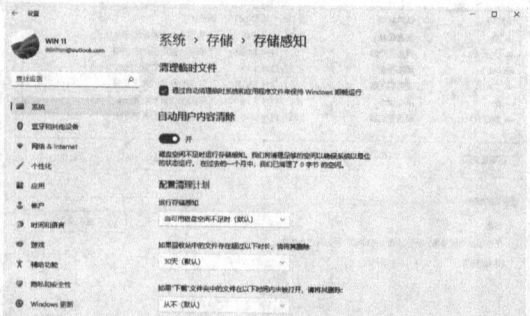

步骤04 在【运行存储感知】下拉列表中选择运

行存储感知的时间，包括每天、每周及每月，如下图所示。

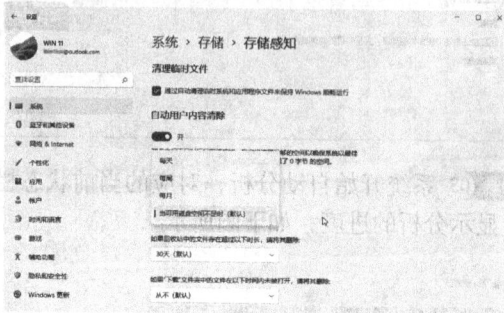

步骤05 设置长时间未使用的临时文件的删除规则，如可以设置将【回收站】文件夹中超过设定时长的文件删除，如下图所示。

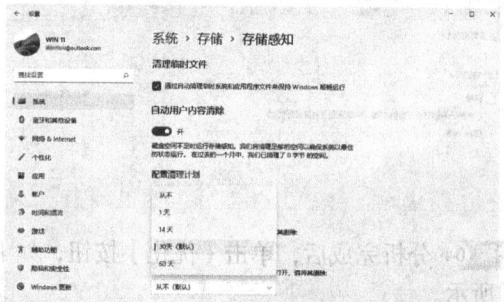

步骤06 设置自动删除【下载】文件夹中超过设定时长未被打开的文件，如下图所示。

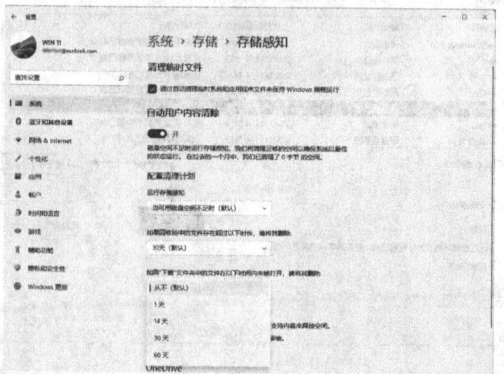

步骤07 单击【立即运行存储感知】按钮，即可清理符合条件的临时文件并释放空间，如下页

图所示。

小，如下图所示。

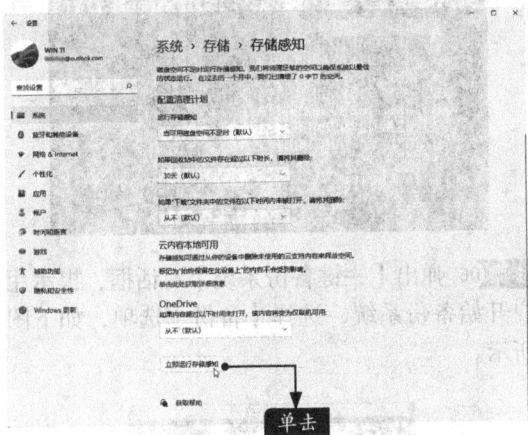

步骤 08 清理完毕后，会提示释放的磁盘空间大

15.4 实战——备份与还原系统

虽然Windows 11自带备份工具，但操作较为麻烦，下面介绍一种快速
备份和还原系统的方法——使用GHOST。

15.4.1 备份系统

使用一键GHOST备份系统的操作步骤如下。

步骤 01 下载并安装一键GHOST后，打开【一键备份系统】界面，此时一键GHOST开始初始化。初始化完毕后，将自动选中【一键备份系统】单选项，单击【备份】按钮，如下图所示。

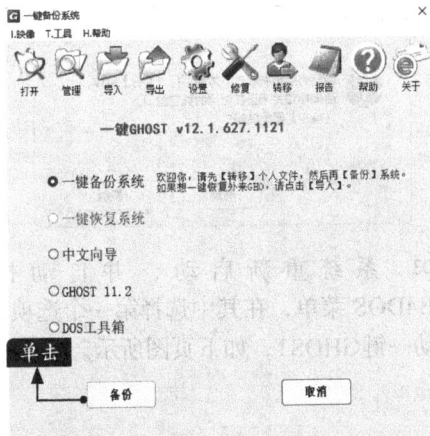

步骤 02 弹出对话框，单击【确定】按钮，如下图所示。

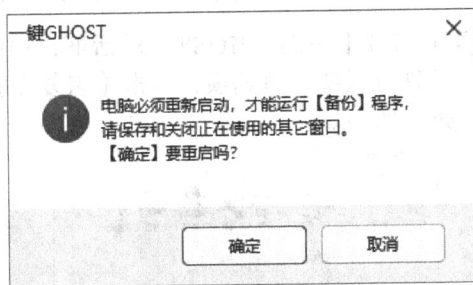

步骤 03 系统重新启动，并自动打开GRUB4DOS菜单，在其中选择第一个选项，表示启动一键GHOST，如下页图所示。

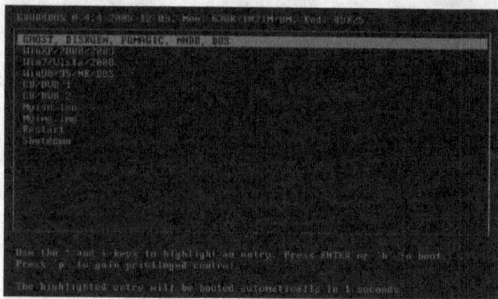

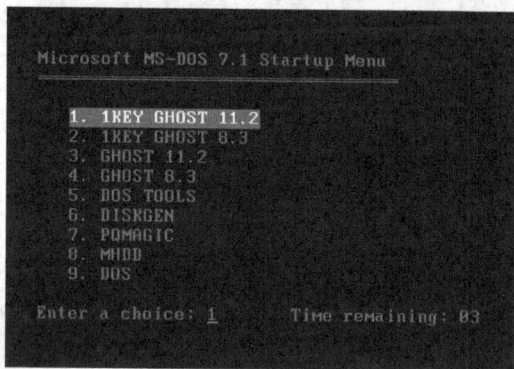

步骤 04 选择完毕后，进入【MS-DOS】一级菜单，在其中选择第一个选项，表示在DOS安全模式下运行 GHOST 11.2，如下图所示。

步骤 06 弹出【一键备份系统】对话框，提示用户开始备份系统，选择【备份】选项，如下图所示。

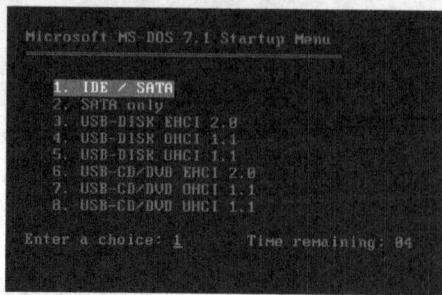

步骤 07 开始备份系统，如下图所示。

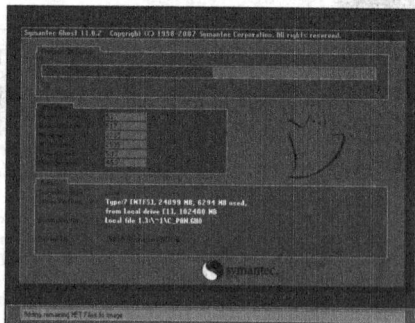

步骤 05 选择完毕后，进入【MS-DOS】二级菜单，在其中选择第一个选项，表示支持IDE/SATA兼容模式，如右上图所示。

15.4.2 还原系统

使用一键 GHOST 还原系统的操作步骤如下。

步骤 01 打开【一键 GHOST】对话框，选择【一键恢复系统】单选项，单击【恢复】按钮，如下图所示。

步骤 02 弹出对话框，提示用户必须重新启动电脑，单击【确定】按钮，如下图所示。

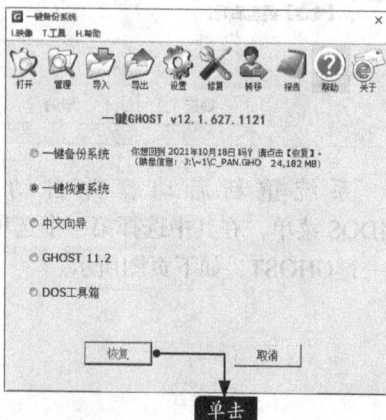

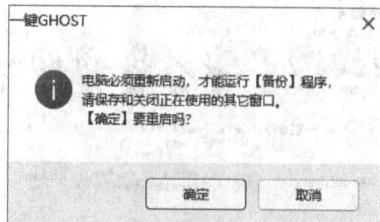

步骤 03 系统重新启动，并自动打开GRUB4DOS 菜单，在其中选择第一个选项，表示启动一键GHOST，如下页图所示。

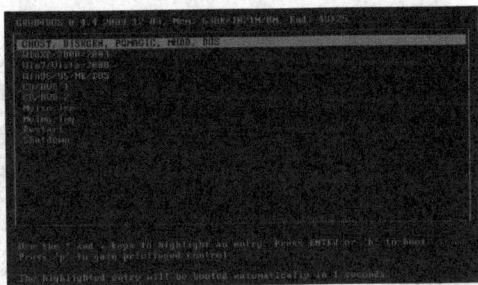

步骤 04 选择完毕后，进入【MS-DOS】一级菜单界面，在其中选择第一个选项，表示在DOS安全模式下运行 GHOST 11.2，如下图所示。

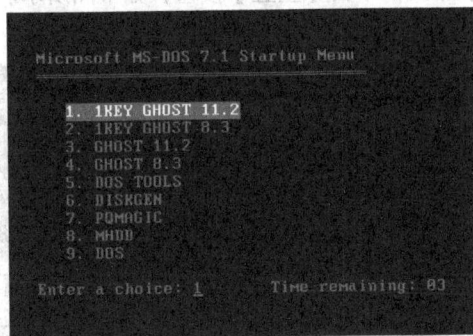

步骤 05 选择完毕后，进入【MS-DOS】二级菜单界面，在其中选择第一个选项，表示支持IDE/SATA兼容模式，如下图所示。

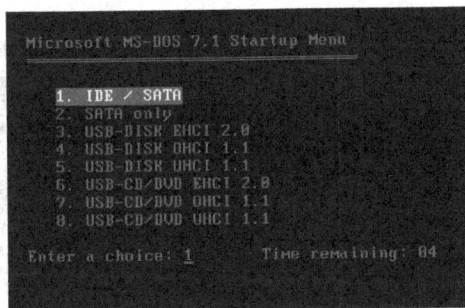

步骤 06 如果磁盘中存在映像文件，将会自动打开【一键恢复系统】对话框，提示用户开始恢复系统，如下图所示。

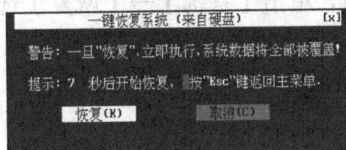

步骤 07 选择【恢复】选项，即可开始恢复系统，如下图所示。

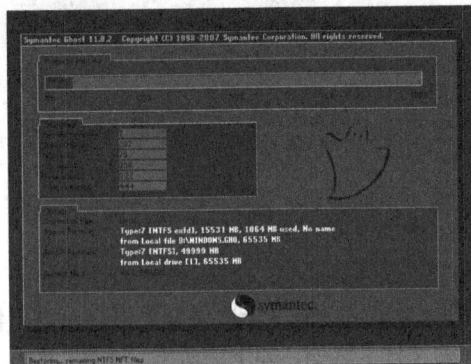

步骤 08 系统还原完毕后，会打开一个对话框，提示用户恢复成功，单击【Reset Computer】按钮重启电脑，如下图所示，然后选择从硬盘启动，即可恢复以前的系统。

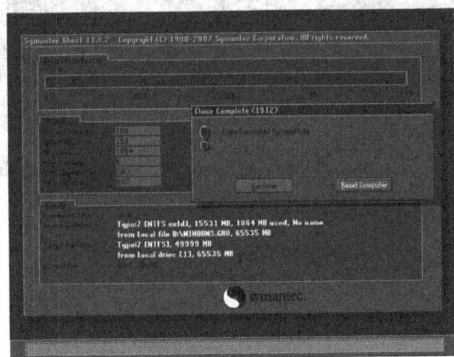

15.5 实战——重置电脑：将电脑恢复到初始状态

重置电脑是Windows 10就内置了的系统功能，Windows 11依然保留了该功能，用户可以在系统出现问题或希望将系统恢复至初始状态时使用，可以将电脑恢复至纯净状态，而不需要重装系统。具体操作步骤如下。

步骤 01 按【Windows+I】组合键，进入【设置】面板，单击【系统】→【恢复】选项，单击【恢复选项】区域下的【初始化电脑】按钮，如下图所示。

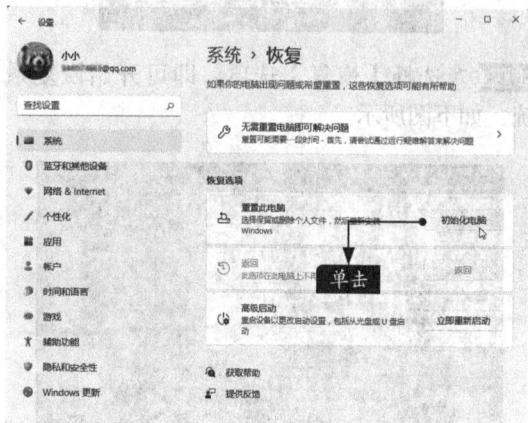

步骤 02 弹出【选择一个选项】界面，单击【保留我的文件】选项，如下图所示。

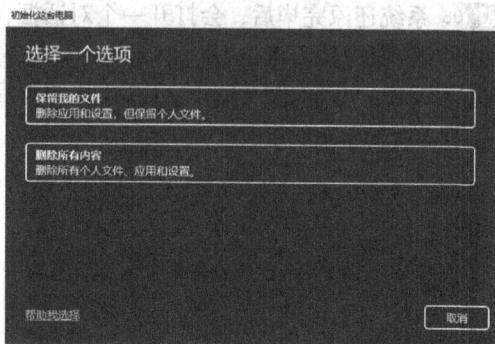

步骤 03 进入【你希望如何重新安装 Windows？】界面，单击【本地重新安装】选项，如下图所示。

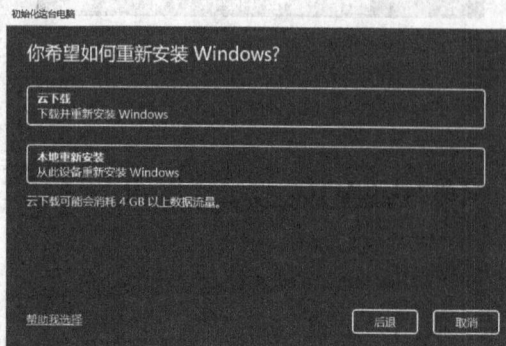

步骤 04 进入【其他设置】界面，单击【下一页】按钮，如右上图所示。

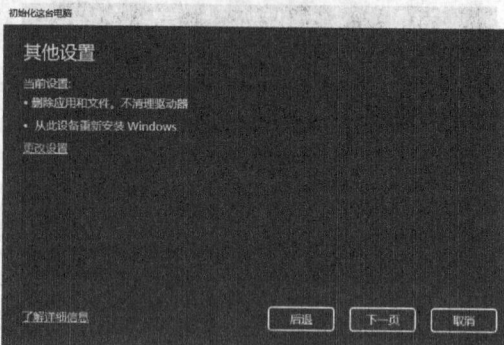

步骤 05 进入【准备就绪，可以初始化这台电脑】界面，单击【重置】按钮，如下图所示。

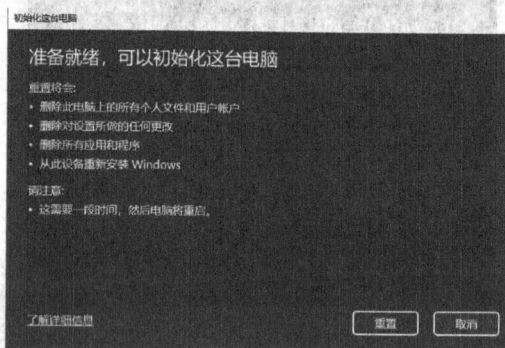

步骤 06 单击后即会进行重置准备，如下图所示。

步骤 07 电脑重新启动，进入【重置】界面，如下图所示。

步骤 08 重置完成后会进入Windows设置界面，用户根据情况进行设置即可，如下图所示。

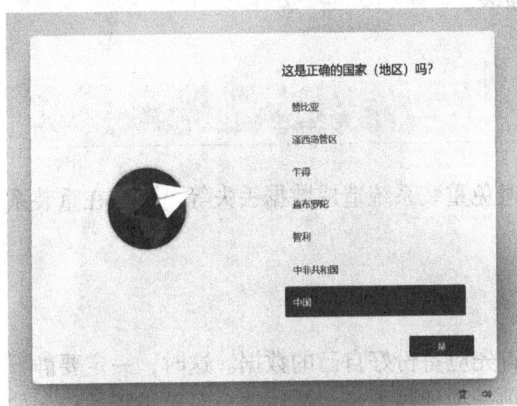

步骤 09 设置完成后自动进入桌面，如下图所示。

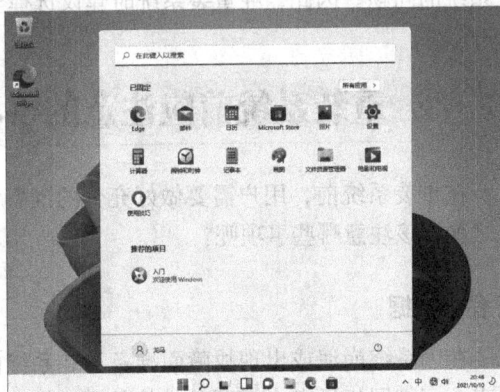

15.6 实战——重装系统：全新安装电脑系统

用户误删除系统文件、病毒破坏系统文件等，都会导致系统中的重要文件丢失或受损，甚至使系统崩溃无法启动，此时就不得不重装系统了。另外，有些时候，系统虽然能正常运行，但是却经常出现错误提示，甚至修复系统之后也不能解决这一问题，那么也必须重装系统。

15.6.1 什么情况下需要重装系统

具体来讲，当系统出现以下3种情况之一时，就必须考虑重装系统了。

1. 系统运行速度变慢

系统运行速度变慢的原因有很多，如垃圾文件分布于整个硬盘而又不便于集中清理和自动清理，或者是系统感染了病毒或其他恶意软件而无法用杀毒软件清理等。这时就需要对硬盘进行格式化处理并重装系统了。

2. 系统频繁出错

操作系统是由很多代码组成的，在操作过程中误删某个文件或者是代码被恶意改写等，都会致使系统出现错误，如果该错误不便于准确定位或轻易解决，就需要考虑重装系统了。

3. 系统无法启动

系统无法启动的原因很多，如DOS引导出现错误、目录表被损坏或系统文件"Nyfs.sys"丢失等。如果无法查找出原因或无法修复系统以解决这一问题，就需要重装系统。

另外，一些电脑爱好者为了能使电脑在最优的状态下工作，会定期重装系统，这样可以为系统"减负"。不管在哪种情况下重装系统，重装系统的方式都分为两种，一种是覆盖式重装，另一种是全新重装。前者是在原操作系统的基础上重装，其优点是可以保留原系统的设置，缺点是无法彻底解决系统中存在的问题。后者则是对系统所在的分区进行格式化，其优点是能够彻底解决系统的问题。因此，在重装系统时建议选择全新重装。

15.6.2　重装系统前应注意的事项

在重装系统前，用户需要做好充分的准备，以避免重装系统造成数据丢失等。那么在重装系统之前应该注意哪些事项呢？

1. 备份数据

在因系统崩溃或出现故障而准备重装系统前，首先应备份好自己的数据。这时，一定要静下心来，仔细回想硬盘中需要备份的数据，把它们一项一项地写下来，然后逐一对照进行备份。如果硬盘不能启动，这时需要考虑用其他启动盘启动系统，以备份自己的数据，或将硬盘挂接到其他电脑上进行备份。但是，最好的办法是在平时就养成备份重要数据的习惯，这样就可以有效避免硬盘数据不能恢复的情况。

2. 格式化磁盘

重装系统时，格式化磁盘是解决系统问题最有效的办法，尤其是在系统感染病毒后，最好不要只格式化C盘，如果有条件将硬盘中的数据全部备份或转移，应尽量将整个硬盘都格式化，以保证新系统的安全。

3. 牢记安装序列号

安装序列号相当于一个人的身份证号，用于表明这个操作系统的身份。如果不小心丢失操作系统的安装序列号，那么在重装系统时，如果采用的是全新重装，安装过程将无法进行下去。正规的操作系统的安装序列号会写在软件说明书中或安装介质（光盘或U盘）封套上的某个位置。如果用户用的是某些软件合集光盘中提供的测试版系统，那么安装序列号可能存在于安装目录中的某个说明文件中，如SN.txt等文件。因此，用户在重装系统之前，需要将安装序列号读出并记录下来以备稍后使用。

15.6.3　重装系统的方法

下面以Windows 11为例，简单介绍重装系统的方法。

1. 设置电脑BIOS

使用U盘安装Windows 11之前，需要将电脑的第一启动项设置为U盘启动，可以通过BIOS设置。具体操作步骤如下。

步骤01 按主机箱的开机键，在启动界面按【Del】键，进入BIOS设置界面。单击【BIOS功能】选项，再单击下方【选择启动有限顺序】列表中【启动优先权 #1】后面的 SATA 3... 按钮或按【Enter】键，如下图所示。

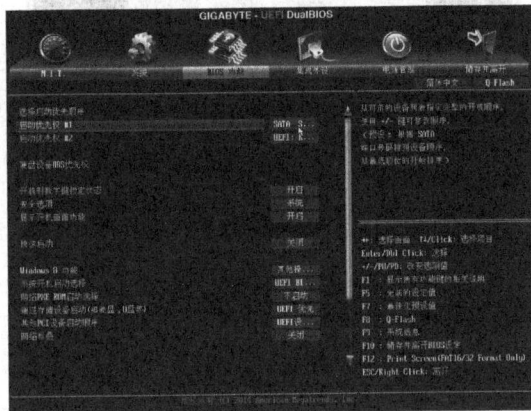

步骤02 弹出【启动优先权 #1】对话框，在列表中选择要优先启动的介质，这里选择【UEFI:kingstonDataTraveler 3.00000】选项，如下图所示。

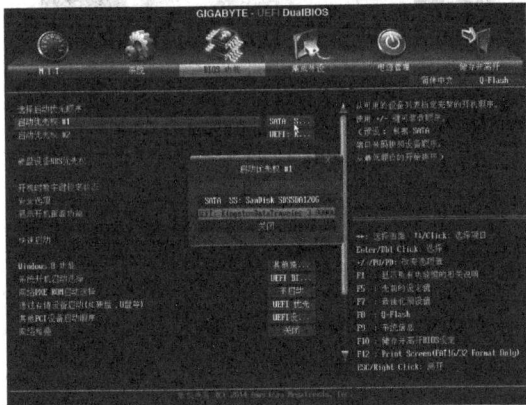

小提示

不同U盘的名称是不一样的，一般其名称中包含品牌的英文名称，另外，如果列表中没有U盘驱动器的选项，可以在【BIOS 功能】下的【硬盘设备BBS优先权】选项中，设置U盘驱动器的优先权。

步骤03 此时，即可看到U盘驱动器已被设置为第一启动项，如右上图所示。

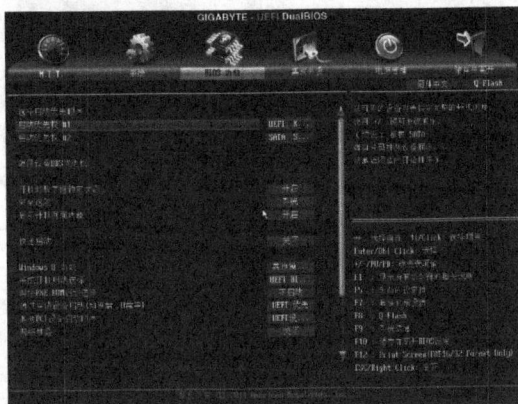

步骤04 按【F10】键，弹出【储存并离开BIOS设定】对话框，单击【是】按钮，如下图所示，完成BIOS设置，将U盘设置为第一启动项，再次启动电脑时将从U盘启动。

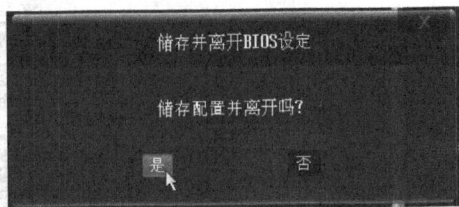

2. 安装系统

设置BIOS之后，就可以开始使用U盘安装Windows 11了。

步骤01 将U盘插入电脑的USB接口，按电脑电源键，屏幕中出现"Start booting from USB device…"提示，如下图所示。

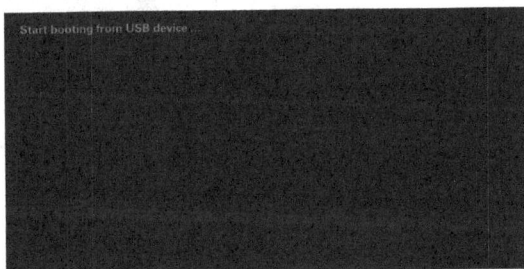

小提示

部分电脑可能不会显示提示，会直接加载U盘中的安装文件。

步骤02 开始加载Windows 11安装文件，进入启动界面，此时不需要执行任何操作，如下页图所示。

步骤 03 启动完成后会弹出【Windows 安装程序】界面，保持默认选项，单击【下一页】按钮，如下图所示。

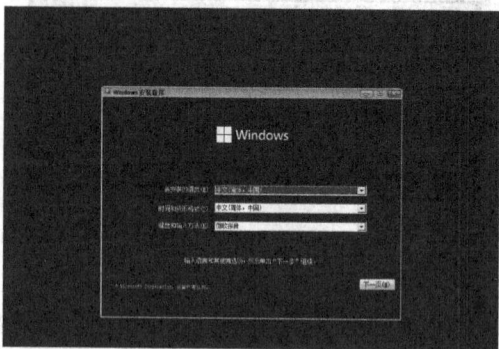

步骤 04 显示【现在安装】按钮，如果要立即安装Windows 11，则单击【现在安装】按钮，如果要修复系统，则单击【修复计算机】选项，这里单击【现在安装】按钮，如下图所示。

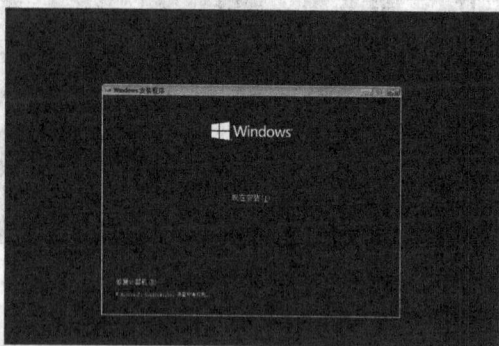

步骤 05 进入【激活Windows】界面，如右上图所示，输入序列号，单击【下一页】按钮。

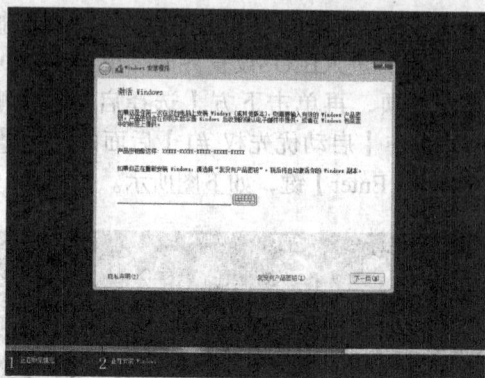

小提示

序列号一般在产品包装背面或者电子邮件中。

步骤 06 进入【选择要安装的操作系统】界面，选择要安装的系统版本，如这里选择【Windows 11专业版】，单击【下一页】按钮，如下图所示。

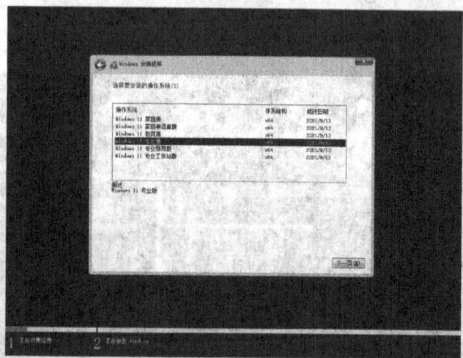

步骤 07 进入【适用的声明和许可条款】界面，勾选【我接受许可条款】复选框，单击【下一页】按钮，如下图所示。

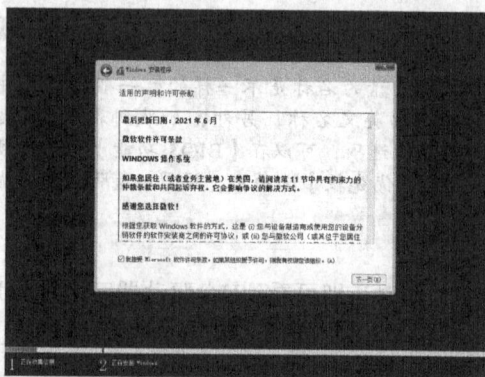

步骤 08 进入【你想执行哪种类型的安装？】界面，如果要采用升级的方式安装Windows 11，可以单击【升级】选项。这里单击【自定义】选项，如下图所示。

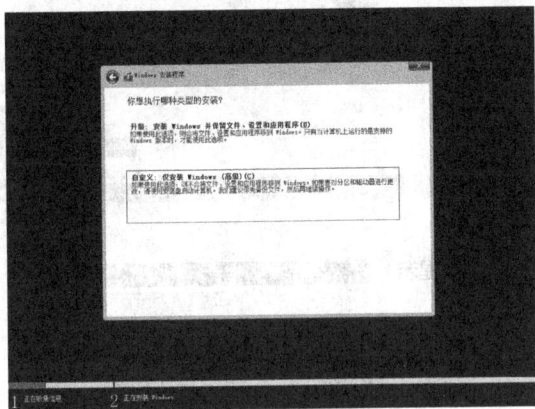

步骤 09 选择安装操作系统的分区，单击【下一页】按钮，如下图所示。

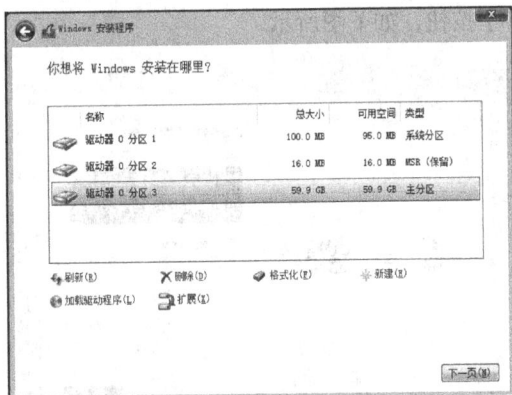

3. 安装设置

选择操作系统的安装位置后，就可以开始安装Windows 11了，安装完成后还需要进行系统设置才能进入Windows 11的桌面。

步骤 01 进入【正在安装Windows】界面，自动开始执行复制Windows文件、准备要安装的文件、安装功能、安装更新等操作，此时，用户等待自动安装完成即可，如右上图所示。

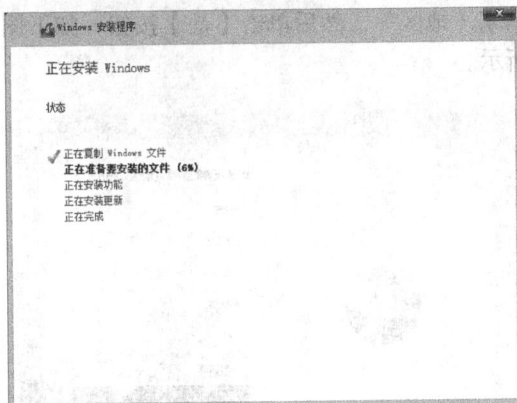

步骤 02 安装完成后，将弹出【Windows需要重启才能继续】界面，用户可以单击【立即重启】按钮或者等待10秒后自动重启，如下图所示。

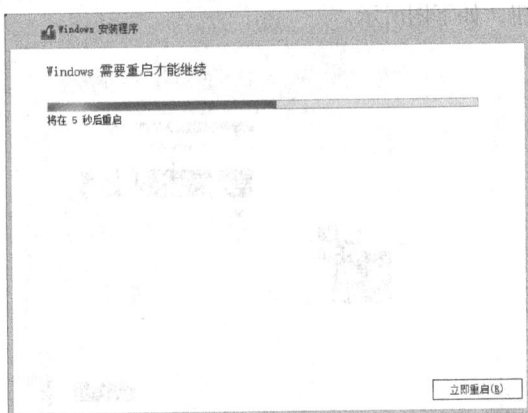

步骤 03 电脑重启后，需要等待系统进一步设置，此时也不需要执行任何操作，如下图所示。

步骤 04 准备就绪后进入设置界面，选择所在的

国家（地区），然后单击【是】按钮，如下图所示。

步骤05 选择要使用的输入法，单击【是】按钮，如下图所示。

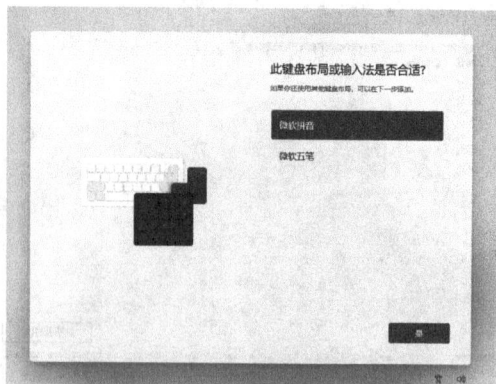

步骤06 进入【是否想要添加第二种键盘布局？】界面，如果需要添加则单击【添加布局】按钮，如果不需要则单击【跳过】按钮，如下图所示。

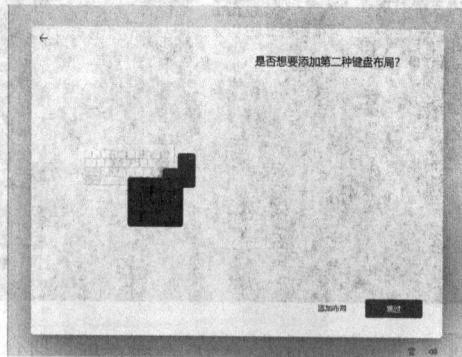

步骤07 进入【命名电脑】界面，设置电脑的名称，然后单击【下一个】按钮，如右上图所示。

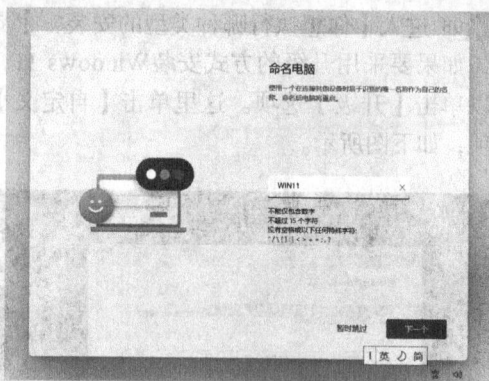

小提示

不建议随意命名电脑，安装操作系统后，将产生一个该名称的用户文件夹。

步骤08 进入【你想要如何设置此设备？】界面，选择个人或组织账户，如这里单击【针对个人使用进行设置】选项，然后单击【下一步】按钮，如下图所示。

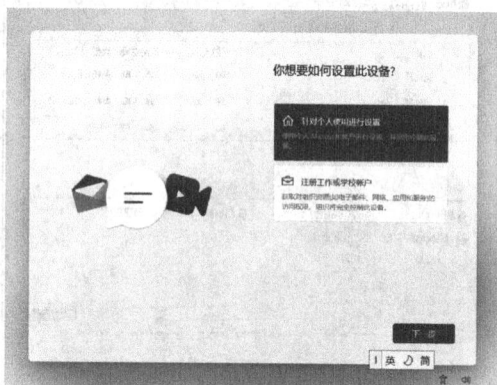

步骤09 进入【谁将使用此设备？】界面，设置使用者姓名，然后单击【下一页】按钮，如下图所示。

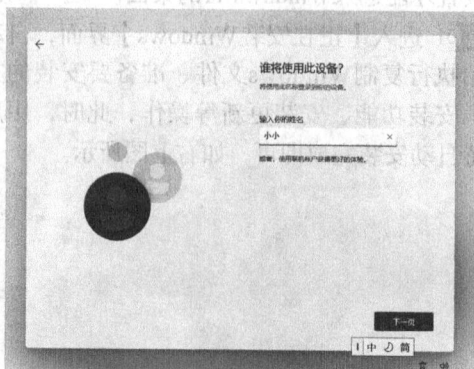

步骤⑩ 进入【创建容易记住的密码】界面，设置电脑的密码，然后单击【下一页】按钮，如下图所示。

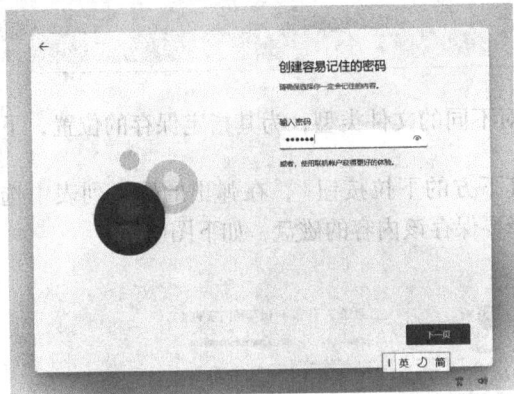

步骤⑪ 进入【确认你的密码】界面，再次输入设置的密码，然后单击【下一页】按钮，如下图所示。

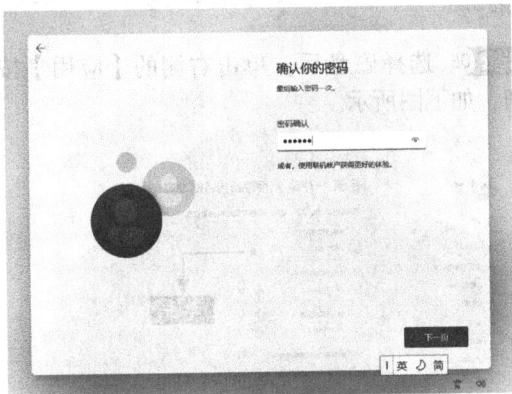

步骤⑫ 进入【现在添加安全问题】界面，可以在问题列表中选择熟悉的问题并记住输入的答案，以便今后找回密码，然后单击【下一页】按钮，如下图所示。

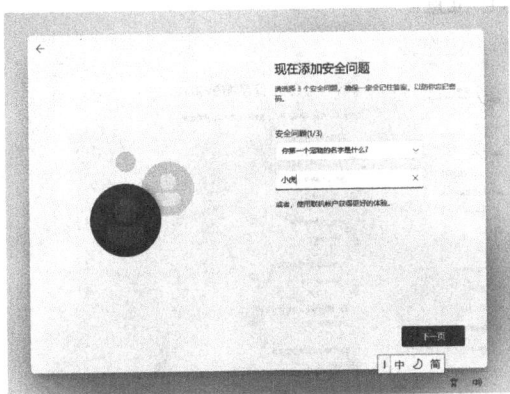

步骤⑬ 进入【为你的设备选择隐私设置】界面，进行相关设置后单击【下一页】按钮，如下图所示。

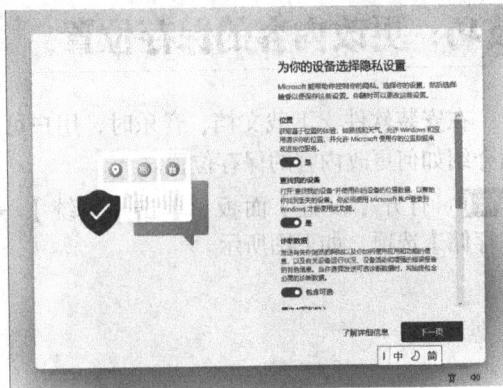

步骤⑭ 设置完成并进入准备界面，此时等待即可，如下图所示。

步骤⑮ 完成安装Windows 11的操作，Windows 11的桌面如下图所示。

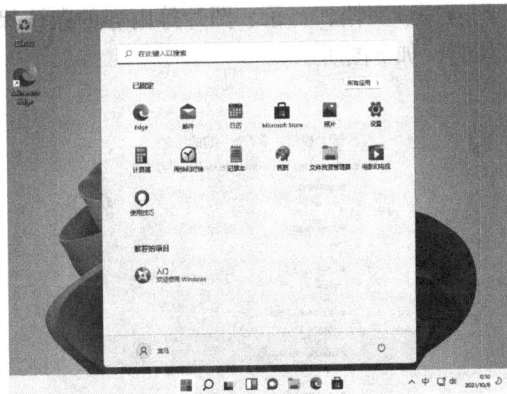

高手私房菜

技巧：更改内容的保存位置

在安装软件，下载文档、音乐时，用户可以针对不同的文件类型，为其指定保存的位置，下面介绍如何更改内容的保存位置。

步骤01 打开【设置】面板，单击【系统】→【存储】选项，如下图所示。

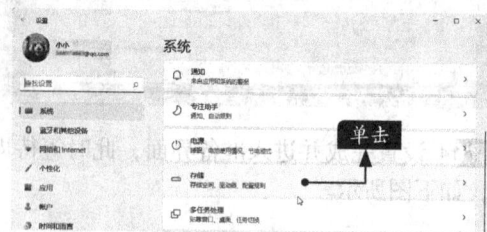

步骤02 在【高级存储设置】选项下单击【保存新内容的地方】选项，如下图所示。

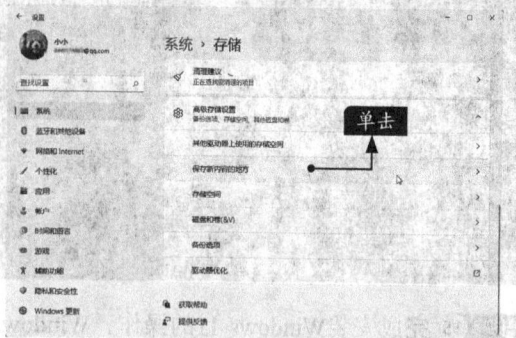

步骤03 进入【保存新内容的地方】界面，即可看到应用、文档、音乐、图片等内容的默认保存位置，如下图所示。

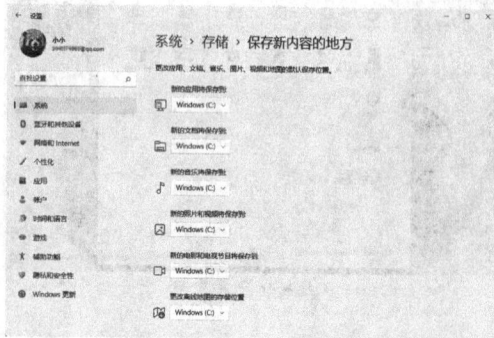

步骤04 如果要更改某个内容的保存位置，单击

其下方的下拉按钮，在弹出的磁盘列表中选择要保存该内容的磁盘，如下图所示。

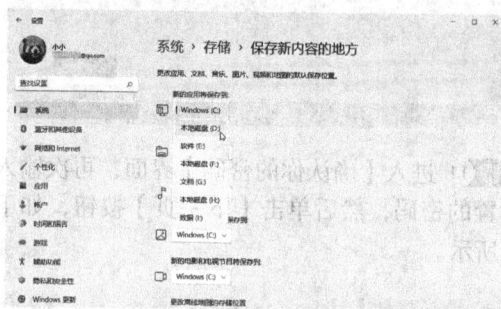

步骤05 选择磁盘后，单击右侧的【应用】按钮，如下图所示。

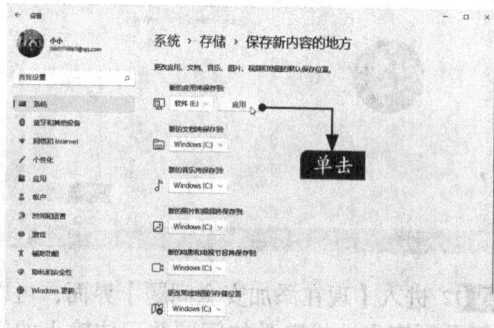

步骤06 单击即可更改内容的保存位置，如下图所示。使用同样的方法，可以修改其他内容的保存位置。

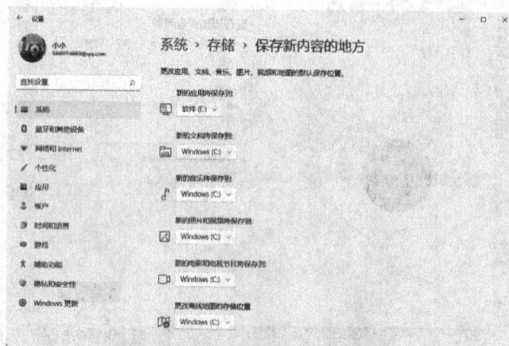